有機化合物の種類と官能基

種類	官能基	構造式の一例
アルコール	—O—H ヒドロキシ基	H H H—C—C—O—H H H エタノール
アルデヒド	O ∥ —C—H アルデヒド基	H H O H—C—C—C—H H H プロパナール
ケトン	O ∥ —C— カルボニル基	H O H H—C—C—C—H H H アセトン
カルボン酸	O ∥ —C—O—H カルボキシ基	H O H—C—C—O—H H 酢酸
エステル	O ∥ —C—O—C— エステル基	H O H H—C—C—O—C—H H H 酢酸メチル
アミン	H │ —N—H アミノ基	H H H—C—N—H H メチルアミン
アミド	O H ∥ │ —C—N—H アミド基	H O H H—C—C—N—H H アセトアミド
チオール	—S—H メルカプト基	H H H—C—C—S—H H H エタンチオール
リン酸	O ∥ —P—O—H │ O │ H リン酸基	O ∥ H—O—P—O—H │ O │ H オルトリン酸

ガイドライン準拠
エキスパート管理栄養士養成シリーズ

生化学

[第2版]

村松陽治 編

化学同人

シリーズ編集委員

小川　　正（京都大学名誉教授）
下田　妙子（奈良女子大学生活環境学部 教授）
上田　隆史（元 神戸学院大学名誉教授）
大中　政治（関西福祉科学大学名誉教授）
辻　　悦子（前 神奈川工科大学応用バイオ科学部 教授）
坂井堅太郎（徳島文理大学人間生活学部 教授）

執筆者一覧

池田　雅充	（神戸学院大学名誉教授）	2.5, 4.4, 4.5, 7章, 12章
市原　啓子	（愛知学院大学心身科学部 准教授）	4.1～4.3, 13章
坂井堅太郎	（徳島文理大学人間生活学部 教授）	15章
榊原　隆三	（長崎国際大学薬学部 教授）	14章
鷹野　正興	（神戸学院大学薬学部 准教授）	11.3
戸谷　永生	（神戸学院大学栄養学部 教授）	6.5～6.7
戸谷洋一郎	（成蹊大学名誉教授）	6.1～6.4, 6.8, 6.9
原　　節子	（成蹊大学理工学部 教授）	2.3, 9章
◎村松　陽治	（関西福祉科学大学健康福祉学部 教授）	1章, 2.4, 10章
屋山　勝俊	（神戸学院大学薬学部 准教授）	11.1, 11.2
吉川　祐子	（同志社大学生命医科学部 研究員）	2.1, 2.2, 5章
吉野　昌孝	（愛知医科大学名誉教授）	3章, 8章

（五十音順，◎印は編者）

はじめに

　本来，生化学とは，生物一般の生命活動を物質の化学変化として解明することを目的とした幅広い学問です．ただ，管理栄養士養成課程における生化学は少し特殊です．管理栄養士国家試験ガイドライン中の「人体の構造と機能及び疾病の成り立ち」分野に関連する領域の一つとして，人体を構成する化学物質の構造や性質，さらには人体と食物成分との関わりを栄養素の代謝として学ぶ"ヒトの生化学"がその中心となっています．そのような知識や理解が基盤としてなければ，健康なときのからだの状態や栄養素の必要性はもちろん，病気に罹ったときの代謝の乱れ，食事療法の重要性，治療に対する生体の反応等を正しく理解することが困難となるからでしょう．

　一方で，生化学は急速に進歩を遂げている学問領域でもあります．ヒトに関する知見だけでもすでに膨大な量が積み上げられており，さらに日々，何かしら新しい発見が報告され続けています．それら膨大な知見の中から，管理栄養士が活躍する現場で真に必要とされるものを厳選して解説することを目指し，2004年，【エキスパート管理栄養士養成シリーズ】の「生化学」が刊行されました．基礎的事項をわかりやすく解説することから始まり，読み進めていくうちに自然と，ヒトに関する高度な化学的知識が幅広く身に付くよう工夫が凝らされていました．

　今回，平成23年改定の管理栄養士国家試験ガイドラインに完全準拠した第二版を刊行するにあたり，再度，管理栄養士の養成教育に造詣が深い生化学分野のエキスパートの先生方に執筆をお願いすることになりました．"化学構造は基本的なものに留め，図解を多用して代謝経路や理論をわかりやすく解説する"という初版の優れた特徴はそのままに，さらに高度化を続ける管理栄養士の業務に対応するため，適宜，新しい化学的知見についても加筆していただきました．結果として，管理栄養士国家試験の受験勉強の際に教科書・参考書として頼りになるだけではなく，管理栄養士になってから読み返しても，知識の再確認のために十分役立つ内容になったのではないかと自負しています．

　最後に，再三の無理なお願いにもかかわらず快くご協力，ご尽力くださった執筆者の皆様に感謝いたします．また，本来なら第二版の編者として活躍されるはずだった上田隆史先生の早すぎるご逝去を悼み，本書に対する多大なるご貢献に深く敬意を表します．

2012年1月

執筆者を代表して
村松陽治

エキスパート管理栄養士養成シリーズ　シリーズ刊行にあたって

　社会環境とライフスタイルの著しい変化により飽食化が進み，生活習慣病が大きな社会問題となるにつれて，栄養指導概念を見直す必要に迫られてきた．科学の世界では，ヒトゲノムの全容が解明され，生命現象や多くの疾患が遺伝子レベルで解明されようとしている．これらを背景として，年々進行する少子・高齢化社会にも対応した栄養指導を行える管理栄養士の養成が望まれるようになった．

　平成 14 年 4 月に「栄養士法の一部を改正する法律」が施行されるとともに，制度と教育についての検討が行われ，管理栄養士の位置付けが明確にされた．新しいカリキュラムの修了者には，新制度による管理栄養士国家試験（平成 18 年 3 月実施予定）が課せられ，すでに出題基準（ガイドライン）も提示された．

　【エキスパート管理栄養士養成シリーズ】は，こうした状況に応えるべく企画された教科書シリーズである．ガイドラインに含まれる項目をすべて網羅し，各養成施設校では新カリキュラムの講義がどのように行われているか，その実情を先生方にうかがいながら構成を勘案し，まとめ上げた．かなりの冊数のシリーズとなったが，管理栄養士養成校における教科書の範ともいえるかたちを示せたのではないかと考えている．

　このシリーズでは，各分野で活躍しておられるエキスパートの先生方に執筆をお願いした．また，さまざまな現場で実務に従事しておられる方がた，学生の教育に携わっておられる方がたからアドバイスを多々いただき，学生にもまた教師にも役立つ情報を随所に挿入した．さらに，学ぶ側の負担を必要以上に重くしないよう，また理解を少しでも助けるために，全体にわたって平易な記述を心がけた．こうしてできあがったシリーズの各冊は，高度な知識と技術を兼ね備えた管理栄養士の養成に必須の内容を盛り込んだ教科書だと考えている．

　加えて，各分野で研究に携わっている専門の先生方に細部にわたって検討していただき，それぞれが独立した専門書として利用できる，充実した内容となるようにも努めた．学生諸君が卒業後も使うことができるシリーズであると信じている．

　栄養指導の業務がますます複雑多様化していくと考えられるいま，この教科書シリーズが，これらの業務に対応しうる栄養士・管理栄養士のエキスパート育成に役立つことを期待している．

エキスパート管理栄養士養成シリーズ
編集委員

生化学 目次

1章 細胞の構造

- 1.1 細胞の基本構造と機能 …………………………………… 1
- 1.2 生体膜 ………………………………………………………… 2
- 1.3 細胞の小器官 ………………………………………………… 4
  - 予想問題 ……………………………………………………… 7

2章 細胞の有機成分

- 2.1 たんぱく質 …………………………………………………… 9
- コラム プリオンと狂牛病 …………………………………… 15
- 2.2 糖質 …………………………………………………………… 21
- コラム 冷やした果物は"甘い" ……………………………… 25
-       受精の鍵をにぎる糖鎖 ……………………………… 27
- 2.3 脂質 …………………………………………………………… 28
- 2.4 核酸 …………………………………………………………… 34
- 2.5 ビタミン ……………………………………………………… 39
  - 予想問題 ……………………………………………………… 54

3章 酵素と代謝

- 3.1 酵素の役割 …………………………………………………… 57
- 3.2 酵素の分類 …………………………………………………… 57
- 3.3 酵素の性質 …………………………………………………… 59
- 3.4 酵素の反応速度 ……………………………………………… 61
- 3.5 酵素反応の阻害 ……………………………………………… 64
- 3.6 酵素反応の調節 ……………………………………………… 67
- 3.7 アイソザイム ………………………………………………… 76
- 3.8 先天性代謝異常と酵素の欠損 ……………………………… 77
  - 予想問題 ……………………………………………………… 78

4章 生体エネルギーと代謝

- 4.1 生体で利用できるエネルギー …………… 80
- 4.2 自由エネルギーとATP …………… 82
- 4.3 酸化的リン酸化によるATPの合成 …………… 87
- コラム 心筋梗塞や脳卒中はATP不足から …………… 88
- 4.4 筋収縮 …………… 91
- 4.5 体 温 …………… 92
  - 予想問題 …………… 92

5章 糖質の代謝

- 5.1 糖質の分解 …………… 94
- コラム ミトコンドリア異常症 …………… 99
- 5.2 糖新生 …………… 103
- 5.3 グリコーゲンの合成と分解の調節 …………… 105
- 5.4 血糖調節 …………… 107
- 5.5 ペントースリン酸回路 …………… 108
- 5.6 グルクロン酸回路 …………… 108
- 5.7 フルクトース，ガラクトース，マンノースの代謝 ……… 108
  - 予想問題 …………… 109

6章 脂質の代謝

- 6.1 脂肪酸の貯蔵と動員 …………… 111
- 6.2 脂質の分解と合成 …………… 112
- コラム 脂肪酸の酸化 …………… 115
- 6.3 ケトン体の代謝 …………… 121
- 6.4 脂肪組織における中性脂肪の合成と分解 …………… 122
- 6.5 リン脂質の合成と分解 …………… 123
- 6.6 糖脂質の代謝 …………… 125
- 6.7 コレステロールの代謝 …………… 125
- 6.8 リポたんぱく質の機能 …………… 130
- 6.9 グルコース脂肪酸サイクル …………… 131
  - 予想問題 …………… 132

7章 たんぱく質の代謝

- 7.1 非必須アミノ酸の分解と生合成 ……………… 135
- 7.2 必須アミノ酸の代謝 …………………………… 136
- 7.3 尿素回路 ………………………………………… 137
- 7.4 アミノ酸の炭素骨格の代謝 …………………… 138
- 7.5 アミノ酸からの特殊生体成分の合成 ………… 139
  - 予想問題 …………………………………………… 143

8章 ヌクレオチドの代謝

- 8.1 ヌクレオチドの生合成 ………………………… 144
- 8.2 ヌクレオチドの分解とサルベージ経路 ……… 146
- 8.3 デオキシリボヌクレオチドの合成 …………… 149
  - 予想問題 …………………………………………… 151

9章 生体酸化

- 9.1 生体における酸素の働き ……………………… 152
- 9.2 活性酸素と生体酸化 …………………………… 155
- 9.3 活性酸素とフリーラジカル …………………… 160
- 9.4 活性酸素と細胞障害 …………………………… 162
  - 予想問題 …………………………………………… 163

10章 遺伝子と生体情報

- 10.1 遺伝情報伝達物質 ……………………………… 165
- 10.2 DNAと遺伝子 ………………………………… 165
- 10.3 染色体 …………………………………………… 166
- 10.4 ゲノム …………………………………………… 167
- 10.5 遺伝するDNA ………………………………… 169
- 10.6 遺伝子の多様性 ………………………………… 171
- 10.7 ミトコンドリアの遺伝子 ……………………… 172
- 10.8 アポトーシスとDNA ………………………… 173
- 10.9 DNAの損傷と修復 …………………………… 174
  - 予想問題 …………………………………………… 175

11章 DNAとたんぱく質の合成

- 11.1 遺伝子発現 …… 176
- 11.2 転写調節による遺伝子発現の調節 …… 180
- 11.3 遺伝子解析の現状 …… 182
  - 予想問題 …… 191

12章 細胞内環境と生体機能

- 12.1 水の生理利用 …… 193
- 12.2 水と細胞内環境 …… 194
- 12.3 細胞と電解質 …… 195
- 12.4 生体と電解質の調節 …… 197
- 12.5 尿の生成 …… 199
  - 予想問題 …… 200

13章 生体内情報伝達系と生体機能

- 13.1 情報伝達の役割 …… 201
- 13.2 情報伝達物質の種類と伝達の経路 …… 202
- 13.3 情報伝達物質による細胞の応答 …… 203
- 13.4 ホルモンと生体調節 …… 207
  - コラム 骨粗鬆症 …… 210
- 13.5 局所ホルモンと生体機能 …… 212
  - コラム 増殖因子とがん …… 214
  - 予想問題 …… 215

14章 血液と生体

- 14.1 血液の組成と性質 …… 217
- 14.2 血液の機能 …… 219
- 14.3 白血球と生体防御 …… 220
  - コラム 血液と病気 …… 220
- 14.4 血小板と血液凝固 …… 221
  - 予想問題 …… 223

15章 生体防御機構

- 15.1 非特異的防御機構 ……………………………… 225
- 15.2 免疫機構 ……………………………………… 225
- 15.3 生体防御機構における免疫系の特徴 ……………229
- 15.4 免疫学的自己の確立と破綻 ……………………… 232
- 15.5 免疫力に影響する栄養素 ………………………… 233
- 15.6 がん …………………………………………… 233
- 15.7 アレルギー ……………………………………… 233
- 15.8 ストレス応答 …………………………………… 235
  - 予想問題 ………………………………………… 236

参考書 ……………………………………………… 238
索 引 ……………………………………………… 240

章末の予想問題の解答・解説は，小社ホームページ上に掲載されています．
→ http://www.kagakudojin.co.jp

1章
細胞の構造

1.1 細胞の基本構造と機能

ヒトの体は約60兆個の細胞で構成されている．バクテリアやラン藻のような原始的な生物では，遺伝物質である**核酸**（DNA；deoxyribonucleic acid）はそのままむきだしで細胞内に存在しているが，ヒトのような比較的高等な生物の細胞では，DNAは核膜という膜によって仕切られた小さな袋（核）の中に収められている．核をもたない細胞を**原核細胞**（prokaryote）といい，核をもつ細胞を**真核細胞**（eukaryote）という．真核細胞は，核以外にも膜で仕切られたさまざまな**細胞内小器官**（オルガネラ）をもっている（図1-1）．

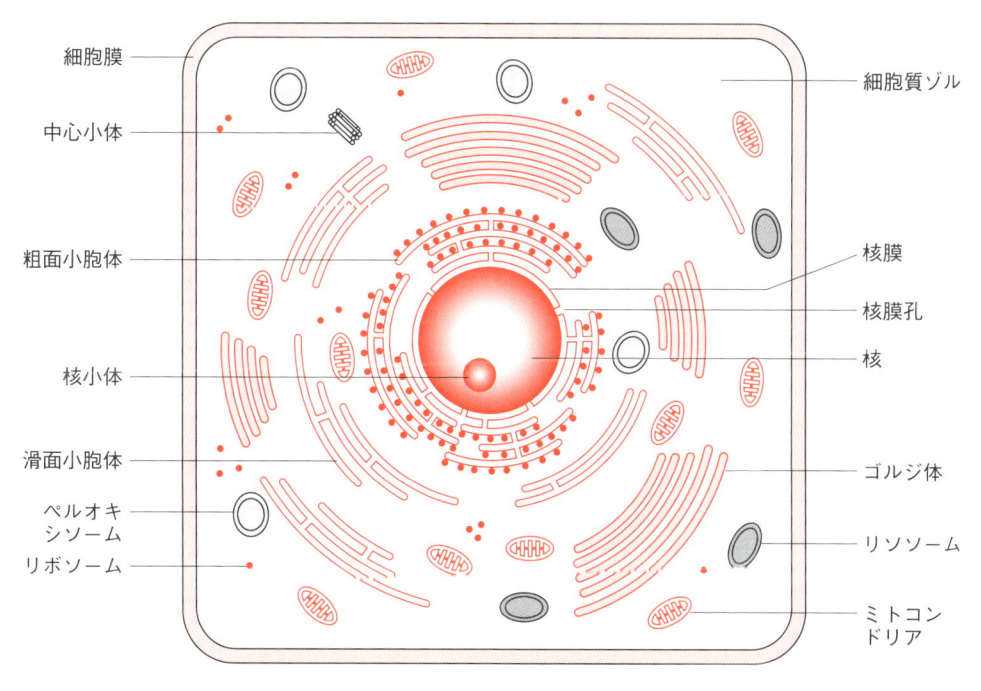

図1-1 真核細胞の構造
真核細胞に共通する基本的な構成を模式的に示す．

1.2　生体膜

1.2.1　生体膜の構造

　ヒトの細胞は厚さ約 7 nm の**細胞膜**（cell membrane, 図1-2）で囲まれている．細胞膜は単なる外界との仕切りではない．物質の選択的な輸送や，細胞外からのシグナルの受容，細胞接着による組織の形成など，実にさまざまな機能をもっている．

　細胞膜はリン脂質の2層の膜になっている（**リン脂質の二重層**）．リン脂質は同一分子内に親水基（リン酸）と疎水基（脂肪酸残基）をもっており，疎水基同士を内側に向かい合わせ，親水基をそれぞれ外側に向けるようにして並んでいる．膜の内側が疎水性になるため，極性のある物質や無機イオンの無秩序な通過が防がれている．このリン脂質の二重層に，たんぱく質やコレステロールが埋め込まれて細胞膜が形成されている．

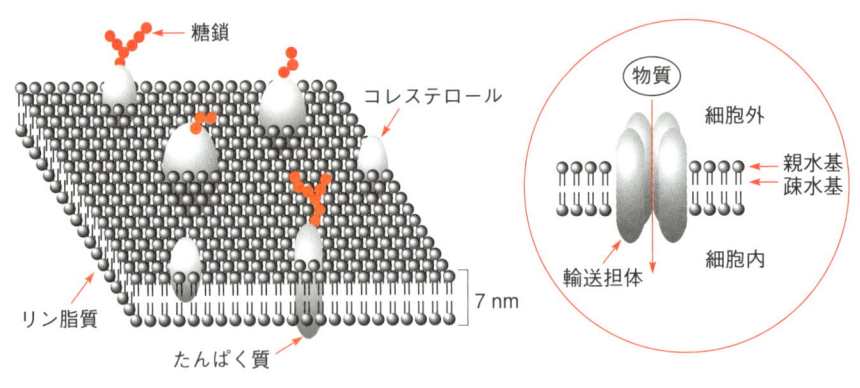

図1-2　細胞膜の構造

細胞膜に存在するたんぱく質やコレステロールは，リン脂質の二重層のなかを自由に移動できると考えられている（流動モザイクモデル）．膜たんぱく質には，膜表面に埋め込まれているものと，膜を数回貫通するように埋め込まれているものがある．細胞膜は，輸送担体を通してさまざまな物質（代謝産物や無機イオンなど）を選択的に輸送することによって，細胞内のホメオスタシスを維持している（円内）．

1.2.2　生体膜の機能

（1）物質輸送

　細胞膜は，イオン，糖，アミノ酸，ヌクレオチド，その他多くの細胞代謝産物にも透過性を示す．そのような溶質の膜透過には，運ばれる分子の**濃度勾配**（gradient of concentration）と，溶質が電荷をもつ場合は膜内外での電位勾配を合わせた**電気化学勾配**（electrochemical gradient）が影響する．電気化学勾配に従って，溶質が膜を透過することを**受動輸送**（passive transport）という．受動輸送には，溶質が非特異的に膜を透過する**単純拡散**（simple diffusion）と，膜に存在する**膜輸送たんぱく質**（membrane transport protein）を介して移動する**促進拡散**（facilitated diffusion）がある．また，細胞には，特定の溶質を電気化学的勾配に逆らって運ぶポンプの役割をする輸送たんぱく質もあり，この輸送を**能動輸送**（active transport）とよぶ（図1-3）．能動輸送系はATP

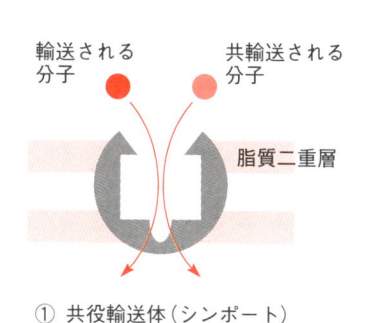

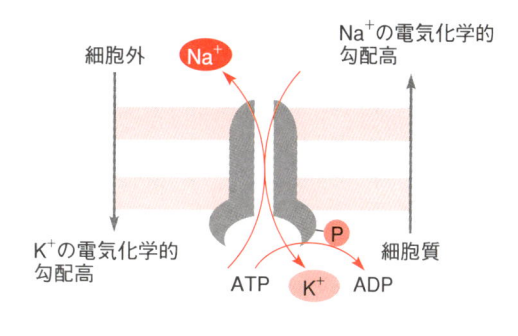

図1-3 能動輸送（共役輸送体とATP駆動型ポンプ）
① 共役輸送体（シンポート）
② ATP駆動型ポンプ

の加水分解やイオン勾配といった代謝エネルギーと密接に共役している．能動輸送系はエネルギーを得るため，① **共役輸送体**（coupled transporter），② **ATP駆動型ポンプ**（ATP-driven pump）などの運搬体たんぱく質を用いる．

1）共役輸送体

どんな溶質でも，膜の両側の濃度勾配は，別の分子を能動輸送する駆動力となる．第一の溶質が勾配に従う方向に移動することで，第二の溶質を勾配に逆らう方向に輸送できるようになる．このような輸送を行う運搬体たんぱく質を**共役輸送体**という．運搬体たんぱく質には次の三つの輸送形態がある．

2種類の溶質が膜を通して同じ方向に輸送される場合は**シンポート**（symport），逆方向の場合は**アンチポート**（antiport），1種類の溶質だけを膜を通して輸送（共役輸送ではない）する場合は**ユニポート**（uniport）という．動物ではNa^+が急な電気化学勾配に従って細胞内に流れ込むとき，他の物質も一緒に運び込まれるシンポートがとくに重要である．動物の細胞膜に存在し，細胞質のpH調節に関係しているNa^+-H^+交換体はアンチポート系で，Na^+が勾配に従って流入するのを利用してH^+を外部にくみ出す．

2）ATP駆動型ポンプ

原形質膜には必ず，Mg^{2+}，K^+，Na^+により活性化されるATPアーゼが存在する．この酵素反応では，(1) 形質膜内部ではNa^+の存在で酵素がリン酸化され，このプロセスでNa^+が細胞外に出される．(2) 膜外部ではK^+の存在でリン酸化酵素が加水分解され，このプロセスでK^+が細胞に取り込まれる．Na^+-K^+ATPアーゼは浸透圧により細胞が膨張して破裂しないように，細胞内に流入してくるNa^+をくみ出している．また，Na^+-K^+ATPアーゼをもつ細胞のほとんどは，内部のK^+濃度が一定で高くなっていて，Na^+濃度は低い．高いK^+濃度は解糖でのピルベートキナーゼ活性およびたんぱく合成能を保つために必要で，膜内外のNa^+とK^+の濃度差は，膜電位差を保ち，神経細胞では刺激を伝達するのに必要である．

1・2 生体膜

(2) 細胞接着 (cell adhesion)

ヒトのような多細胞生物では，細胞と細胞，あるいは細胞と基底膜などの細胞外マトリクスが結合することによって組織が形成されている．このような結合を**細胞接着**といい，結合に関与する細胞膜のたんぱく質を細胞接着分子という．細胞同士の結合には**接着結合**（adherence junction）や**密着結合**（tight junction），**デスモソーム**（desmosome），**ギャップ結合**（gap junction）といった構造があり，細胞と基底膜との結合には**ヘミデスモソーム**（hemidesmosome）といった構造がある．

(3) 受容体 (receptor)

多細胞生物では，神経伝達物質やホルモン，サイトカインなどの化学物質を介して細胞同士が情報をやり取りし，協調しながら働くことによって，体内環境を一定に保ったり（ホメオスタシスの維持），個体としての機能を発揮したりしている．細胞膜にはこれらの化学物質と結合して細胞外からの情報を受け取るための受容体というたんぱく質が存在している．細胞膜上の受容体は，**リガンド**（ligand）とよばれる特定の化学物質とのみ結合し，その情報を細胞内へ伝達する役割を担う（第13章参照）．これらの受容体には，疎水性のアミノ酸残基からなる細胞膜貫通部位が一つ以上あり，N末端を細胞膜の外側に，C末端を細胞の内側に向けて細胞膜に埋め込まれている．

1.3 細胞の小器官

1.3.1 核

核（nucleus）は核膜とよばれる二重膜によっておおわれており（図1-1参照），内部に遺伝情報の本体であるDNAを収めている（2.4節参照）．DNAは核内で，たんぱく質とともに染色質（クロマチン）という複合体を形成している．核膜には核膜孔とよばれる多くの小さな孔があいている．この小孔を通して，核内で合成された**リボ核酸**（RNA；ribonucleic acid）は細胞質へ，核で働くたんぱく質は細胞質から核内へ輸送される．さらに，核には核小体とよばれる部分があり，リボソーム（後述）が活発に組み立てられている．

1.3.2 小胞体

小胞体（endoplasmic reticulum）は膜で包まれた小器官で，核膜から連続して細胞内を埋めつくすように広く発達している．以下のような2種類の小胞体がある（図1-4）．

(1) 粗面小胞体

扁平な袋が何層にも重なったような構造をしており，表面にはリボソームとよばれる小さな顆粒がたくさん付着している（表面がざらざらしたように見えるので「**粗面小胞体**」の名称がある）．膜に付着したリボソームでは，リソソームや細胞膜で働くたんぱく質，あるいは細胞外へ分泌されるたんぱく質（分泌たんぱく質）が合成される．これらのたんぱく質は，合成されると同時に粗面小胞体の内腔に放出される（図1-5）．

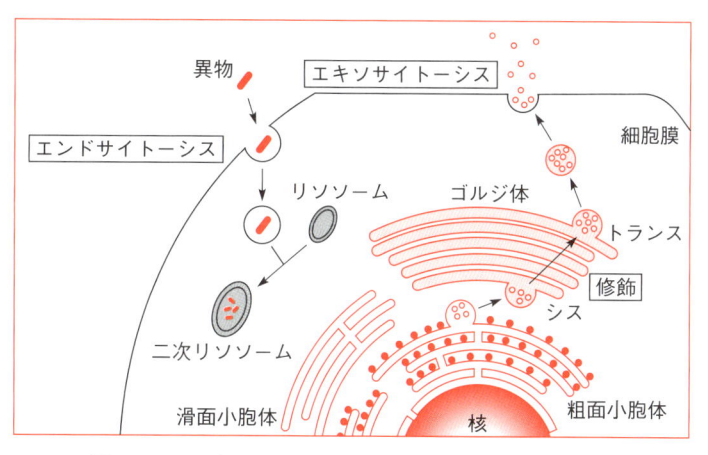

図1-4 エキソサイトーシスとエンドサイトーシス

ゴルジ体内で修飾を受けて完成した分泌たんぱく質は，再び小胞に包まれて細胞表面に移動する．この小胞は，最終的に細胞膜と融合して内部のたんぱく質を細胞外に分泌する（エキソサイトーシス）．一方，細胞は細胞膜を陥入させて異物や細胞にとって必要な物質を取り込むこともできる（エンドサイトーシス）．食細胞による食作用（ファゴサイトーシス）がその代表である．細胞膜が陥入してできた小胞は，やがてリソソームと融合する．取り込まれた異物は，リソソーム内の加水分解酵素によって分解される．

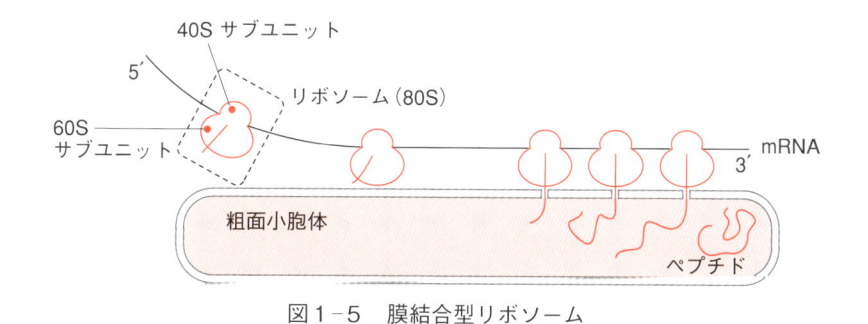

図1-5 膜結合型リボソーム

粗面小胞体上でのたんぱく質合成の機構を模式的に示す．膜結合型リボソームで合成されたたんぱく質は，合成後すぐに粗面小胞体内腔に放出される．

（2）滑面小胞体

表面にリボソーム顆粒が付着していない小胞体で，袋状や管状の構造をしている（表面が滑らかに見えるので「滑面小胞体」の名称がある）．滑面小胞体の機能は細胞の種類ごとに異なっている．たとえば，筋細胞の小胞体は，カルシウムイオンを放出することによって筋の収縮を引き起こす．ほかにも脂質合成や，薬物および毒物の代謝などの役割を担う小胞体がある．

1.3.3 ミトコンドリア

ミトコンドリア（mitochondria）は外膜と内膜の2層の膜に囲まれた楕円形の小器官で（図1-6），一つの細胞に100〜2000個くらいある．内膜はひだ状に折れ曲がった複雑な構造（クリステ）をしており，表面積が非常に広くなっている．この内膜には電子伝達系

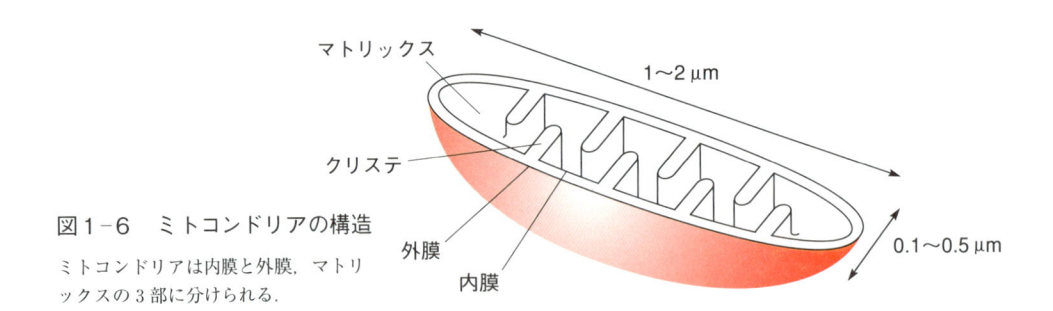

図1-6　ミトコンドリアの構造
ミトコンドリアは内膜と外膜，マトリックスの3部に分けられる．

に関する分子が埋め込まれており，そこで行われる酸化的リン酸化によって，生命活動に必要なエネルギー（ATP）のほとんどが生産される．内膜の内側のマトリックスとよばれる部分には，TCA回路や脂肪酸のβ酸化回路に関する酵素が存在している．

1.3.4　ゴルジ装置

ゴルジ装置（Golgi apparatus）は扁平な袋が何層も重なったような構造をしている（図1-4参照）．粗面小胞体から送られてきた小胞は，ゴルジ体のシス部と融合する．小胞内に含まれていたたんぱく質は，ゴルジ体のなかを輸送される過程でさまざまな修飾（糖鎖の付加や部分的分解など）を受けて本来の機能を獲得する．完成したたんぱく質は，再び小胞に包まれてゴルジ体のトランス部から放出され，それぞれが働く場所へ輸送されていく．

1.3.5　分泌顆粒

消化酵素のような分泌たんぱく質は，ゴルジ体で修飾を受けた後，小胞に取り込まれて細胞質内に貯蔵される．このような小胞を分泌顆粒（secretory granule）という．神経やホルモンを介して細胞が適当な刺激を受け取ると，分泌顆粒は細胞表面に移動して細胞膜と融合し，内部のたんぱく質を細胞外に分泌する．このような分泌機構をエキソサイトーシス（exocytosis）という（図1-4参照）．

1.3.6　リソソーム

リソソーム（lysosome）は1層の膜に囲まれた直径0.5 μmほどの小胞で，生体高分子を加水分解する多くの酵素を含んでいる．エンドサイトーシスによって細胞内に取り込まれた微生物や細胞の断片は，これらの酵素によって分解処理される（図1-4参照）．そのためリソソームは，好中球やマクロファージなどの食細胞でよく発達している．古くなった細胞内小器官もリソソームに取り込まれて分解される．このような分解によって生じたアミノ酸や糖，脂肪酸などは，細胞質に放出されて再利用される．リソソーム内部はプロトンポンプ（H^+-ATPアーゼ）の働きで常に酸性に保たれており，リソソーム内の酵素群はこのpH環境で最もよく働くようになっている．

1.3.7　ペルオキシソーム

ペルオキシソーム（peroxisome）は，1層の膜に囲まれた直径0.3～1.0 μmの球または楕円形の小胞である（図1-1参照）．ペルオキシソームには，長鎖脂肪酸のβ酸化回

路をはじめとしていくつかの特有の代謝経路が存在する．これらの代謝の過程で発生する過酸化水素には強い細胞傷害性があるため，それを分解する酵素カタラーゼがペルオキシソーム内に高濃度で含まれている．

1.3.8 リボソーム

リボソーム（ribosome）は40Sと60S（Sは沈降定数）の二つのサブユニットから構成される顆粒で，たんぱく質を合成する場となっている．リボソームには遊離型と膜結合型の2種類がある．遊離型リボソームは，主にその細胞の細胞質で利用されるたんぱく質を合成している．小胞体膜に付着した膜結合型リボソーム（図1-5参照）では，細胞膜やリソソームで働くたんぱく質，および分泌たんぱく質が合成されている．

分泌たんぱく質や細胞内小器官で働くたんぱく質のペプチド構造には，それらが輸送されるべき場所を指示するシグナル配列という部分がある．このシグナル配列は，輸送が完了すればたんぱく質から切断されて除かれる．

1.3.9 細胞骨格

細胞内部には3種類の線維（ミクロフィラメント，中間フィラメント，微小管）が網の目のように張り巡らされている．これらの線維は細胞骨格として細胞の形態を維持するとともに，細胞運動や細胞分裂，物質輸送，さらには細胞内小器官の移動にも大きな役割を果たしている．

1.3.10 細胞質

核以外の細胞膜で囲まれた部分を細胞質（cytoplasm）といい，細胞内小器官と細胞骨格，その間を埋めるゲル状の細胞質ゾル（cytosol）から成る．細胞質ゾルには，糖やアミノ酸，ヌクレオチドとそれらの中間代謝産物，無機イオン，代謝に関する多くの酵素と補酵素が含まれている．

予想問題

1 細胞膜に関する記述である．正しいものの組合せはどれか．
 a．コレステロールは細胞膜の構成成分の一つである．
 b．細胞膜の表面に存在するたんぱく質のなかには，ホルモンの受容体として働くものがある．
 c．リン脂質は，その疎水基を細胞膜の外側に，親水基を細胞膜の内側に向けて二重層を形成している．
 d．すべての高分子物質は，拡散によって細胞膜を直接通過する．
 e．細胞膜は，細胞の周りをおおう外膜と，ひだ状に折れ曲がった複雑な構造（クリステ）をとる内膜からなる．
　(1) aとb　(2) aとc　(3) bとd　(4) bとe　(5) cとd

2 エネルギー産生と利用に関する記述である．正しいものの組合せはどれか．

a．筋肉収縮のためのエネルギーの直接的な供給源は，ATPではなくクレアチンリン酸である．
b．電子伝達系の関与するATP生産には，ミトコンドリア中に存在するシトクロムが重要な働きを演じている．
c．ATPの分子に貯えられた化学的エネルギーは，この分子がADPとAMPに分解されるときに放出されて，生命の維持に役立つ．
d．能動輸送はATPとたんぱく質が行っている．
e．筋肉の収縮には，アクチン頭部のATPアーゼでATPが分解されて発生するエネルギーが使われる．

(1) aとb　(2) aとd　(3) aとe　(4) bとd　(5) cとd

3 細胞の構造と機能に関する記述である．正しいものの組合せはどれか．
a．ヒト細胞のように核をもつ細胞を原核細胞という．
b．核は，核膜とよばれる二重膜によっておおわれており，内部に遺伝情報の本体であるDNAを収めている．
c．リボソームには遊離型と膜結合型の2種類があり，いずれもRNAを合成している．
d．細胞質ゾルには，栄養素の代謝にかかわる多くの酵素や補酵素が含まれている．
e．細胞膜を陥入させて物質を細胞内に取り込むことを，エキソサイトーシスという．

(1) aとc　(2) aとe　(3) bとc　(4) bとd　(5) cとd

4 細胞内小器官（オルガネラ）に関する記述である．正しいものの組合せはどれか．
a．滑面小胞体では，主に分泌たんぱく質が合成されている．
b．ミトコンドリアでは，アデノシン三リン酸（ATP）が合成されている．
c．ペルオキシソーム内には，過酸化水素を分解する酵素カタラーゼが高濃度に存在している．
d．ゴルジ装置には，生体高分子を加水分解する多くの酵素が含まれている．
e．リソソームのなかには，表面膜上にリボソームが付着したものもある．

(1) aとb　(2) aとc　(3) bとc　(4) bとd　(5) cとe

2章 細胞の有機成分

2.1 たんぱく質

たんぱく質（protein）は古くから，最も重要な生体物質として考えられてきた．英語の"protein"は，ギリシャ語の"protos"（第一人者）から名づけられたものである．生体組織の構成材料としてだけではなく，生化学反応の触媒，運動，物質の運搬など，生命活動の至るところでたんぱく質は働いている．たんぱく質は20種類のアミノ酸（amino acid）から成り，それらの構成アミノ酸の数，種類，結合順序が異なると，性質や働きも異なってくる．

2.1.1 アミノ酸

（1）アミノ酸の基本構造と種類

アミノ酸は，塩基性を示すアミノ基（-NH$_2$）と，酸性を示すカルボキシ基（-COOH）をもつ化合物である．図2-1の一般式に示したように，炭素原子（C）を中心にして，水素（H），カルボキシ基（-COOH），アミノ基（-NH$_2$），そしてRの記号で表される原子団が結合している．

$$\begin{array}{c} \text{COOH} \\ | \\ \text{H}_2\text{N}-\text{C}^\alpha-\text{H} \\ | \\ \text{R} \end{array}$$

図2-1　アミノ酸の一般式

Rの部分は20種類あり，Rの化学構造の違いにより，アミノ酸の種類と性質が決まる（表2-1）．プロリン以外の天然アミノ酸は，アミノ基とカルボキシ基が同じ炭素原子（α-炭素）に結合しているので，α-アミノ酸という．天然のたんぱく質を構成しているアミノ酸は，すべてα-アミノ酸である．

（2）D, L 光学異性体

グリシン以外のアミノ酸では，一般式（図2-1参照）の中心の炭素原子（α-炭素）の4本の手に結合している原子または原子団がすべて異なる．このような炭素原子を不斉炭素原子（asymmetric carbon atom）とよぶ．図2-2（p.11）に示すように，この不斉炭素を中心として，互いに鏡像の関係にあるD型とL型の2種類の光学異性体が存在する．生体内のアミノ酸は，ほとんどがL型アミノ酸である．

表2-1 たんぱく質を構成する20種類のアミノ酸

分類	名称	略号	－Rの構造	分子量
脂肪族アミノ酸	グリシン	Gly	－H	75
	アラニン	Ala	－CH$_3$	89
	バリン	Val	－CH(CH$_3$)$_2$	117
	ロイシン	Leu	－CH$_2$－CH(CH$_3$)$_2$	131
	イソロイシン	Ile	－CH(CH$_3$)－CH$_2$－CH$_3$	131
酸性アミノ酸	アスパラギン酸	Asp	－CH$_2$－COOH	133
	グルタミン酸	Glu	－CH$_2$－CH$_2$－COOH	147
塩基性アミノ酸	リシン	Lys	－(CH$_2$)$_4$－NH$_2$	146
	アルギニン	Arg	－(CH$_2$)$_3$－NH－C(NH$_2$)＝NH	174
	ヒスチジン	His	－CH$_2$－(イミダゾール環)	155
酸アミドアミノ酸	アスパラギン	Asn	－CH$_2$－C(＝O)NH$_2$	132
	グルタミン	Gln	－CH$_2$－CH$_2$－C(＝O)NH$_2$	146
ヒドロキシアミノ酸	セリン	Ser	－CH$_2$－OH	105
	トレオニン	Thr	－CH(OH)－CH$_3$	119
含硫アミノ酸	システイン	Cys	－CH$_2$－SH	121
	メチオニン	Met	－CH$_2$－CH$_2$－S－CH$_3$	149
芳香族アミノ酸	フェニルアラニン	Phe	－CH$_2$－(ベンゼン環)	165
	チロシン	Tyr	－CH$_2$－(ベンゼン環)－OH	181
	トリプトファン	Trp	－CH$_2$－(インドール環)	204
イミノ酸	プロリン	Pro	全構造（HOOC－ピロリジン環）	115

赤字は必須アミノ酸：体内で合成されないため，必ず外から摂取しなければならないアミノ酸．

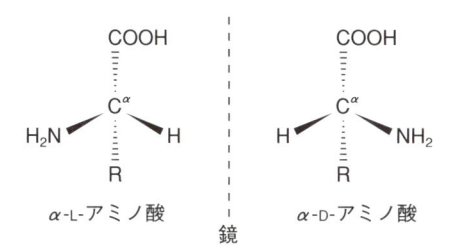

図2-2　α-アミノ酸のD, L光学異性体

D型とL型は互いに鏡像の関係にある．太い線は紙面より前方に，点線は後方に出ている結合を示す．

2.1.2　ペプチド

(1) ペプチド結合

たんぱく質は，多数のアミノ酸が結合してできた巨大分子である．この構成アミノ酸同士の結合を**ペプチド結合**（peptide bond）という．ペプチド結合は，一つのアミノ酸のカルボキシ基と別のアミノ酸のアミノ基から水1分子がとれる反応（**脱水縮合**；dehydration condensation）により形成される（図2-3）．

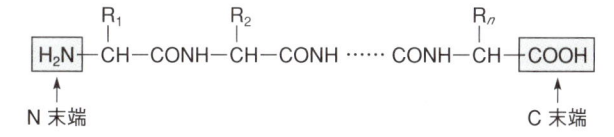

図2-3　ペプチド結合とポリペプチド鎖

両末端のアミノ酸には，それぞれペプチド結合していないアミノ基とカルボキシ基がある．アミノ基側をアミノ末端（N末端），カルボキシ基側をカルボキシ末端（C末端）とよぶ．

(2) 生理活性ペプチド

アミノ酸がペプチド結合によって結合したものを**ペプチド**（peptide）といい，構成アミノ酸が10個以下のものを**オリゴペプチド**（oligopeptide），それ以上のものを**ポリペプチド**（polypeptide）という．通常，たんぱく質とは分子量が数千以上（およそアミノ酸の数で50個前後から）のものを指す．さまざまな長さのペプチドはたんぱく質の加水分解によっても得られるが，ペプチドホルモンのように生体内で重要な生理的役割を果たすものもある．このようなペプチドを**生理活性ペプチド**（bioactive peptide）とよんでいる．表2-2に代表的な生理活性ペプチドとその作用を示す．

2.1.3　たんぱく質の構造

たんぱく質の多様な生理機能は，構成アミノ酸の種類に加え，その複雑な立体構造と深くかかわっている．たんぱく質の構造は，四つの段階，すなわち一次構造，二次構造，三次構造および四次構造によって特徴づけられる．

表2-2　代表的な生理活性ペプチド

ペプチド	構成アミノ酸の数	主な生理作用	所在
グルタチオン	3	たんぱく質のSH基の保持 有害な過酸化物の除去	細胞に広く分布
アンギオテンシンII	8	血圧上昇作用	血液
ブラジキニン	9	血圧降下作用	血液
オキシトシン	9	子宮収縮作用	下垂体後葉
バソプレッシン	9	抗利尿作用	下垂体後葉
メラニン細胞刺激ホルモン	13	メラニン形成促進	下垂体前葉
ソマトスタチン	14	成長ホルモンの分泌抑制	視床下部
ガストリン	17	胃酸分泌促進	胃
セクレチン	27	膵液分泌促進	十二指腸
グルカゴン	29	血糖上昇作用	膵ランゲルハンス島A細胞
エンドルフィン	31	モルヒネ様鎮痛作用	下垂体前葉
カルシトニン	32	血中カルシウム濃度を下げ，骨へのカルシウムの取り込みを促進	甲状腺
インスリン	51	血糖低下作用	膵ランゲルハンス島B細胞

（1）一次構造

　一次構造（primary structure）とは，たんぱく質を構成するアミノ酸の結合順序のことである（図2-4）．**アミノ酸配列**（amino acid sequence）ともいう．アミノ酸配列は，遺伝子DNAの塩基配列によって決定され，それぞれのたんぱく質は，その機能に応じて特定のアミノ酸配列をもつ．

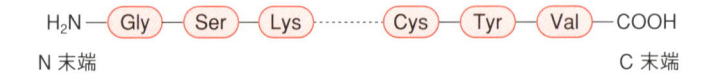

H_2N—Gly—Ser—Lys……Cys—Tyr—Val—COOH
N末端　　　　　　　　　　　　　　　　　　　C末端

図2-4　たんぱく質の一次構造

（2）二次構造

　ペプチド結合のN-Hの水素原子と，別のペプチド結合のC=Oの酸素分子との間で水素結合が形成され，これが適当な間隔で繰り返されることによって規則的な構造ができる．これをたんぱく質の**二次構造**（secondary structure）という．二次構造には，右巻きらせんの**αヘリックス構造**（α-helix structure）と，ひだ状に折りたたまれた**βシート構造**（β-sheet structure）がある（図2-5）．

（3）三次構造

　たんぱく質の立体構造を**三次構造**（tertiary structure）という（図2-6）．水溶液中で1本のポリペプチド鎖が折りたたまれるとき，アミノ酸残基の親水性の側鎖（=Rの部分）は表面に，疎水性の側鎖は水分子を避けるように内側に位置するような立体配置をとる．三次構造を決める要因としては，αヘリックスやβシートなどの二次構造に加えて，側鎖同士の相互作用や，水との相互作用も重要な役割を果たしている．

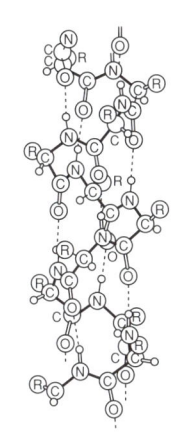

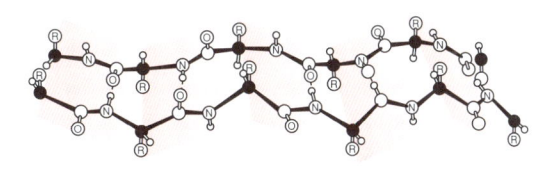

αヘリックス構造

同じポリペプチド鎖にある4番目ごとのペプチド結合同士のN-HとC=Oとの間で水素結合が形成されると，右巻きのらせん構造ができる．

● ：アミノ酸残基の α-炭素　　○：主鎖の水素
○ ：ペプチド結合の炭素　　　　 …：ペプチド結合間の水素結合

βシート構造

ポリペプチド鎖が折れ曲がって平行に並び，ペプチド鎖間で水素結合が形成された場合にとる構造．繊維状たんぱく質は β シート構造に富む．

図2-5　たんぱく質の二次構造

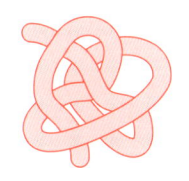

図2-6　たんぱく質の三次構造

（4）四次構造

　たんぱく質によっては，三次構造をもつ複数のポリペプチド鎖が集まって会合体を形成しているものがある．この一つひとつのポリペプチド鎖をサブユニット（subunit）とよび，サブユニットが集まった会合体を四次構造（quaternary structure）という（図2-7）．四次構造をとるたんぱく質の多くは，四次構造となって初めて機能を発揮する．これら二次，三次，四次構造をまとめて高次構造（higher-order structure）という．高次構造の変化は，水への溶解性や酵素活性などの機能に大きな影響を与える．

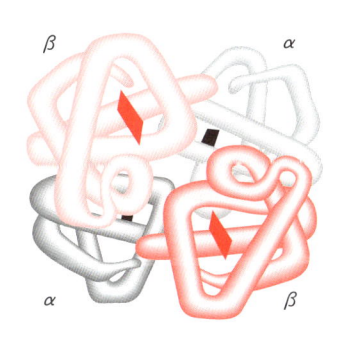

図2-7　たんぱく質の四次構造の例（ヘモグロビン）

赤血球の主要成分であるヘモグロビンは，αというサブユニット2個とβというサブユニット2個から成り立っている．

2・1　たんぱく質

表2-3 単純たんぱく質と複合たんぱく質

種類		特徴	所在
単純たんぱく質	アルブミン	水，酸，塩，アルカリに可溶の球状たんぱく質	動植物の細胞や体液に含まれる．血清たんぱく質の60%がアルブミン，40%がグロブリンである
	グロブリン	酸，塩，アルカリに可溶，水に不溶の球状たんぱく質	
	グルテリン	酸，アルカリに可溶，水，塩に不溶	穀類に含まれる．小麦粉のグルテンは，グルテリンとプロラミン（グリアジン）から形成される
	プロラミン	酸，アルカリ，60～90%エタノールに可溶，水，塩に不溶	
	硬たんぱく質	通常の溶媒には不溶の繊維状たんぱく質	コラーゲン（軟骨），ケラチン（毛髪，爪）
	ヒストン	水，酸に可溶，アルカリに不溶の塩基性たんぱく質	動植物細胞の核クロマチンに存在し，DNAと複合体を形成する
	プロタミン	水，酸，アルカリに可溶の塩基性たんぱく質．アルギニンを40～60%含む	精子核DNAと複合体を形成する
複合たんぱく質	核たんぱく質	ヒストン，プロタミンとDNAとの複合体や，RNAとたんぱく質との複合体	ヌクレオヒストン，ヌクレオプロタミン，リボゾーム
	リンたんぱく質	リン酸とエステル結合したたんぱく質	カゼイン（牛乳），ホスビチン（卵黄）
	リポたんぱく質	脂質と結合したたんぱく質	構造リポたんぱく質（細胞膜），血漿リポたんぱく質（血液）
	色素たんぱく質	鉄，銅などの金属や色素と結合したたんぱく質．酸素運搬や酸化還元反応などに関与するものが多い	ヘモグロビン（血液），ミオグロビン（筋肉），ロドプシン（網膜）
	糖たんぱく質	糖やその誘導体を含む．たんぱく質分子中のアスパラギン，セリン，トレオニンと結合する	すべての細胞に存在

2.1.4 たんぱく質の種類

たんぱく質は，その組成，形状，機能の違いなどにより分類される．

(1) 組成による分類

アミノ酸のみから構成される**単純たんぱく質**（simple protein）と，アミノ酸以外のものを含む**複合たんぱく質**（conjugated protein）に大別できる（表2-3）．

(2) 形状による分類

球状たんぱく質（globular protein）と**繊維状たんぱく質**（fibrous protein）に分類される．

① **球状たんぱく質** ポリペプチド鎖が全体に球状に折りたたまれ，親水基が分子表面に出て水に溶けやすい形をとる．酵素たんぱく質やアルブミン，グロブリンなど，さまざまな機能をもつたんぱく質は，一般に球状たんぱく質である．

② **繊維状たんぱく質** 何本ものポリペプチド鎖が細長く伸びて束状になり，水に溶けにくい構造をとる．コラーゲンやケラチンなどの構造たんぱく質がこれに属する．

2.1.5 たんぱく質の性質

(1) 両性電解質

たんぱく質は，水溶液のpHに依存して，陰（-）イオンになったり陽（+）イオンになっ

たりする．これは，たんぱく質分子中にある酸性アミノ酸のカルボキシ基や，塩基性アミノ酸のアミノ基がpHに依存してイオン化するためである．このような性質をもつ物質を**両性電解質**（ampholyte）という．酸性アミノ酸含量が多いたんぱく質は陰イオンになりやすく，塩基性アミノ酸含量が多いと陽イオンになりやすい．あるpHでは陽イオンと陰イオンの量が同じになり，たんぱく質全体としての電荷が差し引き0になる．このときのpHを**等電点**（isoelectric point）という．たんぱく質の溶解度は，この等電点付近で最も低くなる．

（2）変　性

たんぱく質は，さまざまな原因により，一次構造は変化せずに二次構造以上の高次構造が壊れる．これを**たんぱく質の変性**（denaturation of protein）という．変性の原因としては，熱，強酸や強アルカリ，有機溶媒，重金属，界面活性剤などがある．変性が起こると水に対する溶解度が減少し，本来の生理機能が失われる．変性には，変性要因を除くことにより元の状態に戻れる変性（**可逆的変性**；reversible denaturation）と，戻れない変性（**不可逆的変性**；irreversible denaturation）がある（図2-8）．ゆで卵の場合は，再

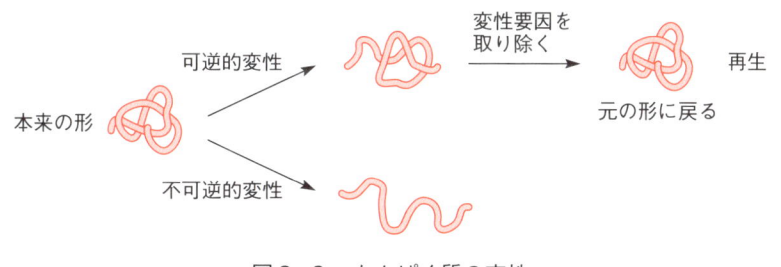

図2-8　たんぱく質の変性

Column　プリオンと狂牛病

狂牛病（牛海綿状脳症）は1986年にイギリスで初めて見つかった．狂牛病を発症したウシは，脳がスポンジ状（海綿状）になり，痙攣を繰り返して，やがて歩行困難な状態となる．その病原体といわれているのが，プリオンというたんぱく質である．プリオンには，正常なものと病原性をもった異常なものがあり，正常プリオンは健常な哺乳動物でも存在し，異常プリオンだけが海綿状脳症を引き起こす．

では，正常プリオンと異常プリオンの違いはどこにあるのだろうか．実は，たんぱく質の高次構造の違いにある．どちらも253個のアミノ酸から成る同じ一次配列をもっているが，正常プリオンはαヘリックスが主たる構造であるのに対して，異常プリオンはその大部分がβシート構造に置き換わっている．まさに〝ジキル博士とハイド氏〟の関係である．異常プリオンは構造が安定で，熱や酵素でも分解されにくい．感染して体内に入ると，正常プリオンに接触して，正常プリオンを異常プリオンに変え，その結果，異常プリオンが細胞内で蓄積されていく．しかし，なぜ正常プリオンが異常プリオンに変化するのか，そのメカニズムについてはまだわかっていない．

び冷やしても元の生卵の状態に戻れないため，不可逆的変性である．

2.1.6 たんぱく質の機能

私たちの体には驚くほど多種類のたんぱく質が存在し，体の構造をつくったり，代謝や物質の輸送を調節するなど，体内のさまざまな場所で，多様な機能を営んでいる．たんぱく質の形状から見ると，構造たんぱく質は水に不溶の繊維状のものが多く，機能たんぱく質は球状で，血液や細胞質中に溶けて機能しているものが多い．しかし受容体たんぱく質のように，疎水部分が生体膜に埋め込まれて機能しているものもある．

（1）酵　素

生体内化学反応の触媒として働いている酵素は，ほぼすべてたんぱく質である．試験管内での有機合成反応のような厳しい条件で働く触媒とは異なり，酵素は，37℃，pH 6.5〜7.5の生体内の穏和な条件のもとで，化学反応の触媒として働いている．酵素が関与する反応は多種多様であるが，いずれも酵素（enzyme）が，標的となる特定の分子（基質, substrate）と特異的に結合することにより反応を引き起こしている．このように，酵素と基質との相互作用は〝鍵と鍵穴〟のような関係になっており，それぞれの反応には固有の酵素が用意されている．酵素反応の詳細は3章で述べる．

（2）ホルモン

ペプチドやたんぱく質のなかには，ホルモン作用を示すものがある．よく知られているものとしては，下垂体後葉から分泌されるオキシトシン（oxytocin）とバソプレッシン（vasopressin）がある．図2-9に示すように，いずれも九つのアミノ酸から成るペプチドであり，構造はよく似ている．しかし，それらの作用は大きく異なり，オキシトシンは乳汁分泌促進作用と子宮収縮作用，バソプレッシンは抗利尿作用と血圧上昇作用を示す（表2-2参照）．

一方，分子量がより大きいたんぱく質ホルモンの例としては，191個のアミノ酸から成る成長ホルモンや，糖たんぱく質の甲状腺刺激ホルモンなどがあげられる．

ジスルフィド結合

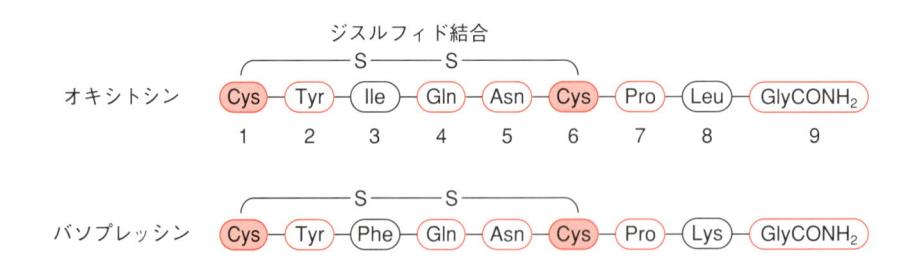

オキシトシン　Cys─Tyr─Ile─Gln─Asn─Cys─Pro─Leu─GlyCONH$_2$
　　　　　　　 1　 2　 3　 4　 5　 6　 7　 8　 9

バソプレッシン　Cys─Tyr─Phe─Gln─Asn─Cys─Pro─Lys─GlyCONH$_2$

図2-9　オキシトシンとバソプレッシンの構造の比較
9個のアミノ酸のうち7個が共通で，どちらも1番目と6番目のシステインがジスルフィド結合している．C末端のグリシンアミドになっている．

（3）免疫たんぱく質

生体の防御反応である免疫には，白血球細胞などによって機能する**細胞性免疫**（cellular immunity）と，産生された抗体による**体液性免疫**（humoral immunity）がある．この体液性免疫にかかわっている抗体は，体に侵入してきた異物（**抗原**，antigen）と特異的に反応する**免疫グロブリン**（Ig；immunoglobulin）というたんぱく質である．

免疫グロブリンには，IgG，IgA，IgM，IgD，IgE の 5 種類があり，さらにサブクラスに分けられるが，共通の特徴的な構造をもつ．図 2–10 に示したように，基本的構造は，すべての免疫グロブリンに共通の 2 本の短いポリペプチド鎖（**L 鎖**，分子量約 25,000）と，免疫グロブリンの種類によって異なる 2 本の長いポリペプチド鎖（**H 鎖**，分子量約 50,000）とが，S–S（ジスルフィド）結合で互いに結ばれた四本鎖構造からできている．向かい合った L 鎖と H 鎖の N 末端側のアミノ酸配列は，個々の免疫グロブリンごとに異なっているところから**可変部**（variable region）とよばれ，この部分に抗原と結合する部位がある．また 2 本の H 鎖の C 末端側のアミノ酸配列は，免疫グロブリンの種類ごとにほぼ同じで**定常部**（constant region）とよばれる．表 2–4 に 5 種類の免疫グロブリンの構造とその特徴を示す．

抗体以外で，免疫にかかわっているたんぱく質として**補体**（complement）がある．補体は血清中に存在する九つのたんぱく質から成る複合体で，抗体の働きを補助したり，細菌などに付着してマクロファージなどの食細胞の食作用を促進させる（**オプソニン効果**）．

（4）構造たんぱく質

構造たんぱく質（structural protein）は，表皮，結合組織，細胞骨格などの構成要素として，組織の保護や構造の安定化に重要な役割を果たしている．表 2–5 に代表的な構造たんぱく質を示す．

コラーゲンは，哺乳動物の総たんぱく質量の 3 分の 1 を占める最も量の多いたんぱく質である．図 2–11 に示すように，3 本のポリペプチド鎖がらせん状に合わさって束になっ

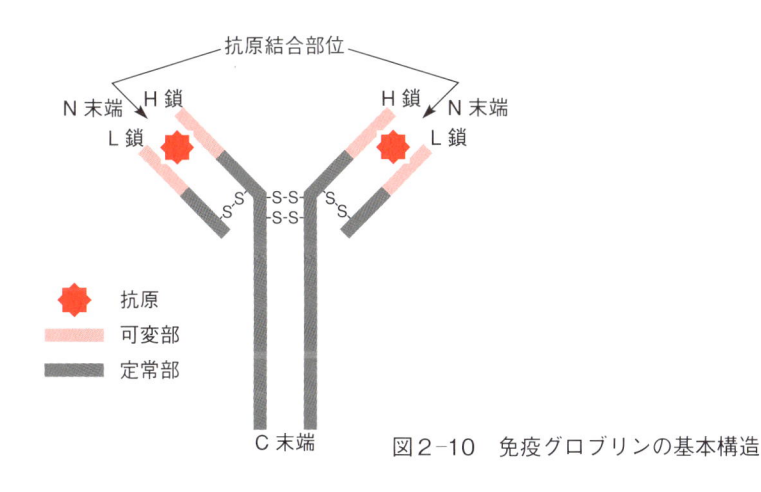

図 2–10　免疫グロブリンの基本構造

表2-4　5種類の免疫グロブリンの構造と主な働き

種　類	構　造	主な働き
IgG 単量体 分子量約15万		体液性免疫の主役．血清中の免疫グロブリンの約80％を占める．
IgA 二量体 分泌型の分子量 約39万		血清中にある血清型と，唾液，涙，鼻汁などに含まれる分泌型がある．局所免疫に関与．
IgM 五量体 分子量約95万		感染後，最初に生産する抗体．胎児も産生する能力がある．
IgD 単量体 分子量約17万		B細胞表面に存在する．生物活性は不明な点が多い．
IgE 単量体 分子量約19万		血清中にごく微量存在する．アレルギーに関与．

河田光博，三木健寿 編，「解剖生理学（栄養科学シリーズNEXT）」，講談社(1998)，p.119を一部改変．

表2-5　構造たんぱく質の例

場　所	具体例
皮膚，爪，毛髪	ケラチン
結合組織	コラーゲン，エラスチン
水晶体	クリスタリン
細胞骨格	チューブリン

図2-11　コラーゲンのポリペプチド鎖の三重らせん構造

た構造をしている．それぞれのポリペプチド鎖のアミノ酸配列を見ると，3番目ごとに最も小さなアミノ酸であるグリシンが配置され，丈夫な軸構造の形成に貢献している．エラスチンは，肺，血管，靱帯の弾力性をつかさどる．

これらのたんぱく質は，繊維状で水に不溶のたんぱく質である．一方，水晶体の主要構成成分であるクリスタリンは，水溶性で透明なたんぱく質である．

（5）細胞機能性たんぱく質

① 受容体たんぱく質

細胞の表面または細胞内には**受容体たんぱく質**（receptor protein）があり，細胞間の情報（シグナル）伝達や，特定の物質の細胞内への取り込み，さらに核内への運搬にかか

表2-6 受容体たんぱく質の特徴

部位	特徴	受容体たんぱく質の例	働き
細胞膜表面	体外の刺激に応答	ロドプシン	網膜で光を感じる.
		嗅覚受容体	嗅細胞で揮発性の化学物質を感じる.
	親水性で細胞膜を透過できないシグナル分子に応答	アセチルコリン受容体	副交感神経末端から放出されるアセチルコリンと特異的に結合する.
		アドレナリン受容体	交感神経末端と副腎髄質から放出されるアドレナリン,またはノルアドレナリンと特異的に結合する.
		インスリン受容体	インスリンと結合して,細胞内へグルコースを取り込ませる.
細胞内	拡散により細胞膜を透過してきた疎水性の小さなシグナル分子に応答	ステロイドホルモン受容体	細胞質内で副腎皮質ホルモンや性腺ホルモンと複合体を形成し,核内に到達して遺伝子調節に関与する.
		甲状腺ホルモン受容体	核内にあり,甲状腺ホルモンと特異的に結合して遺伝子調節に関与する.

わっている.表2-6に代表的な受容体たんぱく質をあげる.

② 収縮性たんぱく質

　骨格筋の筋線維の構造たんぱく質であるアクチンとミオシンは,共同で働いて筋肉を収縮させる.アクチン（actin）は球状のたんぱく質であるが,重合して二重らせん構造をもつ細長いアクチンフィラメントを形成する（図2-12）.ミオシン（myosin）は球状の頭部とひも状の尾部から成り,重合して太いミオシンフィラメントを形成する（図2-13）.筋収縮は,このアクチンフィラメントとミオシンフィラメントが互いに滑って重なり合い,全体の長さが縮むことによって引き起こされる（図2-14）.

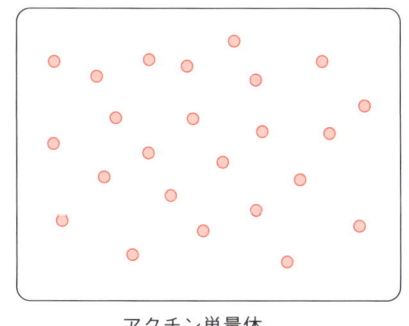

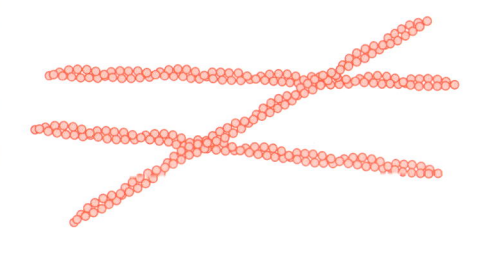

図2-12 アクチン単量体とアクチンフィラメント

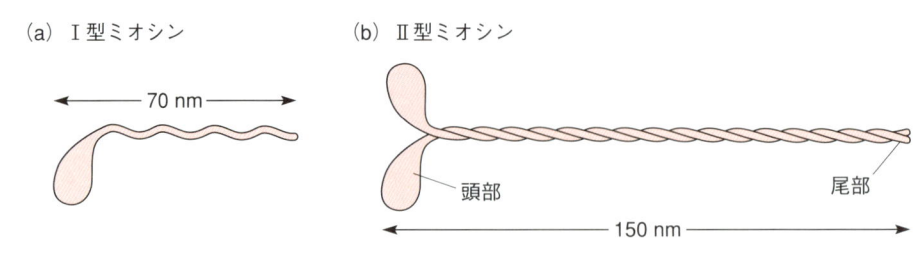

(a) Ⅰ型ミオシン

(b) Ⅱ型ミオシン

頭部　尾部

(c) Ⅱ型ミオシンフィラメント

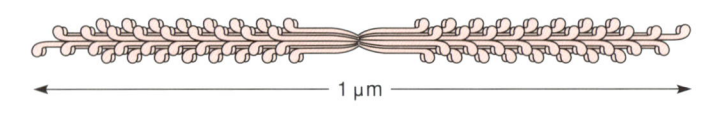

図2-13　ミオシンの構造

Ⅱ型ミオシンは，Ⅰ型ミオシン2分子から成り，頭部がより合わさってコイル状になっている．
B. Alberts *et al.*, "Essential Cell Biology," Garland Publishing (1998), Fig. 16.32.

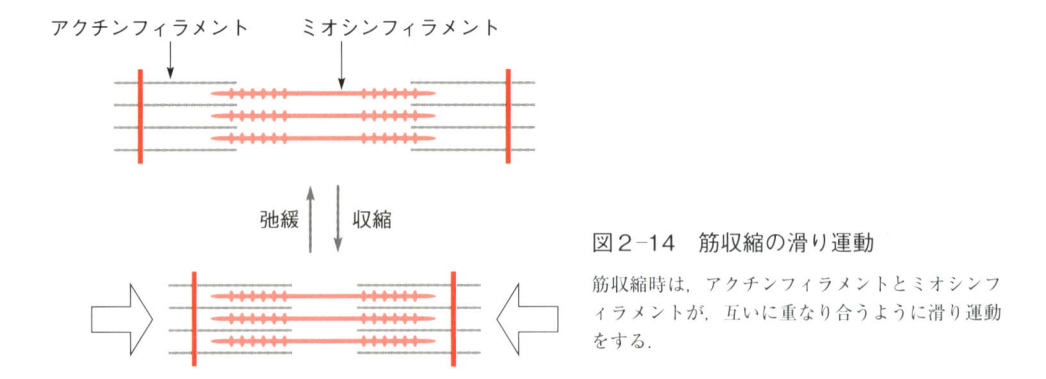

アクチンフィラメント　ミオシンフィラメント

弛緩　収縮

図2-14　筋収縮の滑り運動

筋収縮時は，アクチンフィラメントとミオシンフィラメントが，互いに重なり合うように滑り運動をする．

③ 輸送たんぱく質

血液中や細胞膜にあるたんぱく質で，小分子やイオンの運搬をするものを**輸送たんぱく質**（transport protein）という．表2-7に主な輸送たんぱく質を示す．

表2-7　代表的な輸送たんぱく質

場　所	輸送たんぱく質	働きと特徴
血　液	アルブミン	脂質などの運搬
	ヘモグロビン	酸素の運搬
	トランスフェリン	鉄の運搬
細胞膜や細胞内小器官の膜	イオンチャンネル（受動輸送）	細胞膜の二重層を貫通する小孔を形成し，Na^+，K^+，Ca^{2+}などの無機イオンを通過させる．
	運搬体たんぱく質（能動輸送）	膜の片方の側で小分子と結合すると，構造変化を起こして，小分子を膜の反対側に運ぶ．

2.2 糖　質

　糖質（sugar）は，主要なエネルギー源であるとともに，生体の構成材料や細胞間の情報伝達物質として，きわめて広範囲にわたる生命活動に関係している．糖質は炭素，水素，酸素の三つの元素から成り，水素と酸素が水（H_2O）と同じ割合で含まれているものが多いため，$C_n(H_2O)_m$ という一般式で表すことが知られている．これは，n 個の炭素原子と m 個の水分子が結合してできた化合物のようにも見えるので，炭水化物（carbohydrate）ともよばれる．実際には，以下に示す構造式でわかるように，複数のヒドロキシ基（-OH）が炭素原子の骨格に結合した構造をとっている．

　糖質は，単糖類，オリゴ糖（少糖類），多糖類に大別される．

2.2.1 単糖類

　糖質の基本単位は単糖類（monosaccharide）であり，加水分解によって，それ以上簡単な糖質に分けられないものである．分子中に含まれる炭素原子の数によって，三炭糖（トリオース），四炭糖（テトロース），五炭糖（ペントース），六炭糖（ヘキソース）などに分類される．

（1）単糖類の構造とその種類

① アルドースとケトース

　単糖類は，ヒドロキシ基のほかに，アルデヒド基（-CHO）またはケトン基（>C=O）を必ずもっており，アルデヒド基をもつ単糖類はアルドース（aldose），ケトン基をもつ単糖類はケトース（ketose）に分類される．代表的な例を図 2-15 に示す．

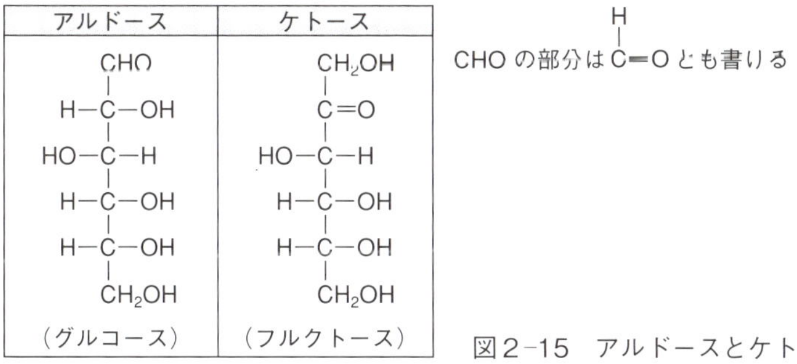

図 2-15　アルドースとケトース

② D, L 光学異性体

　アミノ酸の場合と同様，単糖類にも不斉炭素があるために，互いに鏡像の関係にある d 型と l 型の光学異性体（optical isomer）が存在する．図 2-16 に示すように，最も簡単な単糖類であるグリセルアルデヒドの場合は，不斉炭素の数が 1 個のため，光学異性体は 2 種類である．不斉炭素に結合しているヒドロキシ基が右側にある場合を D-グリセルアルデヒド（d-glyceraldehyde），左側にある場合を L-グリセルアルデヒド（l-glyceraldehyde）

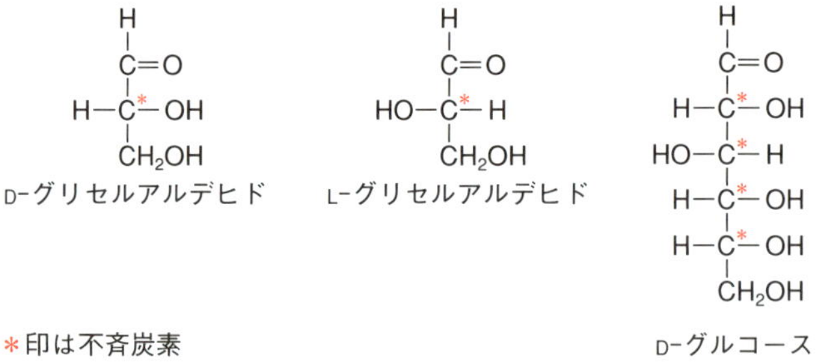

図2-16 グリセルアルデヒドの光学異性体の構造とD-グルコース

*印は不斉炭素

という．さらに炭素数の多いグルコースの場合は，不斉炭素の数は4個で16種類の光学異性体が存在するが，アルデヒド基から最も遠い不斉炭素に結合するヒドロキシ基が，グリセルアルデヒドのd型またはl型のどちらに一致するかにより，dまたはlに分類している．天然に存在する糖の多くはd型である．

③ 環状構造

糖分子のアルデヒド基やケトン基は，水溶液中で同じ分子内のヒドロキシ基と反応して環状構造 (ring structure) になりやすい．グルコースは，水溶液中では図2-17に示すように，2種類の環状構造と1種類の鎖状構造 (open-chain structure) が互いに平衡の状態にある混合物として存在している．ほとんどが環状構造で，鎖状構造はごくわずか (0.1% 以下) である．環状構造になると，C-1位のアルデヒド基は変化して，C-1位が

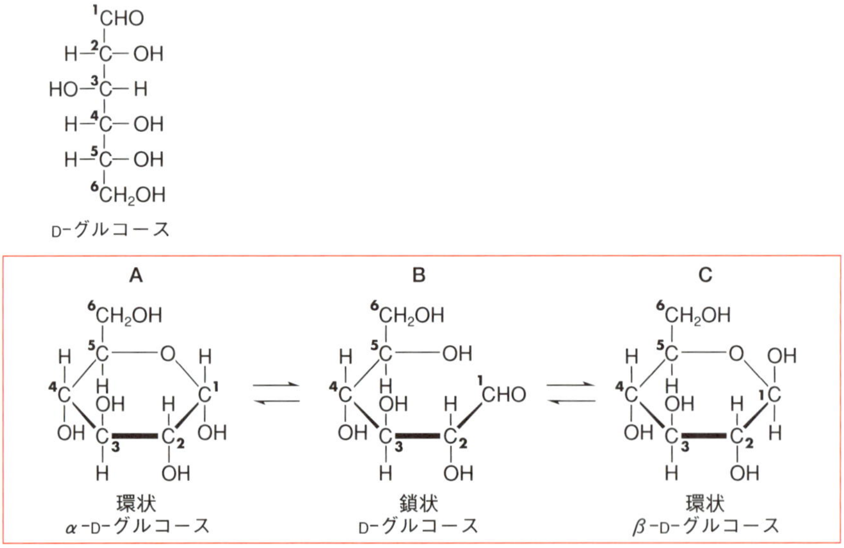

図2-17 水溶液中のグルコースの環状構造

水溶液中のグルコースは，C-1位とC-5位の間で環状構造が形成され，A，B，Cの混合物として存在する．

新たに不斉炭素となり，2種類の異性体が生じる．C-1位のヒドロキシ基が環状の面の下側にある場合をα-グルコース，上側にある場合をβ-グルコースという．このような環状構造はグルコースだけに特有のものではなく，四炭糖以上の糖で一般的に認められる．表2-8に代表的な単糖類の構造と生体内での役割を示す．

表2-8 代表的な単糖類の構造と生体における役割

分類	単糖類	構造*	生体内での役割
三炭糖	d-グリセルアルデヒド	(構造式)	解糖系の代謝中間体で，リン酸化合物として存在
	ジヒドロキシアセトン	(構造式)	
四炭糖	d-エリトロース	(構造式)	ペントースリン酸回路の代謝中間体
五炭糖	d-リボース	(構造式)	核酸（RNA）の構成成分
六炭糖	d-グルコース	(構造式)	天然に広く分布し，デンプンやセルロースの構造成分である．生体の主要なエネルギー源で，血液中には約0.1%存在（＝血糖）
	d-フルクトース	(構造式)	最も甘い単糖類で，スクロースの構成成分．リン酸化合物は，解糖系の代謝中間体
	d-ガラクトース	(構造式)	天然にはラクトース中に存在する．吸収後は脂質と結合して糖脂質を形成．糖たんぱく質の構成成分でもある
	d-マンノース	(構造式)	こんにゃくなどの植物マンナンに含まれる．糖たんぱく質の構成成分

* 環状構造は，すべてα-d型で示してある．

2・2 糖質

また，C-1位の異性体以外に，C-2，C-3，C-4位の不斉炭素に基づく異性体もある．グルコースの場合，C-2位に結合しているヒドロキシ基と水素の上下の位置が入れ替わるとマンノース，C-4位で入れ替わるとガラクトースになる．

(2) 単糖類の化学的性質

① 還元性

グルコースの水溶液は還元性を示す．これは，鎖状構造に反応性の高いアルデヒド基があるためである．糖質の還元性は，アルカリ性溶液中でのCu^{2+}やAg^+などの金属イオンの還元によって調べることができる．フェーリング溶液〔硫酸銅(Ⅱ)のアルカリ性溶液〕との反応では，銅が還元されて酸化銅(Ⅰ)Cu_2Oの赤色沈殿が形成され，糖自身は酸化されてカルボン酸となる．反応式は以下のようになる．

$$RCHO + 2\,Cu^{2+} + 5\,OH^- \longrightarrow RCOO^- + Cu_2O + 3\,H_2O$$

一方，ケトン基をもつフルクトースにも還元作用がある．一般にケトン基そのものは還元性を示さないが，フルクトースのようにケトン基の隣にヒドロキシ基がある場合は，以下に示すように水溶液中で変化してアルデヒド基を形成するため，還元性を示すようになる．

ケトン基 ⇌ アルデヒド基

このように，還元性を示す糖を**還元糖**という．単糖類はすべて還元糖である．

② グリコシド結合

糖の環状構造に結合しているヒドロキシ基は反応性に富み，アルコールや他の糖のヒドロキシ基と脱水縮合してグリコシド結合を形成する（図2-18）．生成物は**配糖体（グリコシド：glycoside）**と総称する．オリゴ糖や多糖類は，グリコシド結合により単糖同士が脱水縮合して形成されたものである．

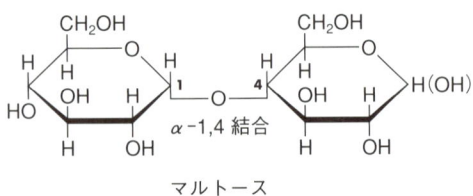

図2-18 グリコシド結合
グルコースのC-1位のα-ヒドロキシ基が，もう一つのグルコースのC-4位のヒドロキシ基とグリコシド結合（α-1,4結合）すると，マルトースができる．グリコシド結合は $>\!\!\underset{H}{\overset{H}{C}}\!\!-\!O\!-\!\underset{H}{\overset{H}{C}}\!\!<$ であるが，C-1位のヒドロキシ基がα側かβ側かを区別するために，α-1,4結合を慣例上 $>\!\!\underset{\underset{O}{|}}{\overset{H}{C}}\!\!\underset{}{\overset{H}{C}}\!\!<$ と表す．

マルトース（α-1,4結合）

③ エステル

単糖のヒドロキシ基は，アルコールのヒドロキシ基と同様に，酸と反応して**エステル**（ester）をつくる．とくにリン酸エステルは，糖からエネルギーを産生する代謝過程の中間物質として重要である（図2-19）．

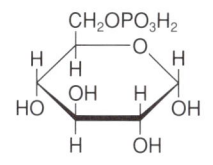

α-D-グルコース6-リン酸　　α-D-フルクトース1,6-ニリン酸　　図2-19　単糖のリン酸化合物

2.2.2　オリゴ糖

　オリゴ糖（oligosaccharide）は，2～数十個程度の単糖類がグリコシド結合したもので，構成する単糖の数により二糖類，三糖類，四糖類などに分類される．天然には三糖類以上は少ない．二糖類は，還元性の有無により，さらに還元性二糖と非還元性二糖に分けられる．図2-20に代表的な二糖類の組成と結合様式を示す．

還元性二糖	非還元性二糖
マルトース（α-D-グルコース + D-グルコース） ラクトース（β-D-ガラクトース + D-グルコース） 右側のグルコースのC-1位は結合していないため，アルデヒド基になることができ，還元性を示す	スクロース（α-D-グルコース + β-D-フルクトース） グルコースのC-1位とフルクトースのC-2位の還元性のある基が結合しているため，還元性を示さない

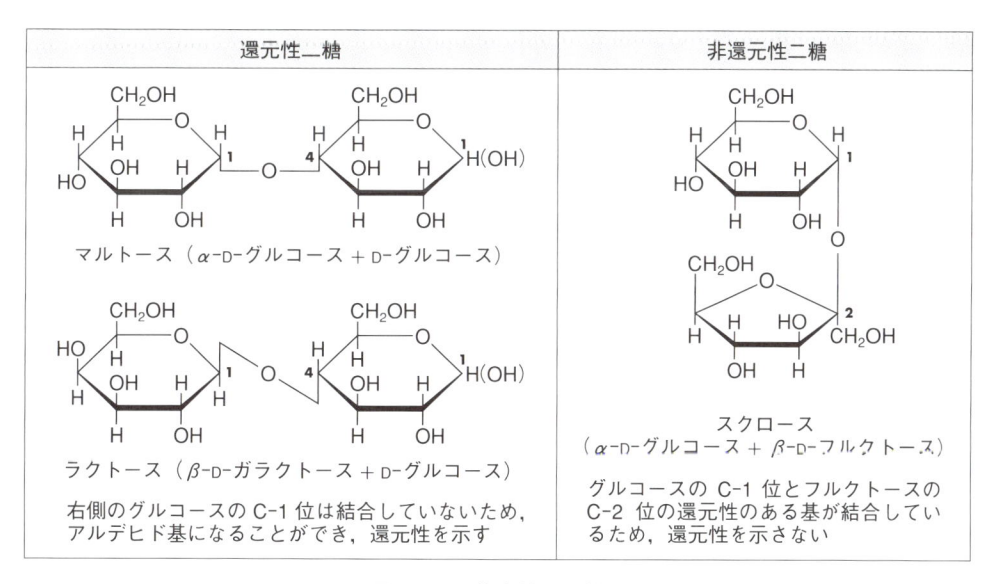

図2-20　代表的な二糖類

Column　冷やした果物は"甘い"

　単糖類の甘味の強さは，α型とβ型で異なる．どちらの型の甘味が強いかは単糖類の種類によって異なるが，最も甘味の強いD-フルクトースの場合，β型の甘味の強さはα型の3倍である．結晶D-フルクトースはβ型であるが，これを水に溶かすと一部がα型に変わり，両者の比が一定のところで平衡に達する．温度が高いほどα型の割合が増えるため，甘味は弱くなる．フルクトースを多く含んでいる果実類は，冷やして食べると甘味を強く感じることになる．

2・2　糖質

マルトース（麦芽糖；maltose）は，デンプンの加水分解産物として得られる．ラクトース（乳糖；lactose）は乳汁中，スクロース（ショ糖；sucrose）は砂糖の主成分で，さとうきびやてんさいに含まれる．

2.2.3 多糖類

デンプンやセルロースのように，構成する単糖類が同じ種類から成るものを単純性多糖（simple polysaccharide），コンニャクマンナンのように，2種類以上の単糖類から構成されるものを複合性多糖（conjugated polysaccharide）という．

（1）単純性多糖

① デンプン

植物の貯蔵糖で，動物の主要な栄養源でもある．光合成により合成され，種子や根茎に多く含まれる．多数のグルコースが α-1,4 結合により直鎖状につながったアミロース（amylose）と，ところどころに α-1,6 結合の枝分かれ構造があるアミロペクチン（amylopectin）から構成される（図2-21）．

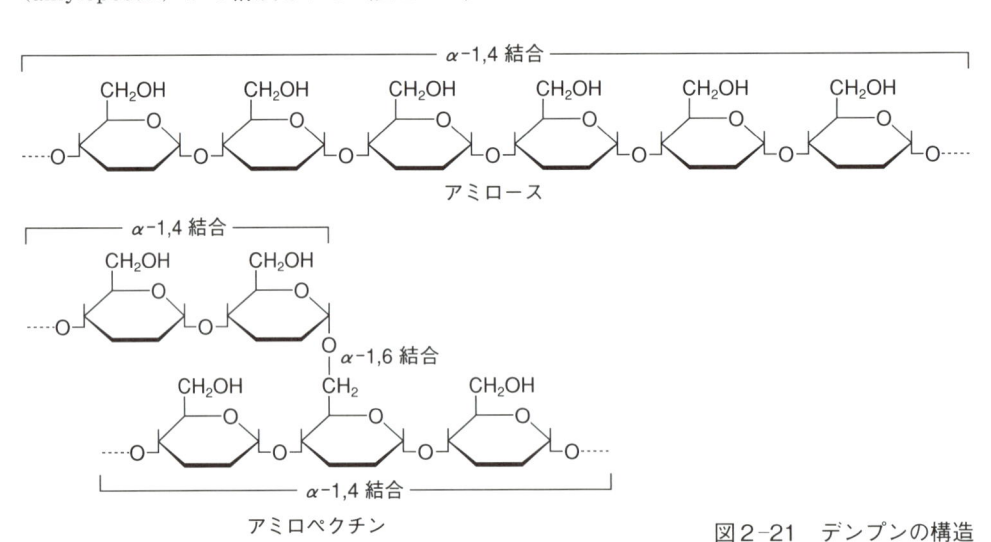

図2-21 デンプンの構造

② グリコーゲン

動物の貯蔵糖で，主として肝臓や筋肉に蓄えられる．アミロペクチンとよく似た構造をしているが，α-1,6 結合の枝分かれがアミロペクチンより多い（図2-22）．

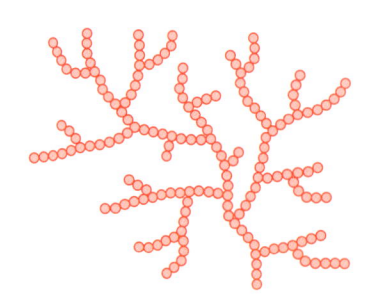

図2-22 グリコーゲンの構造

③ セルロース

植物の細胞壁の構成成分である．グルコースが直鎖状に $\beta-1,4$ 結合した繊維状高分子である（図 2-23）．ヒトには分解する消化酵素がないため，消化・吸収されない．食物繊維として，腸のぜん動運動を促して便通を整える作用がある．

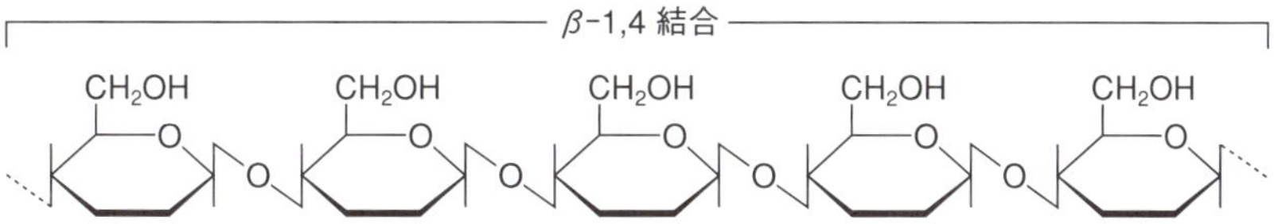

図 2-23 セルロースの構造

④ キチン

エビやカニのような甲殻類の外骨格の主成分である．グルコース誘導体である N-アセチルグルコサミンが $\beta-1,4$ 結合した直鎖状の多糖類である．

（2）複合性多糖

① コンニャクマンナン

こんにゃくいもの根茎に含まれる．グルコースとマンノースが 2：3 の割合で $\beta-1,4$ 結合した多糖類である．

② ヒアルロン酸

ヒトの皮膚細胞間や関節の周りにあり，潤滑剤の働きをする．構成単糖類は N-アセチルグルコサミンとグルクロン酸である．

③ ヘパリン

動物の肝臓，肺，脾臓などに存在し，血液の凝固を阻止する作用がある．グルクロン酸とグルコサミン硫酸から成る．

Column　受精の鍵をにぎる糖鎖

　近年，細胞表面たんぱく質や脂質に結合する糖鎖の存在が注目されている．受精は最も重要な生命現象の一つで，糖鎖が決定的な役割を演じている．精子と卵子の結合は，卵子表面の糖たんぱく質と，これに対する精子膜表面の結合たんぱく質との特異的な相互作用（＝先体反応とよばれる）を介して行われる．ブタの精子には，フコース結合性レクチンというたんぱく質があり，これが卵子表面のフコースという糖残基を特異的に読み取る．このような選択的な読み取りの仕組み（鍵と鍵穴の関係）は，それぞれの生物に固有のものなので，ブタとネズミの間で受精が成立することは決してない．

2.3 脂 質

2.3.1 脂質の性質と分類

脂質は，① 水に不溶または難溶，② 代表的な有機溶媒（ヘキサン，ジエチルエーテル，クロロホルム，ベンゼンなど）に可溶，③ 分子構造に長鎖炭化水素基をもつ，④ 生物体に存在するか生物体由来のものと定義されている．この定義に当てはまる有機化合物は非常に数多く存在するが，長鎖の脂肪酸[*1]，さまざまなアルコール[*2]およびそれらのエステル類が基本構造を成している．生物学的にも多様な機能をもっている脂質をそれらの化学構造から大別すると，表2-9のように，単純脂質（simple lipid），複合脂質（complex lipid），誘導脂質（derived lipid）の3群に分類できる．

2.3.2 脂肪酸

脂質の主な構成成分である脂肪酸は，飽和脂肪酸と不飽和脂肪酸に大別される．脂質の性状や機能に大きく関与しているので，それらの代表的なものを表2-10に紹介する．

分子内に二重結合をもたない脂肪酸を飽和脂肪酸といい，その融点は炭素数が多くなるにしたがって高くなり，C_{10}のカプリン酸以上の飽和脂肪酸は常温で固体である．また，炭素数によってC_6以下は短鎖脂肪酸，$C_{8〜12}$は中鎖脂肪酸，C_{14}以上は長鎖脂肪酸に分類される．分子内に二重結合をもつ脂肪酸は不飽和脂肪酸といい，二重結合数が一つのものを一価不飽和脂肪酸，二つ以上のものを多価不飽和脂肪酸（PUFA；polyunsaturated fatty acid）あるいは高度不飽和脂肪酸（HUFA；highly unsaturated fatty acid）という．その融点は二重結合数の増加に伴って低くなることから，寒冷地の動植物由来の油脂ほど二重結合数の多い脂肪酸がエステル結合していることが知られている．また，不飽和脂肪酸は二重結合の結合状態によって，幾何異性体と位置異性体がある．天然の不飽和脂肪酸はほとんどシス形構造であり，多くの多価不飽和脂肪酸は二つの二重結合の間にメチレン基（$-CH_2-$）を一つもつジビニルメタン型構造をしている．

2.3.3 単純脂質

脂肪酸とアルコールだけがエステル結合した脂質を単純脂質（simple lipid）といい，中性脂肪である油脂（トリアシルグリセロール），ろう（ワックス），およびステロールエ

[*1] 脂肪酸の正式名称：脂肪酸は慣用名が多用されているが，国際純正応用化学連合（IUPAC；International Union of Pure and Applied Chemistry）において万国共通の命名法が定められている．脂肪酸の命名法は，同じ炭素数のalkane，alkeneなどの語尾eをoic acidに置き換える．日本語表記の場合はアルカンの語尾に〝酸〟をつける．

例：酢酸 CH_3COOH；ethanoic acid（エタン酸）
  パルミチン酸 $CH_3(CH_2)_{14}COOH$；hexadecanoic acid（ヘキサデカン酸）
  オレイン酸 $CH_3(CH_2)_7CH=CH(CH_2)_7COOH$；9-octadecenoic acid（9-オクタデセン酸）

[*2] アルコールの分類：脂肪族の炭化水素基にヒドロキシ基が結合した化合物をアルコールと総称する．ヒドロキシ基の数によって一価アルコール，二価アルコール，三価アルコール，多価アルコールなどに分類される．

例：一価アルコール；メタノール（CH_3OH），エタノール（CH_3CH_2OH）
  二価アルコール；エチレングリコール（$HOCH_2CH_2OH$）
  三価アルコール；グリセリン（$HOCH_2CHOHCH_2OH$）
  多価アルコール；グルコース（$OHCCHOHCHOHCHOHCHOHCH_2OH$）

表2-9 脂質の分類と構成成分

単純脂質：脂肪酸とアルコールのエステル
 ① アシルグリセロール：脂肪酸とグリセリンのエステル
  トリアシルグリセロール（油脂），ジアシルグリセロール，モノアシルグリセロール
 ② ワックス（ろう）：長鎖脂肪酸と長鎖アルコールのエステル
 ③ ステロールエステル：脂肪酸とステロールのエステル

複合脂質：脂肪酸，アルコール，その他の成分が結合したもの
 ① リン脂質：脂肪酸，グリセリンまたはスフィンゴシン，リン酸，アミノアルコールが結合したもの
  グリセロリン脂質，スフィンゴリン脂質
 ② 糖脂質：脂肪酸，グリセリンまたはスフィンゴシン，リン酸，糖が結合したもの
  グリセロ糖脂質，スフィンゴ糖脂質
 ③ 硫脂質：硫酸やスルホン酸を含む酸性脂質であり，硫糖脂質ともいう
 ④ リポたんぱく質：各種脂質，たんぱく質，その他の成分が結合したもの

誘導脂質：単純脂質や脂肪酸から誘導される脂質
 ① 脂肪酸
  飽和脂肪酸，不飽和脂肪酸
 ② ステロイド
  ステロール，胆汁酸，ステロイドホルモン，プロビタミンD類
 ③ イコサノイド
  プロスタグランジン，ロイコトリエン，トロンボキサン
 ④ 脂溶性ビタミン
  ビタミンA，D，E，K
 ⑤ テルペノイド（イソプレノイド）
  スクアレン，ビタミンA，E，K

2・3 脂質

ステルがこのグループに属する．

（1）アシルグリセロール

脂肪酸とグリセリンがエステル化したものを**アシルグリセロール**（acylglycerol）といい，下式に示すように，グリセリンにエステル結合したアシル基の数により，トリアシルグリセロール（TAG），ジアシルグリセロール（DAG），モノアシルグリセロール（MAG）の3種類に分けられる．これらは電荷をもたず，電気的に中性であることから，**中性脂肪**（neutral fat）とよばれる．天然油脂や生体脂質は，ほとんどトリアシルグリセロールで構成されている．

$$\begin{array}{c}CH_2OH \\ CHOH \\ CH_2OH\end{array} + RCOOH \longrightarrow \begin{array}{c}CH_2OCOR \\ CHOCOR \\ CH_2OCOR\end{array} + \begin{array}{c}CH_2OCOR \\ CHOCOR \\ CH_2OH\end{array} + \begin{array}{c}CH_2OCOR \\ CHOH \\ CH_2OCOR\end{array} + \begin{array}{c}CH_2OCOR \\ CHOH \\ CH_2OH\end{array} + \begin{array}{c}CH_2OH \\ CHOCOR \\ CH_2OH\end{array}$$

グリセリン　脂肪酸　　　TAG　　　1,2-DAG　　1,3-DAG　　1-MAG　　2-MAG

（2）ワックス（ろう）

長鎖脂肪酸と長鎖一価アルコールのエステルを**ワックス**（ろう）といい，動植物に存在する．

$$RCOOH + R'OH \longrightarrow RCOOR'　(R > C_{16},\ R' > C_{24} \text{以上の脂肪族炭化水素基})$$

長鎖脂肪酸　長鎖アルコール　ワックス（ろう）

表2-10 脂肪酸の化学式と性状

	慣用名	正式名	略記	分子式		融点(℃)
飽和脂肪酸	ギ酸	メタン酸	C1:0	HCOOH		8.4
	酢酸	エタン酸	C2:0	CH_3COOH		16.7
	プロピオン酸	プロパン酸	C3:0	C_2H_5COOH		-21.5
	酪酸	ブタン酸	C4:0	C_3H_7COOH		-7.9
	吉草酸	ペンタン酸	C5:0	C_4H_9COOH		-34.5
	カプロン酸	ヘキサン酸	C6:0	$C_5H_{11}COOH$		-3.4
	カプリル酸	オクタン酸	C8:0	$C_7H_{15}COOH$		16.7
	カプリン酸	デカン酸	C10:0	$C_9H_{19}COOH$		31.4
	ラウリン酸	ドデカン酸	C12:0	$C_{11}H_{23}COOH$		43.5
	ミリスチン酸	テトラデカン酸	C14:0	$C_{13}H_{27}COOH$		53.9
	パルミチン酸	ヘキサデカン酸	C16:0	$C_{15}H_{31}COOH$		63.1
	ステアリン酸	オクタデカン酸	C18:0	$C_{17}H_{35}COOH$		69.6
	アラキジン酸	イコサン酸	C20:0	$C_{19}H_{39}COOH$		75.5
	ベヘン酸	ドコサン酸	C22:0	$C_{21}H_{43}COOH$		81.5
	リグノセリン酸	テトラコサン酸	C24:0	$C_{23}H_{47}COOH$		84.2
不飽和脂肪酸	パルミトレイン酸	Δ^9-ヘキサデセン酸	C16:1	$C_{15}H_{29}COOH$		-0.5～0.5
	オレイン酸	Δ^9-オクタデセン酸	C18:1	$C_{17}H_{33}COOH$	n-9	13.4
	リノール酸	$\Delta^{9,12}$-オクタデカジエン酸	C18:2	$C_{17}H_{31}COOH$	n-6	-9
	α-リノレン酸	$\Delta^{9,12,15}$-オクタデカトリエン酸	C18:3	$C_{17}H_{29}COOH$	n-3	-11
	γ-リノレン酸	$\Delta^{6,9,12}$-オクタデカトリエン酸	C18:3	$C_{17}H_{29}COOH$	n-6	
	アラキドン酸	$\Delta^{5,8,11,14}$-イコサテトラエン酸	C20:4	$C_{19}H_{31}COOH$	n-6	-49.5
	EPA	$\Delta^{5,8,11,14,17}$-イコサペンタエン酸	C20:5	$C_{19}H_{29}COOH$	n-3	
	DPA	$\Delta^{7,10,13,16,19}$-ドコサペンタエン酸	C22:5	$C_{21}H_{33}COOH$	n-3	-78
	DHA	$\Delta^{4,7,10,13,16,19}$-ドコサヘキサエン酸	C22:6	$C_{21}H_{31}COOH$	n-3	

代表的な天然のワックスである蜜ろうの主成分は，パルミチン酸（$C_{15}H_{31}COOH$）とトリアコンタノール（$C_{30}H_{61}OH$）のエステルであり，ほとんどの果実，植物の葉，動物の羽毛，毛皮などの防御被膜であるろう状物質も，同様の化学構造である．動物の皮脂腺から分泌されるものは，主に皮膚を保護する役割を担っている．

2.3.4 複合脂質

脂肪酸，グリセリンまたはスフィンゴシン，リン酸，アミノアルコール，糖などが結合した一群の化合物を**複合脂質**（complex lipid）という．

(1) リン脂質

リン脂質（phospholipid）は**グリセロリン脂質**（glycerophospholipid）と**スフィンゴリン脂質**（sphingophospholipid）に大別され，動植物や微生物の細胞膜を形成する重要な成分である．

グリセロリン脂質は次の式に示すように，グリセリンの1位と2位に脂肪酸，3位にリン酸がエステル結合したホスファチジン酸を基本構造とし，リン酸部分がさらにアミノアルコールとエステル結合したホスファチジルコリン，ホスファチジルエタノールアミン，

ホスファチジルセリン，イノシトールとエステル結合したホスファチジルイノシトールが代表的なものとしてある．

```
CH₂OCOR      X：-H            ホスファチジン酸
|
CHOCOR'       -CH₂CH₂N⁺(CH₃)₃  ホスファチジルコリン
|
CH₂OPO₃X      -CH₂CH₂NH₂      ホスファチジルエタノールアミン

              -CH₂CHNH₂COOH    ホスファチジルセリン

              -C₆H₆(OH)₅      ホスファチジルイノシトール
```

スフィンゴリン脂質は，グリセリンの代わりにスフィンゴシンの1位のヒドロキシ基にリン酸がエステル結合し，リン酸部分はさらにコリンとエステル化し，2位のアミノ基と脂肪酸がアミド結合した**スフィンゴミエリン**（sphingomyelin，下式参照）が代表的なものとして知られている．これは神経線維皮膜（ミエリン鞘）の主成分であり，脳組織に大量に含まれている．

```
CH₂OPO₃CH₂CH₂N⁺(CH₃)₃
|
CHNHCOR
|
CHOH
|
CH=CH(CH₂)₁₂CH₃    スフィンゴミエリン
```

(2) 糖脂質

糖脂質（glycolipid）は生体膜や中枢神経組織に存在し，グリセリンまたはスフィンゴシンに脂肪酸と糖が結合したものであり，リン脂質と同じく両親媒性であるため界面活性性を示す．糖脂質には下記のように**グリセロ糖脂質**（glyceroglycolipid）と**スフィンゴ糖脂質**（sphingoglycolipid）がある．

```
CH₂OCOR                CH₂O-[ガラクトース]
|                      |
CHOCOR                 CHNHCOR
|                      |
CH₂O-[ガラクトース]      CHOH
                       |
                       CH=CH(CH₂)₁₂CH₃

グリセロ糖脂質の例      スフィンゴ糖脂質の例
```

グリセロ糖脂質の基本構造は1,2-ジアシルグリセロールの3位に糖が結合しており，植物や細菌に多く見られる．なお，ガラクトシルジアシルグリセロールのように，脊椎動物の神経細胞に存在するグリセロ糖脂質もある．

スフィンゴ糖脂質は，セラミド（スフィンゴシンの2位のアミノ基に脂肪酸が結合したもの）に一つ以上の糖が結合している．一般的に結合している糖はガラクトースまたはグルコースである．ガラクトースが一つ結合したものを**セレブロシド**（cerebroside，ガラクトセレブロシド）といい，中性のスフィンゴ糖脂質である．硫酸やシアル酸のような酸性物質を含む**スルファチド**（sulfatide）や**ガングリオシド**（ganglioside）は，酸性スフィ

ンゴ糖脂質である．

（3）硫脂質

硫黄原子を硫酸またはスルホン酸として含む酸性脂質を**硫脂質**（sulfolipid），あるいはこれらの酸基がほとんど糖と結合しているので**硫糖脂質**（sulfoglycolipid）という．グリセロ型とスフィンゴ型があり，前者は植物や微生物に分布し，後者は脊椎動物に存在する．

2.3.5　誘導脂質

（1）ステロイド

図2-24に示すように，シクロペンタノヒドロフェナントレン骨格（ステロイド骨格）をもつ一群の化合物を**ステロイド**（steroid）といい，コレステロール，デヒドロコレステロール，エルゴステロール，胆汁酸，ステロイドホルモン，プロビタミンDなどがある．

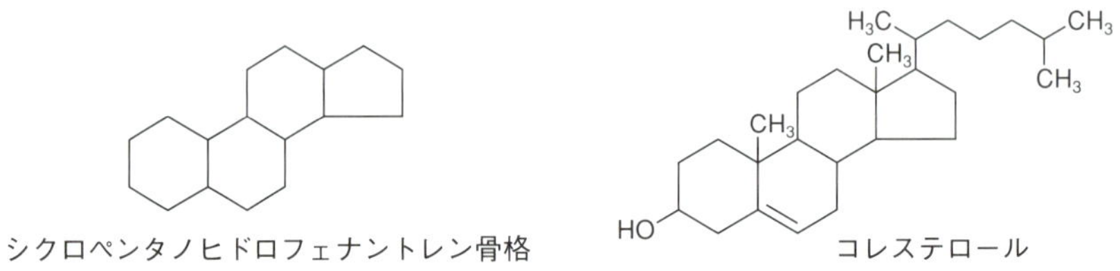

図2-24　ステロイドの基本構造とコレステロールの構造

ステロイドは動植物組織に広く分布しており，ステロイド骨格の3位にヒドロキシ基をもつステロイドを**ステロール**（sterol）という．ステロールのなかで最も重要なものが**コレステロール**（cholesterol）であり，生体内では1.5～2.0 g/日のコレステロールが肝臓で合成される．コレステロールには，遊離型と3位のヒドロキシ基に脂肪酸がエステル結合したエステル型があり，リン脂質とともに細胞膜の構成成分である．

胆汁に含まれるC_{24}の一群のステロイドを**胆汁酸**（bile acid）といい，図2-25に示したようにコール酸，デオキシコール酸，ケノデオキシコール酸が代表的なものであり，それらはコレステロールを原料として肝臓で合成される．その基本的な化学構造は，コレステロールの側鎖末端のイソプロピル基が切断されてカルボキシ基になったものである．胆汁酸は親水基と疎水基をもっているため，小腸内で脂肪の乳化剤として働き，脂肪の消化吸収を助ける．なお，コール酸やケノデオキシコール酸は，腸内微生物によりデオキシコール酸やリトコール酸を生成する．

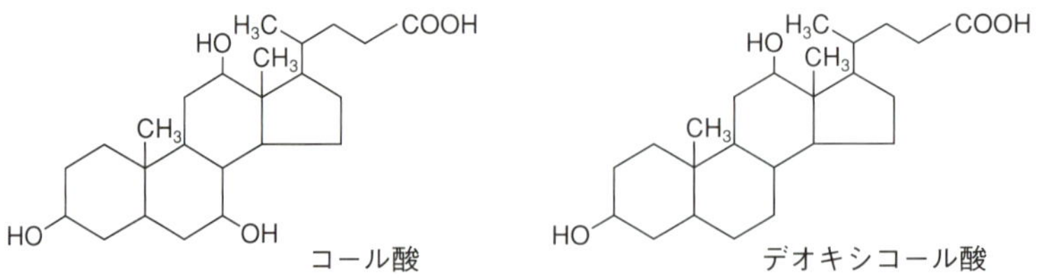

図2-25　代表的な胆汁酸の構造

（2）イコサノイド

イコサノイド（icosanoid）とは，$n-6$ 系列のアラキドン酸や $n-3$ 系列の EPA のような C_{20} の多価不飽和脂肪酸が生体内で過酸化されてできる生理活性物質の総称であり，シクロペンタン環をもつ**プロスタグランジン**（PG；prostaglandin），テトラヒドロピラン環をもつ**トロンボキサン**（TX；thromboxane），共役トリエン構造をもつ**ロイコトリエン**（LT；leukotriene）などがある．代表的なイコサノイドの種類と生理活性機能を表 2-11 に示す．

表 2-11　代表的なイコサノイドの種類と生理活性機能

種類	生理作用	病的状態における作用	薬理作用
PGD_2	催眠		催眠
PGE_2	胃粘膜の保護	血管透過性の亢進（細動脈の拡張） 免疫反応の抑制	末梢血管の拡張 子宮筋の収縮
$PGF_{2\alpha}$	分娩時の子宮筋収縮 排卵誘発	気管支筋の収縮	子宮筋の収縮 消化管平滑筋の収縮
PGI_2	血管内血栓形成の阻止 胃粘膜の保護 分娩時の子宮頸管の熟化	血管透過性の亢進（細動脈の拡張） 抗喘息	環状 AMP または 　cAMP の上昇 抗血小板凝集 臓器の血流の増加
TXA_2	止血時の血小板凝集の促進	血小板の凝集 血管の収縮 気管支筋の収縮	血小板の凝集 血管平滑筋の収縮 気管支平滑筋の収縮
LTB_4		白血球の誘引，白血球の活性化	白血球の誘引

（3）脂溶性ビタミン

長鎖炭化水素基をもつため，脂溶性を示すビタミンとしてビタミン A，D，E，K がある．ビタミン A には炭素鎖の末端がアルコール型（$-CH_2OH$）の**レチノール**，アルデヒド型（$-CHO$）の**レチナール**，カルボキシ型（$-COOH$）の**レチノイン酸**の 3 種類がある．自然界に存在するビタミン D にはビタミン D_2（**エルゴカルシフェロール**）と D_3（**コレカルシフェロール**）があり，D_2 はエルゴステロールから，D_3 はコレステロール合成の最終中間体である 7-デヒドロコレステロールからつくられる．天然に存在するビタミン E には 4 種類の異性体（**α-，β-，γ-，δ-トコフェロール**）が存在し，α 体が生理活性に，δ 体が酸化防止活性に最も優れている．ビタミン K はキノン構造をもち，主に植物の葉緑体でつくられる K_1（**フィロキノン**），腸内細菌でつくられる K_2（**メナキノン**），K_3（**メナジオン**）が存在する．

（4）イソプレノイド（テルペン）

炭素数 5 のイソプレン単位〔$-CH_2-C(CH_3)=CH-CH_2-$〕が頭―頭結合，あるいは頭―尾結合して，長鎖の枝分かれ構造や環状構造をとる化合物を**イソプレノイド**（isoprenoid）という．コレステロールの前駆物質であるスクアレンやビタミン A，E，K などは，イソプレノイド誘導体である．

(5) カロテノイド

カロテノイド (carotenoid) は黄色ないし赤色の色素で，多くの共役二重結合をもつ脂肪族または脂環式ポリエン類であり，植物由来のものをフィトカロテノイド，動物由来のものをゾオカロテノイドという．通常，8個のイソプレン構造が結合しており，α-, β-, γ-カロテン，リコピン，クリプトキサンチンなどをはじめ，90種類にも及ぶ同族体がある．

2.3.6 リポたんぱく質と血清脂質

脂質とたんぱく質の複合体をリポたんぱく質 (lipoprotein) という．生体では皮下脂肪や黄色腫などを除くと，脂質はたんぱく質と結合して分散し，生体膜の主要成分 (構造リポたんぱく質) として，あるいは血液中に血清リポたんぱく質として存在している．血清リポたんぱく質は，水に不溶の脂質 (とくにコレステロールとトリアシルグリセロール)，脂溶性ビタミンなどの吸収・合成の場 (小腸，肝臓) と貯蔵・利用の場 (末梢組織) との間の血中運搬体である．

なお血清リポたんぱく質は，大きさ，密度，化学組成などの異なる4種類のリポたんぱく質 (高密度リポたんぱく質：HDL，低密度リポたんぱく質：LDL，超低密度リポたんぱく質：VLDL，キロミクロン) が存在する (6.8節参照)．

図2-26に示すように，リポたんぱく質の内部はトリアシルグリセロールとコレステロールエステルによって構成されているため疎水性であり，外部は両親媒性のリン脂質，アポリポたんぱく質，コレステロールによって構成されているため親水性になっている．

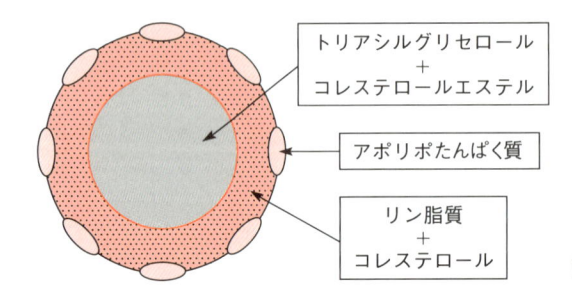

図2-26 リポたんぱく質の概念図

2.4 核　酸

2.4.1 核酸の基本構造

核酸には，遺伝情報の伝達をつかさどるデオキシリボ核酸 (DNA；deoxyribonucleic acid) と，DNAの情報にしたがってたんぱく質を合成するリボ核酸 (RNA；ribonucleic acid) の2種類がある．ヌクレオチドは核酸の構成単位となるもので，塩基 (プリンまたはピリミジン塩基)，五炭糖，およびリン酸から成る (図2-27)．

(1) プリン塩基

プリンの誘導体をプリン塩基 (purine base) という (図2-28)．主なプリン塩基にはアデニン (adenine) とグアニン (guanine) の2種類があって，ともにDNAおよび

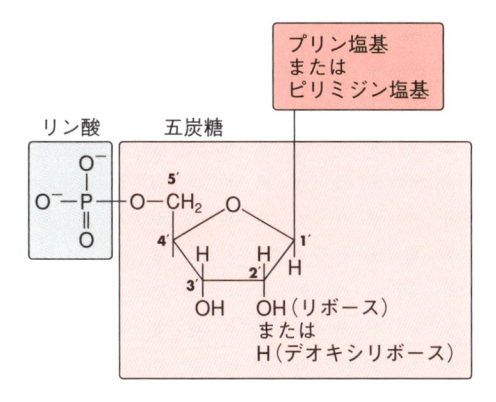

図2-27 ヌクレオチドの構造
ヌクレオチドは塩基（プリンまたはピリミジン塩基），五炭糖，およびリン酸から構成される．

図2-28 プリン塩基とピリミジン塩基
DNAやRNAに含まれるアデニンとグアニンはプリンの誘導体である．シトシン，チミン，ウラシルはいずれもピリミジンの誘導体である．このうち，チミンはDNAのみ，ウラシルはRNAのみから見出される．

RNAに含まれている．

(2) ピリミジン塩基

　ピリミジンの誘導体を**ピリミジン塩基**（pyrimidine base）という（図2-28）．主なピリミジン塩基には**シトシン**（cytosine），**チミン**（thymine），および**ウラシル**（uracil）の3種類がある．シトシンはDNAとRNAの両方に含まれているが，チミンはDNAのみ，ウラシルはRNAのみに含まれている．

(3) 五炭糖

　DNAを構成するヌクレオチドの五炭糖は**デオキシリボース**（deoxyribose），RNAを構成するヌクレオチドの五炭糖は**リボース**（ribose）である（図2-27参照）．塩基と五炭糖のみが結合したものは**ヌクレオシド**（nucleoside）とよばれる．

(4) ヌクレオシドとヌクレオチド

　ヌクレオシドの五炭糖の5位の炭素にリン酸が結合したものを，**ヌクレオチド**（nucleotide）という．たとえば，アデニンにリボースが結合したヌクレオシドをアデノシンというが，このリボースの5位の炭素にリン酸が1個，2個，3個ついたものをそれ

2・4 核酸

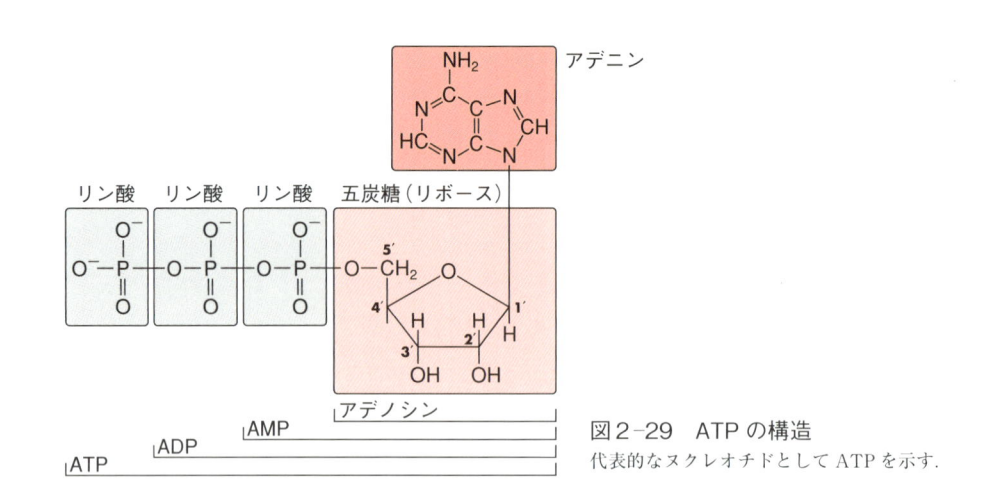

図2-29 ATPの構造
代表的なヌクレオチドとしてATPを示す．

表2-12 一般的なヌクレオチドの名称

塩基		ヌクレオシド〔＝塩基＋糖（リボースまたはデオキシリボース）〕	ヌクレオチド（＝ヌクレオシド＋リン酸）			
			一リン酸の名称	略称		
				一リン酸	二リン酸	三リン酸
プリン塩基	アデニン	〈リボース〉アデノシン〈デオキシリボース〉デオキシアデノシン	アデニル酸（アデノシン5′-一リン酸）デオキシアデニル酸（デオキシアデノシン5′-一リン酸）	AMPdAMP	ADPdADP	ATPdATP
	グアニン	〈リボース〉グアノシン〈デオキシリボース〉デオキシグアノシン	グアニル酸（グアノシン5′-一リン酸）デオキシグアニル酸（デオキシグアノシン5′-一リン酸）	GMPdGMP	GDPdGDP	GTPdGTP
ピリミジン塩基	シトシン	〈リボース〉シチジン〈デオキシリボース〉デオキシチジン	シチジル酸（シチジン5′-一リン酸）デオキシシチジル酸（デオキシシチジン5′-一リン酸）	CMPdCMP	CDPdCDP	CTPdCTP
	チミン	〈デオキシリボース〉デオキシチミジン	デオキシチミジル酸（デオキシチミジン5′-一リン酸）	dTMP	dTDP	dTTP
	ウラシル	〈リボース〉ウリジン	ウリジル酸（ウリジン5′-一リン酸）	UMP	UDP	UTP

ぞれ，**アデニル酸**（**AMP**；adenosine monophosphate），**アデノシン5′-二リン酸**（**ADP**；adenosine diphosphate），**アデノシン5′-三リン酸**（**ATP**；adenosine triphosphate）という（図2-29，表2-12）．ADPやATPのリン酸同士の結合は，高エネルギー結合である．ヒトは，この結合を加水分解したときに得られるエネルギーを使って，さまざまな生命活動を行っている（4章参照）．

2.4.2 DNAとRNAの構造と性質

（1）DNAの構造と性質

ヌクレオチドがホスホジエステル結合によって重合してできた構造を，**ポリヌクレオチ**

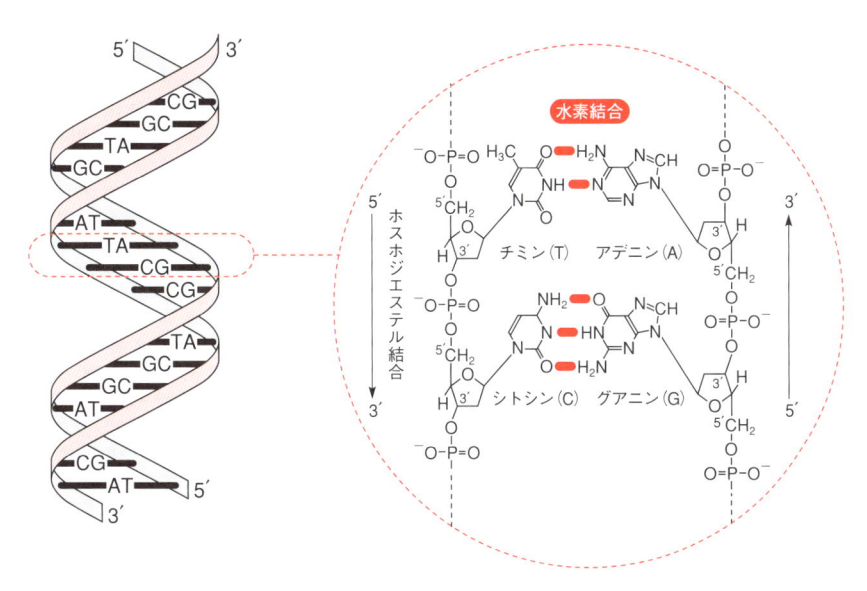

図2-30 DNAの構造（二重らせんモデル）

ヌクレオチドのデオキシリボースの3位の炭素は，別のヌクレオチドのデオキシリボースの5位の炭素とリン酸を介して結合し（ホスホジエステル結合），ポリヌクレオチド鎖を形成する．2本のポリヌクレオチド鎖はアデニンとチミンの間の2本の水素結合と，シトシンとグアニンの間の3本の水素結合によって逆向きに結びつけられる．その結果，DNAは3.4 nmで一巻きする右巻きのらせん構造を示す．

ド鎖（polynucleotide chain）という．DNAは2本のポリヌクレオチド鎖が逆向きに向かい合ってゆるく結合した，いわゆる**二重らせん構造**（double helix structure）をしている（図2-30）．それぞれの鎖は，**アデニン（A）とチミン（T）**，および**シトシン（C）とグアニン（G）**の間に形成される水素結合で結びつけられている．水素結合する相手の塩基が決まっているという性質を**相補性**（complementation）といい，塩基の組合せを**塩基対**（bp；base pair）という．塩基対はDNAの長さを示す単位としてもよく用いられる（例：1000塩基対の長さ = 1000 bp）．DNAは，主にたんぱく質のアミノ酸配列に関する遺伝情報をA，G，C，Tの4種類の塩基の並び（塩基配列）として保存している．

（2）RNAの構造と性質

RNAは，DNAを鋳型として核内で合成（転写）された後，核外へ出てたんぱく質合成に大きな役割を果たす．RNAはDNAと同様のポリヌクレオチド鎖であるが，① 一本鎖であること，② ヌクレオチドを構成する糖がリボースであること，③ チミン（T）の代わりにウラシル（U）が使われていること，などの違いがある．RNAには**メッセンジャーRNA**（**mRNA**；messenger RNA），**トランスファーRNA**（**tRNA**；transfer RNA），および**リボソームRNA**（**rRNA**；ribosomal RNA）の3種類があって，互いに連携しながら働いている．

① mRNA

DNAのたんぱく質に関する遺伝情報は，核内でRNAに転写される．このRNAは，

2・4 核酸

さらに核内でさまざまな修飾を受けて mRNA となる（11章参照）．続いて mRNA は，核膜孔を通って細胞質へ出ていき，たんぱく質合成の場であるリボソームに遺伝情報を伝える．たんぱく質合成に際して，mRNA の3個の塩基の並びがアミノ酸1個を指定する遺伝暗号（コドン；codon）として働く．

② tRNA

tRNA は 70〜90 塩基の小さい RNA で，分子内の水素結合によってクローバーのような形をしている（図2-31）．tRNA には mRNA のコドンを認識して結合する部分（アンチコドン）と，コドンに対応したアミノ酸と結合するための部分がある．tRNA の役割は，アミノ酸を mRNA のコドンの順番どおりにリボソームまで運搬することである．

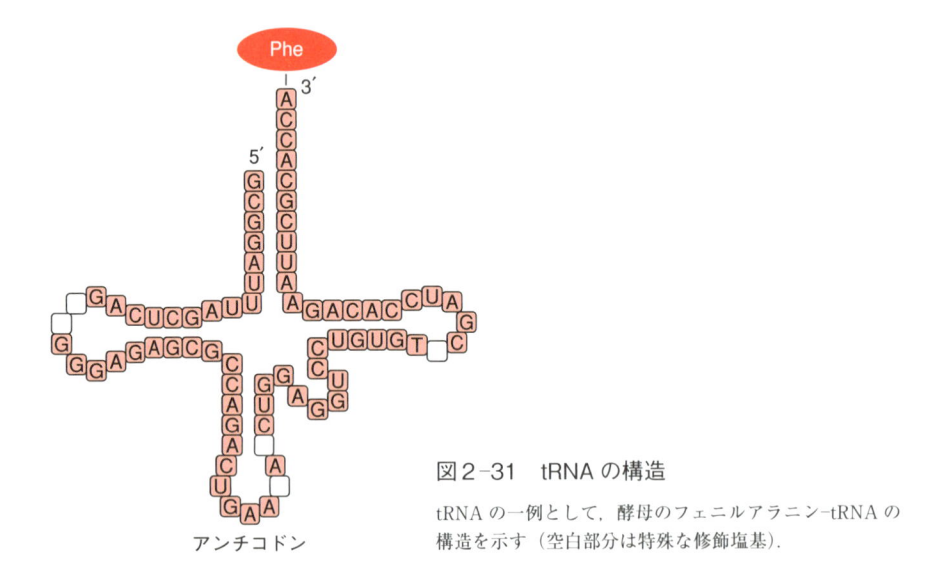

図2-31　tRNA の構造
tRNA の一例として，酵母のフェニルアラニン-tRNA の構造を示す（空白部分は特殊な修飾塩基）．

③ rRNA

rRNA は多くのたんぱく質と結合して，リボソームのサブユニット（40S と 60S，図1-5参照）を形成する．40S サブユニットは rRNA（18S）と 30 種以上のたんぱく質から成り，60S サブユニットは3種の rRNA（5S, 5.8S, 28S）と約50種のたんぱく質から成る．これらのサブユニットは，mRNA と会合して完全なリボソーム（80S）となる．リボソームは，tRNA が運んできたアミノ酸をペプチド結合で連結してたんぱく質を合成する．

④ その他の RNA

核内で働く数百種類の低分子 RNA（snRNA；small nuclear RNA）の存在が知られている．snRNA はそれぞれ，特定のたんぱく質と結合して後述の核たんぱく質を形成する．

2.4.3　核たんぱく質

核内に存在する核酸とたんぱく質の複合体を核たんぱく質（nucleoprotein）という．DNA は核内でヒストンおよび非ヒストンたんぱく質と結合してクロマチン（染色質，chromatin）を形成している．一方，RNA を含む核たんぱく質には，RNA の修飾にかか

わる**スプライソソーム**（spliceosome）がある．核たんぱく質を構成するたんぱく質は，細胞質で合成された後，核膜孔を通って核内に移行する．

2.4.4 ヌクレオソーム

ヌクレオソーム（nucleosome）は，長い DNA の鎖をコンパクトにパッキングして核内に収納するための構造である（図 2-32）．まず，4 種類のヒストン（H2A，H2B，H3，H4）が 2 個ずつ集合してできた八量体に，DNA の二本鎖が 1.75 回転しながら巻きつく．DNA は負に荷電しているため，塩基性たんぱく質であるヒストンに強く結合する．この構造をヌクレオソームとよぶ．さらに，別のヒストン（H1）が DNA と結合して 6 個のヌクレオソームで 1 回転するような超らせん構造を形成する．このようにしてできたクロマチン線維が，さらに，折りたたまれて染色体となる．

DNA は，八量体となったヒストンに 1.75 回転しながら巻きつく（ヌクレオソーム）．さらに，6 個のヌクレオソームで 1 回転するような超らせん構造が形成される．このようにしてできたクロマチン線維がさらに折りたたまれ，凝集して染色体となる．

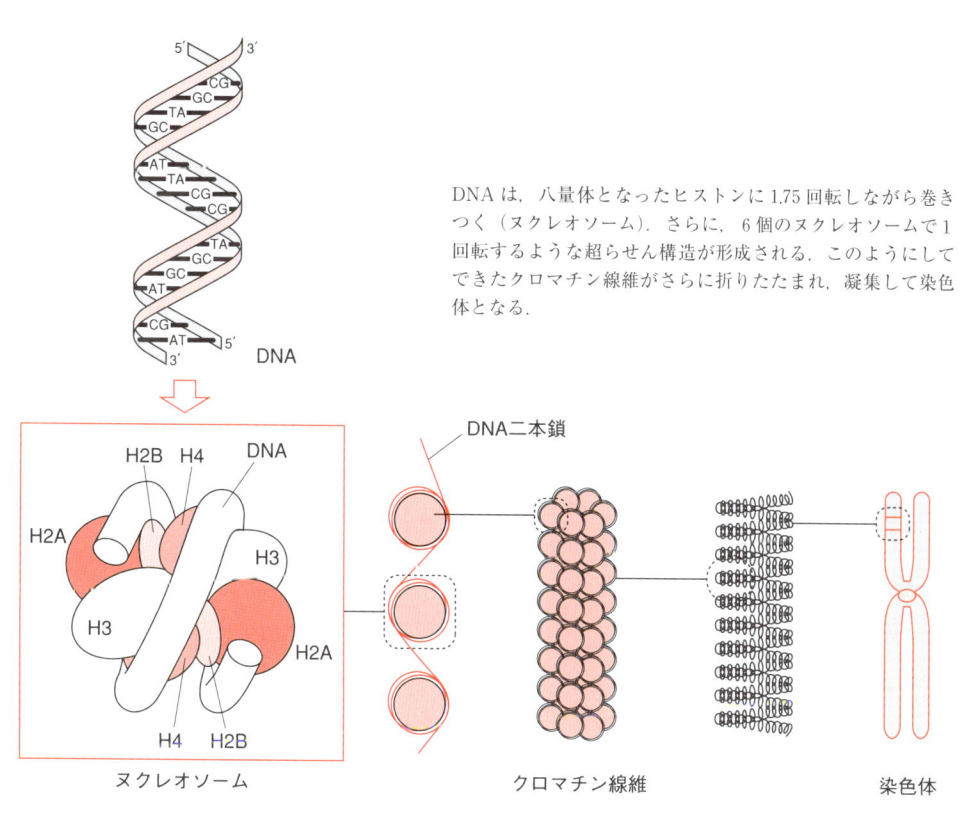

図 2-32　ヌクレオソームとクロマチン構造

2.5　ビタミン

ビタミン（vitamin）とは，体内で合成できないか，合成できても必要量を満たすことのできない有機化合物である．必要量は mg 程度と微量であるが，体内代謝に必須の栄養素である．そのため食事からの摂取により必要量を補わなければならないし，欠乏すると特異的な欠乏症状が生じる．

ビタミンは，脂溶性ビタミンと水溶性ビタミンに大別される．**脂溶性ビタミン**（fat-soluble vitamin）は A，D，E，K で，ビタミン D 以外の脂溶性ビタミンは側鎖にイソプレン構造〔CH_2=C(CH_3)－CH=CH_2〕をもつ共通点がある．**水溶性ビタミン**（water-soluble vitamin）は，B 群ビタミン（B_1，B_2，ナイアシン，B_6，パントテン酸，ビオチン，葉酸，B_{12}）とビタミン C である．

2.5.1　脂溶性ビタミンの構造と機能

（1）ビタミン A

ビタミン A は抗夜盲症因子として発見されたビタミンで，ビタミン A_1（レチノール）とビタミン A_2（3－デヒドロレチノール）とがある．光や空気に不安定である（図 2－33）．

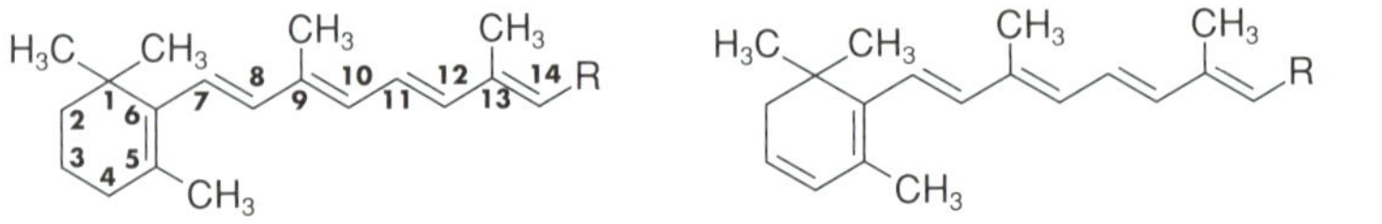

ビタミン A_1　　ビタミン A_2（デヒドロレチノール）

ビタミンA	R	
ビタミン A_1：アルコール	$-CH_2OH$	レチノール
ビタミン A_1：アルデヒド	－CHO	レチナール
ビタミン A_1：カルボン酸	－COOH	レチノイン酸

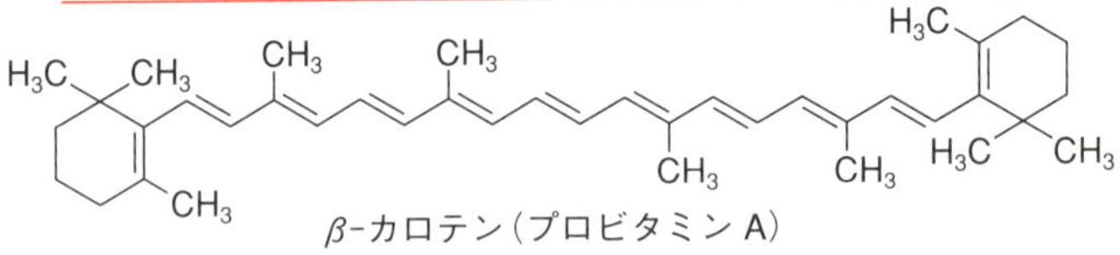

β-カロテン（プロビタミン A）

図 2－33　ビタミン A とプロビタミン A の構造

植物中にはビタミン A の前駆体である α－，β－，γ－カロテン，クリプトキサンチンなどの化合物が存在し，プロビタミン A ともよばれる．これらは動物体内で必要に応じてビタミン A に変換される．α－，γ－カロテンの効力は β－カロテンの約半分である．

欠乏により成長障害，角膜乾燥症，夜盲症が認められる．一方，過剰摂取により脳圧亢進，四肢の痛み，肝障害などをきたす．

● ビタミン A と視覚

網膜の桿（かん）状細胞に，**視紅**（**ロドプシン**；rhodopsin）という紫紅色の感光色素たんぱく質が存在する．視紅は，11－*cis*－レチナールとオプシンとよばれるたんぱく質が結合している．これに光が当たると，11－*cis*－レチナールは全－*trans*－レチナールに変化し，オプシンと分離して無色となる．この変化が光の刺激を電気信号に変え，その情報が大脳の視覚中枢に伝えられて明暗を感じる．全 *trans*－レチナールは，イソメラーゼの作用によって 11－*cis*－レチナールに再生される．再生された 11－*cis*－レチナールは，オプシンと結合して再び視紅に戻る（図 2－34）．

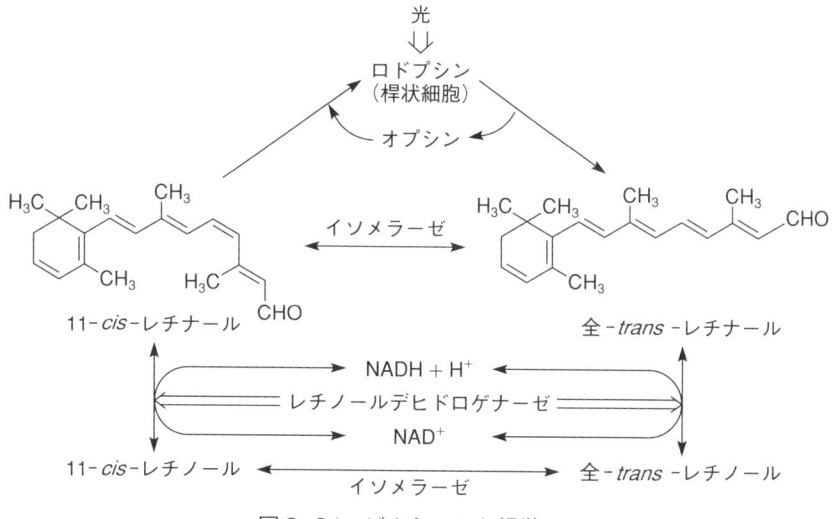

図2-34 ビタミンAと視覚

(2) ビタミンD

ビタミンDは抗くる病因子として見出された脂溶性ビタミンである．ビタミンDは現在D_2からD_7まで6種の同族体があり，D_2（エルゴカルシフェロール）とD_3（コレカルシフェロール）の2種がよく知られている（図2-35参照）．光，熱，空気，酸性で不安定であるが，アルカリ性では比較的安定である．

欠乏により小児ではくる病，成人では骨軟化症が生じる．一方，過剰摂取により腎臓や

図2-35 ビタミンDの活性化

動脈にカルシウムが沈着する．

● **活性型ビタミンD**

ビタミンDの前駆体はプロビタミンDとよばれ，きのこに存在するエルゴステロールや動物の皮膚などに多い7-デヒドロコレステロール（表2-13）で，紫外線が照射により9，10位間で開環が起こり，コイル型のプロビタミンからリニア型のビタミンD_2およびD_3となる．ビタミンD_2とD_3は肝臓の水酸化酵素により25位が水酸化を受け，25-ヒドロキシビタミンD_2，D_3となる．次に腎臓の水酸化酵素の働きで1,25-ジヒドロキシD_2，D_3となる（図2-35）．これが**活性型ビタミンD**（bioactive vitamin D）で，カルシウム結合たんぱく質の合成促進作用を示すことから，ホルモン様の物質といわれる．

表2-13　ビタミンD同族体

プロビタミンD	R（側鎖）	ビタミンD
エルゴステロール	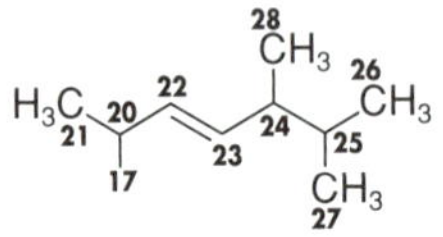 （側鎖構造式）	ビタミンD_2
7-デヒドロコレステロール	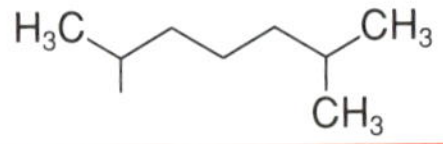 （側鎖構造式）	ビタミンD_3

（3）ビタミンE

ビタミンEは雌ラットの抗不妊因子としてエバンスらにより発見された．ビタミンEの基本構造は，トコールとトコールに二重結合が3個入ったトコトリエノールの誘導体で，それぞれα-，β-，γ-，δ-同族体が存在する（表2-14）．ビタミンEの活性はトコフェロール類とトコトリエノール類に存在している（図2-36）．空気で徐々に酸化され，

表2-14　ビタミンE同族体

トコール	X	Y	トコトリエノール
α-トコフェロール	$-CH_3$	$-CH_3$	α-トコトリエノール
β-トコフェロール	$-CH_3$	$-H$	β-トコトリエノール
γ-トコフェロール	$-H$	$-CH_3$	γ-トコトリエノール
δ-トコフェロール	$-H$	$-H$	δ-トコトリエノール

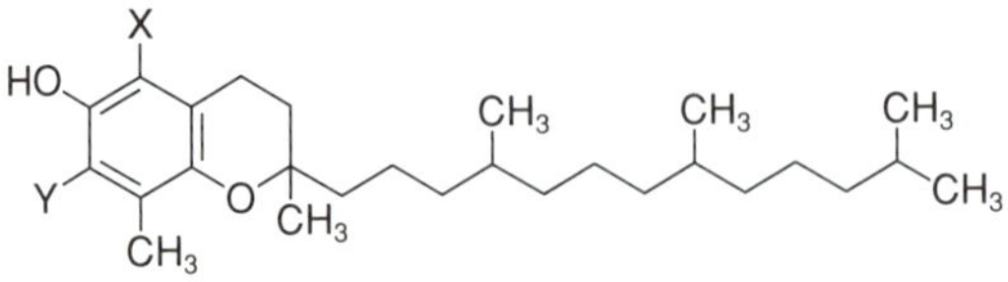

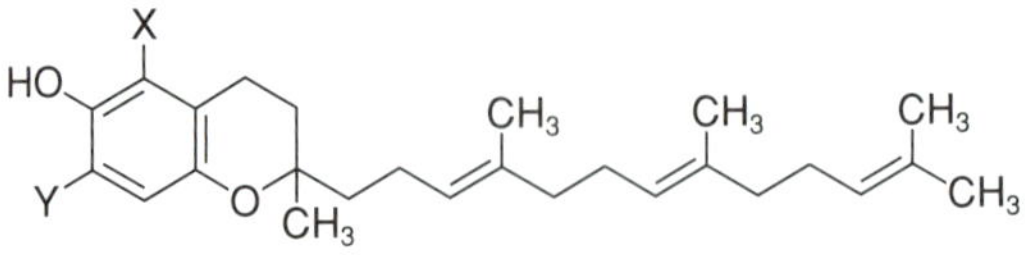

図2-36　ビタミンE同族体の構造

光，熱，アルカリ性では酸化が促進される．

ラットの抗不妊症因子として発見されているが，主たる生理作用は生体内の抗酸化作用にあるといわれる．ヒトにおいては明確な欠乏症状は確認されていない．

● ビタミンEのラジカル消去作用

生体内の代謝反応の過程で活性酸素ができる．過剰に活性酸素が発生すると，細胞膜に多い多価不飽和脂肪酸を酸化し，フリーラジカルができる．フリーラジカルは，消去しなければ連鎖反応により数多くの過酸化脂質の生成につながる．生成した過酸化脂質は毒性をもち，細胞の損傷，たんぱく質の変成作用などを引き起こす．

図2-37のように，ビタミンEはリポたんぱく質中や細胞膜でフリーラジカル消去剤(ラジカルスカベンジャー；radical scavenger)として作用する．

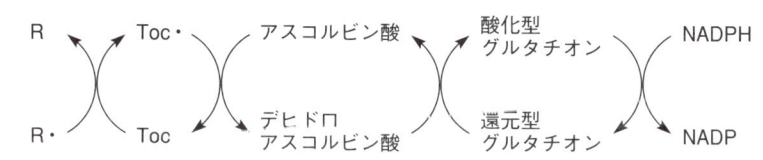

図2-37 ビタミンEのラジカル消去反応

$Toc + R\cdot \longrightarrow Toc\cdot + R$ の反応でつくられる $Toc\cdot$ の反応性は，$R\cdot$ より著しく低いため，フリーラジカルによる連鎖反応を抑えることができる．また，生成した $Toc\cdot$ はビタミンCにより Toc に再生される．さらにビタミンEや β-カロテンは，一重項酸素の捕捉剤としても細胞膜内で働くものと考えられている．

(4) ビタミンK

ビタミンKは血液凝固因子として見出され，K_1 から K_7 までの同族体7種が存在する．それらはナフトキノン誘導体で，ビタミン K_1 と K_2 は天然物であるが，K_3 から K_7 は合成品である(図2-38)．空気と熱に安定であるが，アルカリ性と紫外線に対して不安定である．

ビタミンKの欠乏により，血液凝固時間が延長する．

ビタミン K_1（フィロキノン）　　ビタミン K_2（メナキノン）　　ビタミン K_3（メナジオン）

図2-38 ビタミンK同族体の構造

● ビタミンKと血液凝固

図2-39に示すように，肝臓で合成されたプロトロンビンの前駆体は，ビタミンK依存性カルボキシラーゼの反応によりグルタミン酸残基がカルボキシ化され，プロトロンビンが生成される．この反応ではビタミンKの欠乏やビタミンKの構造類似体であるワル

2・5 ビタミン

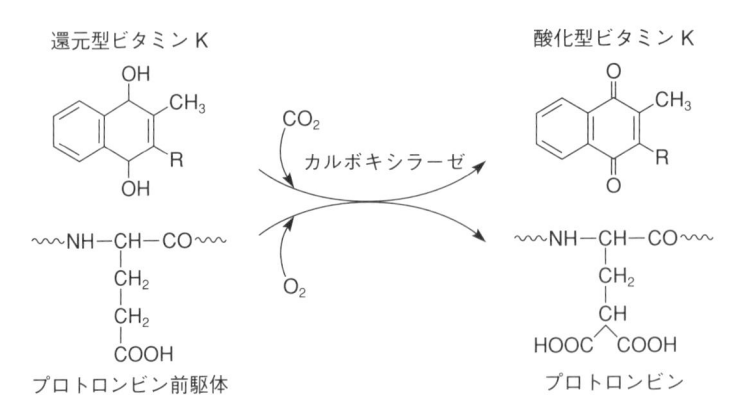

図2-39 ビタミンKとプロトロンビン生成

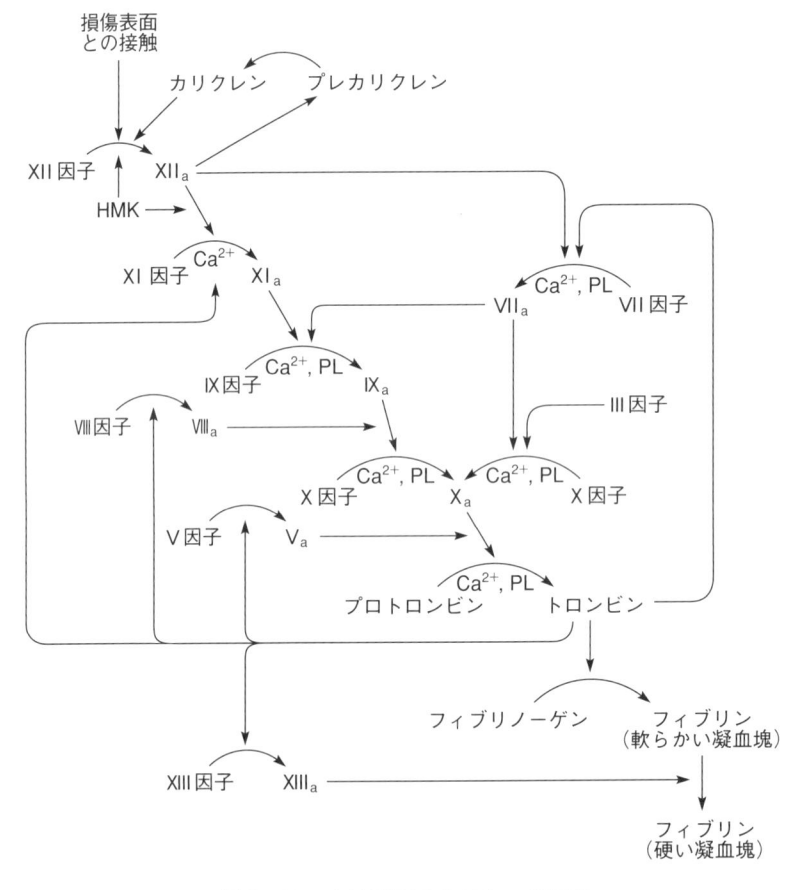

図2-40 血液凝固のカスケード反応

ファリン，ジクロマロールが存在してカルボキシ化が起こらなくなるため，凝固時間が延長する．さらにプロトロンビンの合成反応以外に，血液凝固第Ⅶ，第Ⅸ，第Ⅹ因子の生成もビタミンK依存性の酵素である．プロトロンビンは血液凝固第X_a因子と血液凝固第V_a

因子やCa^{2+}，リン脂質（PL）の働きでトロンビンになる．トロンビンはフィブリノーゲンをフィブリンに変えることにより血液が凝固する．また，トロンビンは血液凝固第V，第Ⅶ，第Ⅷ，第XI，第XIII因子の活性化にも働くので，血液の凝固と凝固の抑制の両方に作用していることになる（図2-40）．このようにビタミンKは，血液凝固反応にとって必須の物質となっている．

2.5.2　水溶性ビタミンの構造と機能

（1）ビタミン B_1（チアミン）

ビタミン B_1 はピリミジン核とチアゾール核で構成される化合物で，チアミンとよばれる（図2-41）．酸性では安定であるが，熱，アルカリ性で不安定で分解しやすい．ビタミン B_1 欠乏では脚気や多発性神経炎を起こす．

チアミンは補酵素チアミンピロリン酸（TPP）の形で，トランスケトラーゼ，ピルビン酸脱水素酵素，2-オキソグルタル酸脱水素酵素の酸化的脱炭酸反応などに働いている（図2-41）．

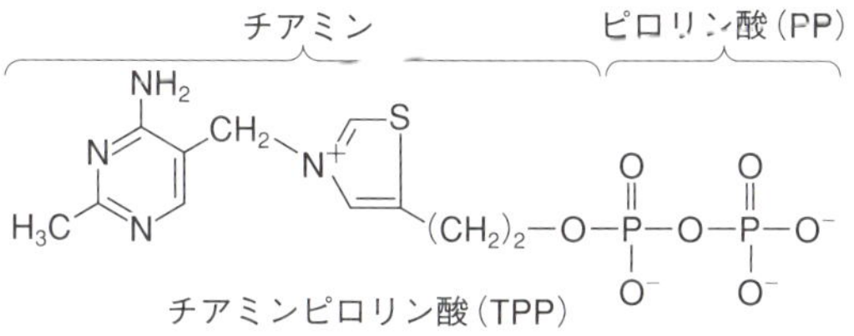

図2-41　補酵素型ビタミン B_1（チアミンピロリン酸）の構造

（2）ビタミン B_2（リボフラビン）

ビタミン B_2 はリビトールとイソアロキサジン核が結合した化合物で，リボフラビンとよばれる（図2-42）．中性から酸性で安定であるが，アルカリ性では光に弱い．欠乏症

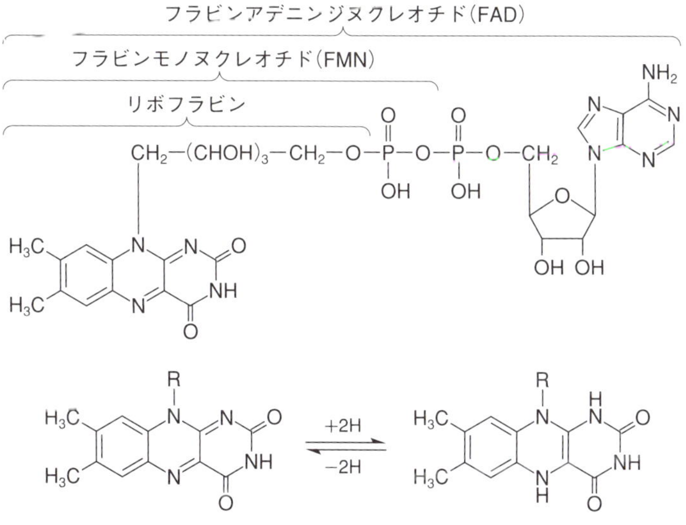

図2-42　FADとフラビン化合物の酸化還元反応

は口角炎，口唇炎，口内炎，舌炎，皮膚炎，成長阻害がある．

リボフラビンは補酵素フラビンモノヌクレオチド（FMN），フラビンアデニンジヌクレオチド（FAD）の形で，コハク酸脱水素酵素，キサンチンオキシダーゼなどの電子転移反応に働いている（図2-42）．

（3）ナイアシン（ニコチン酸）

ニコチン酸はナイアシンともよばれるピリジン誘導体で，生体内ではニコチンアミドの形で存在している（図2-43）．ニコチン酸は酸性・アルカリ性で不安定である．ニコチンアミドは酸性で比較的安定であるが，アルカリ性では不安定である．生体内では，トリプトファン60 mgからニコチンアミド1 mgが肝臓で合成されると考えられている．体内で合成されるが，体内代謝で消費する量はもっと多いので，食事を通して摂取しなければならない．欠乏症はペラグラで，皮膚症状（紅斑），消化器症状（食欲不振，下痢），神経症状（頭痛，不安，認知症）がある．

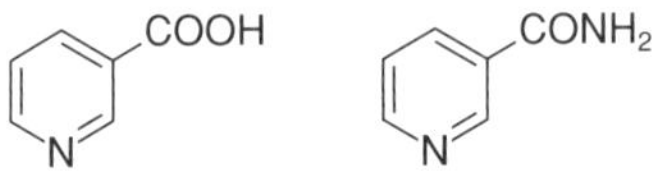

図2-43　ニコチン酸とニコチンアミドの構造

ニコチン酸は補酵素ニコチンアミドアデニンジヌクレオチド（NAD），ニコチンアミドアデニンジヌクレオチドリン酸（NADP）の形で，多数の酸化還元酵素反応に働いている

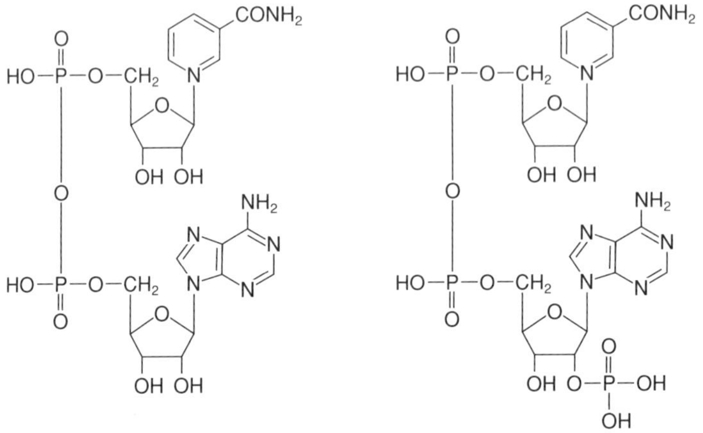

ニコチンアミドアデニン
ジヌクレオチド（NAD）

ニコチンアミドアデニン
ジヌクレオチドリン酸（NADP）

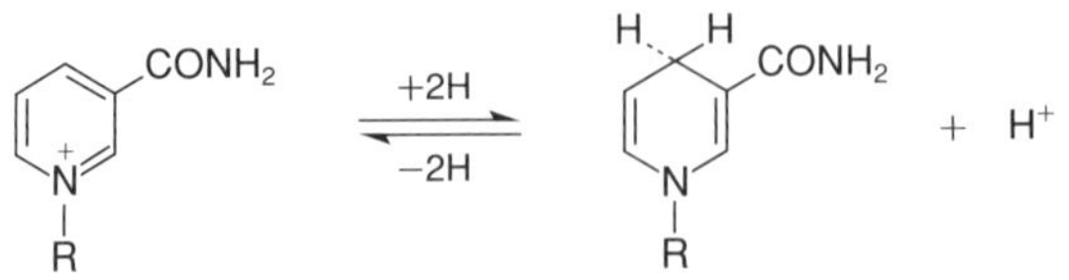

図2-44　NAD，NADPの酸化還元反応

（図2-44）．

（4）ビタミンB_6（ピリドキシン）

ビタミンB_6には，側鎖にアミンをもつピリドキサミン，アルコールをもつピリドキシン，アルデヒドをもつピリドキサールの3型がある．紫外線に弱い．欠乏症はヒトでは起こりにくい．しかし，動物実験においては小球性低色素性貧血，多発性神経炎，舌炎，口角炎，皮膚炎などの症状が報告されている．

ピリドキサール，ピリドキシンはそれぞれのリン酸塩の形で，アミノ基転移反応，グルタミン酸脱炭酸酵素，ラセマーゼなどの補酵素として働いている（図2-45）．

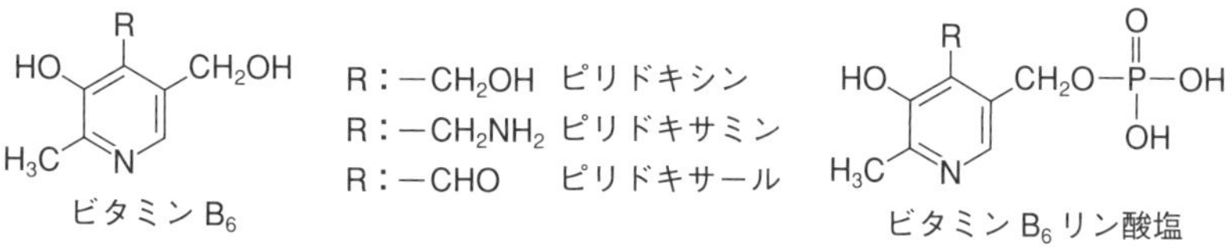

図2-45 ビタミンB_6と補酵素

（5）ビタミンB_{12}

ビタミンB_{12}は，中心部のコバルト分子の周りに4個のピロール環を配した複雑な構造（コリン環）をもったコバラミンである．欠乏症は大赤血球性貧血で，鉄を投与しても貧血が治らないことから悪性貧血ともいう．その他，神経系の障害も生じる．

ビタミンB_{12}は補酵素アデノシルコバラミン，メチルコバラミンの形で，メチルマロニルCoAムターゼの水素移動を伴う酵素反応や，メチオニンシンターゼのメチル基転移反応に働いている（図2-46）．

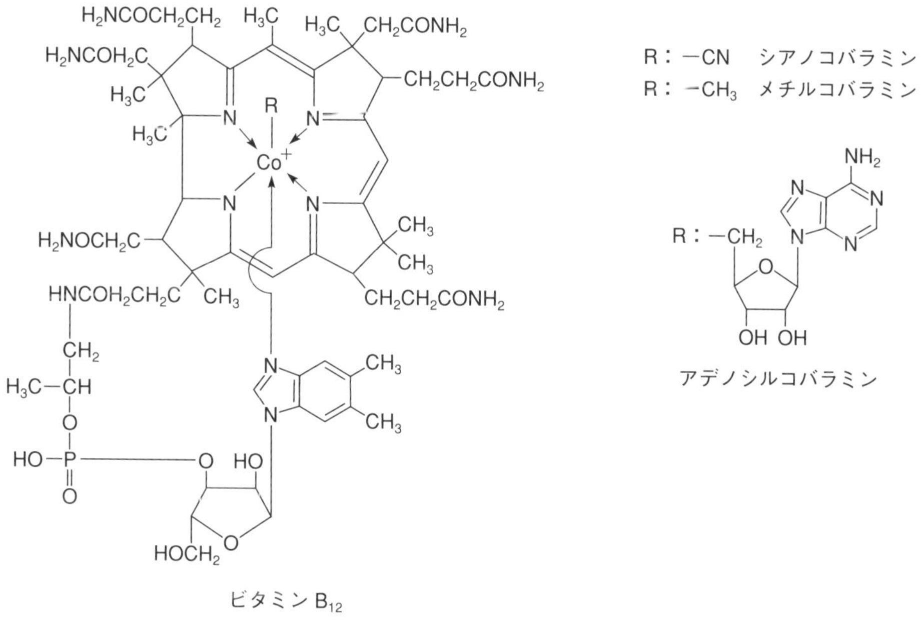

図2-46 ビタミンB_{12}補酵素の構造

(6) 葉酸（プテロイルグルタミン酸）

図 2-47 に示すように，葉酸はプテリジン核，p-アミノ安息香酸，グルタミン酸の三つの成分より構成される化合物プテロイルグルタミン酸である．光に不安定である．葉酸欠乏により巨赤芽球性貧血が生じる．

葉酸は補酵素テトラヒドロ葉酸（H_4葉酸）の形で，セリンヒドロキシメチルトランスフェラーゼ，メチオニンシンターゼの一炭素基の転移反応に働いている（図 2-48）．

H_4葉酸は 10-ホルミル，5,10-メチレン，5,10-メテニル，5-ホルムイミノ，5-メチル，5-ホルミル基などの一炭素基として結合し，一炭素基供与体あるいは受容体として核酸の合成，アミノ酸代謝，たんぱく質合成に関与している（図 2-49）．

図 2-47　葉酸の構造

図 2-48　葉酸補酵素の構造

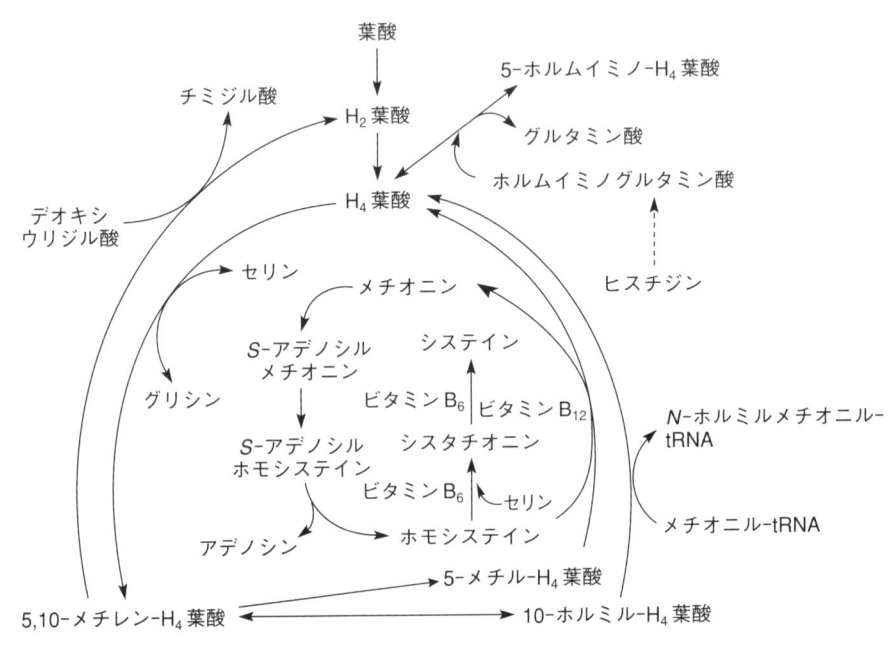

図 2-49　葉酸補酵素の代謝

ヒトでは葉酸欠乏症として巨赤芽球性貧血が起こることが知られている．また葉酸の不足，血中のホモシステイン値の増加と冠状動脈疾患や脳卒中との関係が注目されている．

(7) パントテン酸

パントテン酸は β-アラニンとパントイン酸（酪酸のジメチル誘導体）とがペプチド結合をした化合物である（図2-50）．酸性・アルカリ性では不安定である．パントテン酸はあらゆる食品に広く含まれているため，普通の食事を摂取していれば欠乏症は生じにくい．パントテン酸欠乏に特異的な欠乏症状は認められていないが，体重減少，皮膚炎，脱毛などが生じる．

パントテン酸は補酵素A（CoA）が補酵素形で，ピルビン酸脱水素酵素複合体，2-オキソグルタル酸脱水素酵素のアシル基転移反応に働いている（図2-50）．

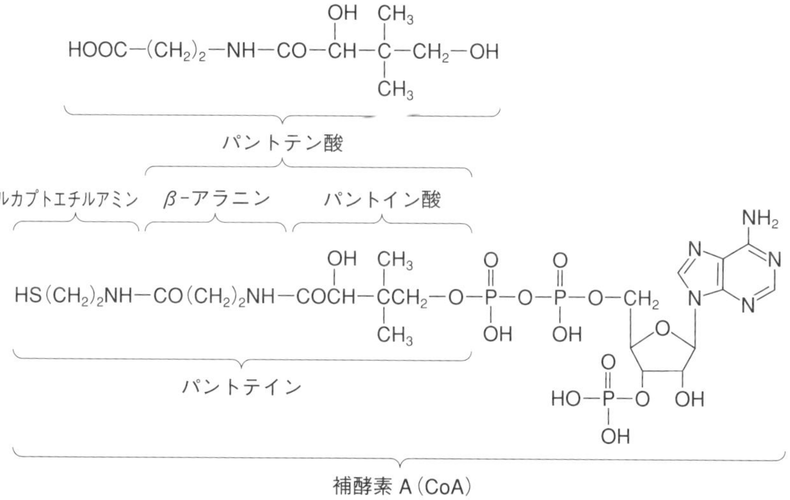

図2-50 パントテン酸と補酵素A

CoAは β-メルカプトエチルアミン，パントテン酸，3'-ホスホアデノシン二リン酸から構成される．食物から摂取したCoAは，小腸でパントテン酸に加水分解後，小腸粘膜より吸収される．脂肪酸やスフィンゴ脂質の合成，脂肪酸やアミノ酸の酸化的分解，ロイシン，アルギニン，メチオニンなどのアミノ酸の合成反応，イソプレノイド関連化合物の合成，δ-アミノレブリン酸の合成，N-アセチルグルコサミン，N-アセチルガラクトサミン，N-アセチルノイラミン酸の合成に必須である．たんぱく質のアセチル化，パルミチン酸によるたんぱく質のアシル化，たんぱく質のイソプレニル化にも関与している．

(8) ビオチン

ビオチンは図2-51のように硫黄を含む化合物で，酵素たんぱく質のリシンと結合した補酵素（ビオシチン）の形で，アセチルCoAカルボキシラーゼ，ピルビン酸CoAカルボキシラーゼ，プロピオニルCoAカルボキシラーゼのカルボキシ化反応に働いている（図2-51）．ビオチンは腸内細菌により合成されるため欠乏症は起こりにくい．卵白中に含

ビオシチン（ε-N-ビオチニル-L-リシン）　　　図2-51　ビオチンと補酵素

まれるアビジンという糖たんぱく質が，腸内のビオチンと結合して吸収が妨げられたときなどに認められる．臨床症状では皮膚炎，脱毛，神経障害などが生じる．

（9）ビタミンC（アスコルビン酸）

ビタミンCは抗壊血病因子として見出され，図2-52のような構造をもち，アスコルビン酸とよばれている．熱やアルカリ性では不安定である．欠乏により壊血病が生じ，歯肉や皮下出血が起こる．乳児ではメーラーバーロー症（乳児壊血病）で，出血，骨の形成不全，貧血が生じる．

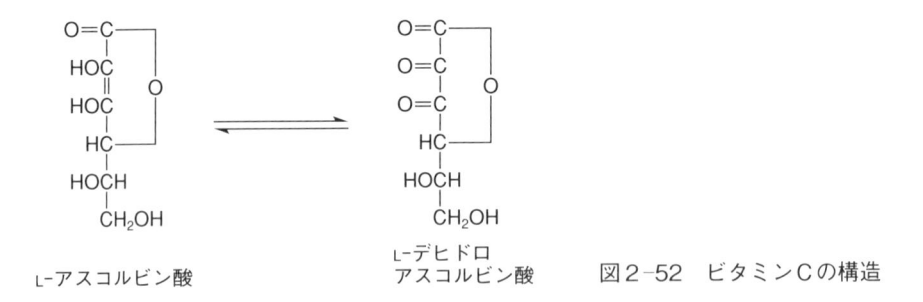

L-アスコルビン酸　　　L-デヒドロアスコルビン酸　　　図2-52　ビタミンCの構造

1）ビタミンCと生体酸化

ビタミンCの生理作用はアスコルビン酸，モノデヒドロアスコルビン酸，デヒドロアスコルビン酸の各者間での酸化還元により発現すると考えられている．アスコルビン酸はスーパーオキシド，ヒドロキシラジカル，次亜塩素酸，その他の活性酸素種を還元する非常に強い還元力をもち，関与する反応において電子供与体として働く．アスコルビン酸の一電子酸化により，モノデヒドロアスコルビン酸ラジカルとなる．モノデヒドロアスコルビン酸は，モノデヒドロアスコルビン酸レダクターゼによりアスコルビン酸に還元される．また不均化反応により，2分子のモノデヒドロアスコルビン酸からアスコルビン酸とデヒドロアスコルビン酸が生成する．モノデヒドロアスコルビン酸がさらに一電子酸化されると，デヒドロアスコルビン酸となる．デヒドロアスコルビン酸は，グルタチオンなどの還元剤によりアスコルビン酸に再生される（図2-53）．このようにビタミンCは，水系の細胞内や細胞外で有害な活性酸素を消去する機能をも果たすものと考えられている．

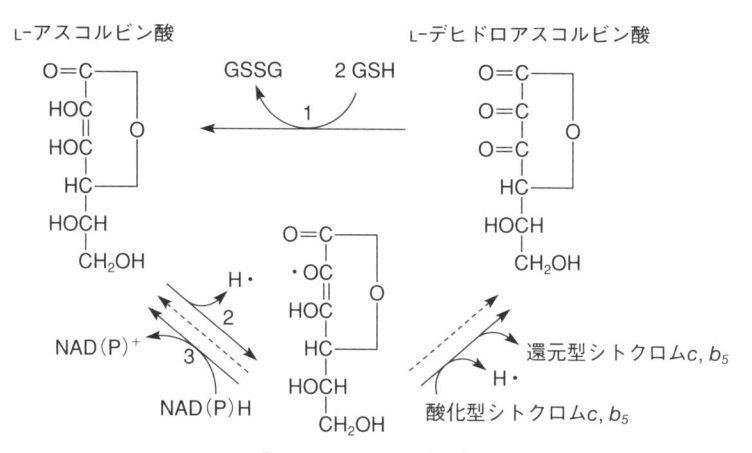

図2-53 ビタミンCの酸化還元反応

不均化反応 ------▶
1　グルタチオンデヒドロゲナーゼ
2　アスコルビン酸酸化系
3　L-モノデヒドロアスコルビン酸レダクターゼ

2）ビタミンCとコラーゲン

ビタミンCはコラーゲン合成に必要な重要因子で，ビタミンCの欠乏によりコラーゲンの合成は著しく低下する．コラーゲンは皮膚，骨，歯，腱などの結合組織の主要たんぱく質で，動物の体たんぱく質の約30%を占めている．

コラーゲンのアミノ酸組成は，グリシンが全アミノ酸の30%を占め，ヒドロキシプロリンとヒドロキシリシンというアミノ酸を含むのが特徴である．ヒドロキシプロリンは，水を介する分子内水素結合を形成することによって，コラーゲンの二重らせん構造の安定化に重要な役割を果たしていると考えられる．ビタミンCは，次式に示すペプチジルプロリンのペプチジルヒドロキシプロリンへのヒドロキシ化を行う酵素反応に，重要な役割を果たしている．ヒドロキシプロリンの合成反応と同様に，ヒドロキシリシンの合成反応もビタミンCを必要とする．そのためビタミンCが欠乏すると，コラーゲン合成障害により皮膚や血管が脆弱になり，壊血病が発症する．

ペプチジルプロリン + 2-オキソグルタル酸 + O_2 $\xrightarrow[Fe^{2+}]{\text{l-AsA}}$ ペプチジルヒドロキシプロリン + CO_2 + コハク酸

その他，チロシンの代謝におけるp-ヒドロキシフェニルピルビン酸からホモゲンチジン酸へのヒドロキシ化反応や，ドーパミンからジヒドロキシフェニルアラニン，ノルアドレナリンへのヒドロキシ化反応にもビタミンCが関与している．

2.5.3 ビタミン様物質

(1) リポ酸

リポ酸はチオクト酸ともよばれ，硫黄を含む図2-54のような構造である．1,2-ジチオラン-3-吉草酸で，アシル基転移反応の補酵素として働いている．リポ酸はピルビン酸脱水素酵素複合体や2-オキソグルタル酸脱水素酵素複合体などの補酵素として，2-オキソ酸の酸化的脱炭酸酵素反応の中核を担っている．2-オキソ酸デヒドロゲナーゼ複合体はTPPが補酵素であり，2-オキソ酸デヒドロゲナーゼ（Enz1）とリポ酸とCoAを補酵素とするジヒドロリポアミドアシルトランスフェラーゼ（Ens2），リポ酸とFADを補酵素とするリポアミドデヒドロゲナーゼ（Ens3）の三者より構成されている．反応は2-オキソ酸の脱炭酸と活性アルデヒドの形成がまず起こり，次にアシル基の生成とCoAへの転移反応が生じ，最後に，還元型リポ酸とEns2との結合体がジヒドロリポアミドアシルトランスフェラーゼの作用でリポ酸へ再酸化される反応により完結する（図2-55）．

リポ酸は微生物の発育促進因子として見出され，ヒトでは生合成できるとされている．欠乏症は知られていない．

図2-54 リポ酸の構造

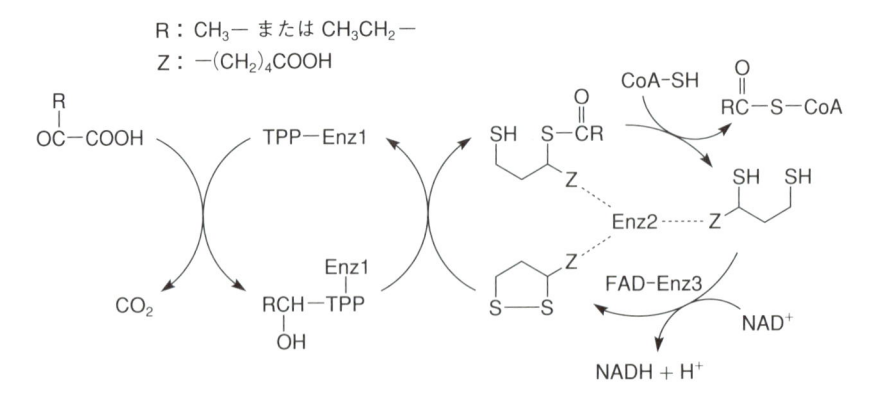

図2-55 2-オキソ酸脱水素酵素複合体の反応

(2) イノシトール

イノシトールはシクロヘキサンの六価アルコール構造をもち，9種の立体異性体があるが，生理活性をもつのはミオイノシトールのみである．

イノシトールはイノシトールリン脂質の成分として，また細胞情報伝達物質（セカンド

メッセンジャー），あるいはエフェクターたんぱく質の調節因子として重要な役割を果たしている．たとえばホスファチジルイノシトール 4,5-二リン酸は基質としてだけでなく，脂質シグナリングの中心的役割を果たしている．イノシトール 1,4,5-三リン酸は，小胞体内に貯蓄されている Ca^{2+} を細胞内に放出することにより，細胞の分泌機能や増殖機能を調節している（図 2-56）．

体内でグルコースから生合成されるため，ヒトにおける栄養上のイノシトールの意義は明らかでない．実験動物では，欠乏により発育不良，脱毛，脂肪肝などが起こる．

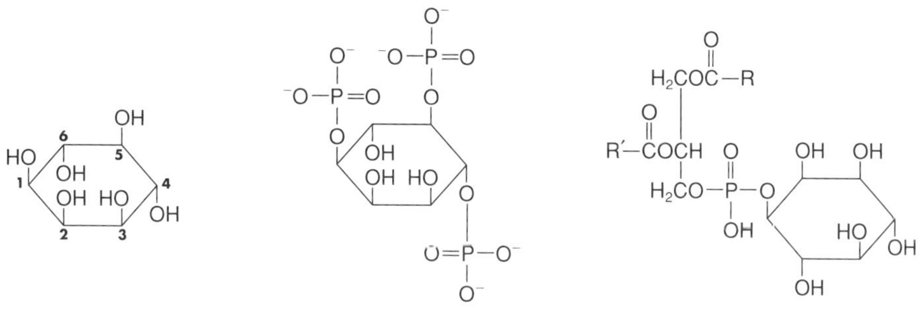

ミオイノシトール　　　　イノシトール1,4,5-三リン酸　　　　ホスファチジルイノシトール

図 2-56　生理活性をもつイノシトール化合物

（3）ユビキノン

ユビキノンはベンゾキノンの 2 位と 3 位にメトキシ基，5 位にメチル基，6 位にイソプレノイド鎖をもつ化合物である（図 2-57）．イソプレノイド単位数 n は 1 〜 12 で，生物種により単位数が異なる．多くの動物は $n = 10$ で，CoQ10 ともよばれ，ヒトの肝，心，腎などに高濃度に含まれている．ユビキノンはミトコンドリアに最も多く分布し，電子伝達系における電子キャリアの一つとして働いている．

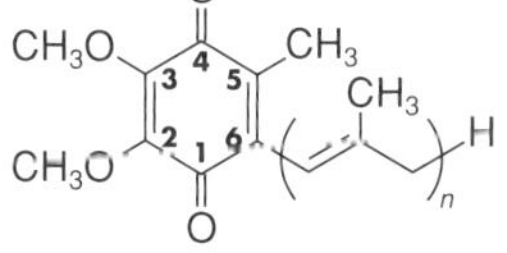

$n = 1〜12$　　　　図 2-57　ユビキノンの構造

ユビキノンの大半は還元型のユビキノンとして含まれているので，膜構造の維持と抗酸化作用によって生体膜の保護に一定の機能を担っているものと推定されている．また本態性高血圧のヒトへの投与により，降圧効果を示すことが明らかとなっている．しかし動物ではフェニルアラニンから生合成される．

予想問題

1 アミノ酸に関する記述である．正しいものの組合せはどれか．
 a．酸性アミノ酸は，分子にカルボキシ基が1個存在する．
 b．アスパラギン酸とアルギニンは酸性アミノ酸である．
 c．天然のたんぱく質は20種類のアミノ酸から構成される．
 d．たんぱく質の合成に優先的に使われるアミノ酸を必須アミノ酸という．
 e．グリシン以外のアミノ酸では，互いに鏡像の関係にあるd型とl型の2種類の光学異性体が存在する．
  (1) aとb (2) bとc (3) bとd (4) cとe (5) dとe

2 たんぱく質に関する記述である．正しいものの組合せはどれか．
 a．たんぱく質は，アミノ酸同士のアミノ基とカルボキシ基との間でエステル結合が生じてできた高分子である．
 b．たんぱく質のなかには，複数のペプチド鎖がサブユニットとして会合して機能を果たすものがある．
 c．たんぱく質を構成するアミノ酸配列は，遺伝子DNAの塩基配列によって決定される．
 d．たんぱく質の溶解度は等電点付近で最も高くなる．
 e．たんぱく質は熱などの処理により変性し，本来の生理機能が失われるが，原因を取り除くと元の状態に戻る．
  (1) aとd (2) aとe (3) bとc (4) cとd (5) dとe

3 体のたんぱく質を機能によって分類したものである．正しいものの組合せはどれか．
 a．インスリン，ミオシン……収縮たんぱく質
 b．ケラチン，コラーゲン……構造たんぱく質
 c．アルブミン，ヘモグロビン……輸送たんぱく質
 d．オキシトシン，エラスチン……ホルモン
 e．ロドプシン，グルカゴン……受容体たんぱく質
  (1) aとd (2) aとe (3) bとc (4) cとd (5) dとe

4 さまざまな機能をもつたんぱく質に関する記述である．正しいものの組合せはどれか．
 a．インスリン受容体は細胞質にある．
 b．コラーゲンは，3本のポリペプチド鎖が合わさって束になった構造をしている．
 c．体液性免疫にかかわっている抗体は，免疫アルブミンというたんぱく質である．
 d．ヘモグロビンは血液中で鉄を運搬する．
 e．酵素と基質との反応は，鍵と鍵穴の関係で進行する．
  (1) aとc (2) aとe (3) bとe (4) cとd (5) dとe

5 糖質に関する記述である．正しいものの組合せはどれか．
 a．スクロース（ショ糖）は，グルコースとフルクトースからなる二糖類である．
 b．グルコースはケトース，フルクトースはアルドースに分類される．
 c．多糖類は，多数の単糖同士がエステル結合して形成されたものである．

2章 細胞の有機成分

d．マルトースとスクロースの水溶液は還元性を示すが，ラクトースは還元性を示さない．
e．セルロースは，グルコースが直鎖状にβ-1,4結合した高分子である．
　(1) aとe　　(2) bとc　　(3) bとd　　(4) cとd　　(5) dとe

6 糖質に関する記述である．正しいものの組合せはどれか．
a．アミロペクチンは，多数のグルコースがα-1,4結合により直鎖状につながった化合物である．
b．グリコーゲンは動物の貯蔵糖で，多数の枝分かれ構造をもつグルコースの重合体である．
c．三炭糖は，単糖類が3個結合したものである．
d．コンニャクマンナンは，マンノースとグルコースからなる複合性多糖である．
e．マルトース，ラクトース，スクロースは，グルコースにそれぞれガラクトース，グルコース，フルクトースが結合した化合物である．
　(1) aとc　　(2) aとd　　(3) aとe　　(4) bとd　　(5) cとe

7 中性脂質に関する記述である．正しいものの組合せはどれか．
a．天然の脂肪酸はすべて奇数個の炭素原子が直鎖状に結合している．
b．アシルグリセロールはグリセリンと脂肪酸がエステル結合したものである．
c．ろうは長鎖脂肪酸と二価アルコールのエステルである．
d．アルコールの一種であるステロールと長鎖脂肪酸のエステルは，ろうに分類される．
e．トリアシルグリセロールは二重結合の多いものほど融点が低い．
　(1) aとd　　(2) aとe　　(3) bとc　　(4) bとd　　(5) bとe

8 複合脂質に関する記述である．正しいものの組合せはどれか．
a．複合脂質を構成する原子は炭素，水素，酸素以外に窒素，リン，硫黄，ケイ素などがある．
b．リン脂質はグリセリン骨格をもつグリセロリン脂質とスフィンゴミエリン骨格をもつスフィンゴリン脂質に大別される．
c．リン脂質は疎水性のアシル基部分と親水性のリン酸エステル基部分をもつため，両親媒性を示す．
d．糖脂質はグリセロ糖脂質とスフィンゴ糖脂質に大別されるが，いずれも界面活性を示さない．
e．リポたんぱく質はトリアシルグリセロール，たんぱく質，リン脂質，コレステロールから構成された複合体である．
　(1) aとd　　(2) bとc　　(3) cとd　　(4) cとe　　(5) dとe

9 誘導脂質に関する記述である．正しいものの組合せはどれか．
a．代表的なイコサノイドであるプロスタグランジンはC_{20}の多価不飽和脂肪酸から誘導され，シクロペンタン環をもっている．
b．すべての動植物はコレステロール，エルゴステロール，カンペステロール，スチグマステロールなどをもっている．
c．ロイコトリエンは血小板凝集や血管収縮の作用をもち，トロンボキサンは平滑筋収縮作用をもつ．
d．プロスタグランジンは子宮収縮作用，血圧降下作用，血小板凝集抑制作用，血管収縮・弛緩作用など，多くの生理活性作用をもつ．
e．コレステロールは胆汁酸を原料として肝臓で合成される．

(1) a と c　　(2) a と d　　(3) b と d　　(4) c と d　　(5) c と e

⑩　核酸に関する記述である．正しいものの組合せはどれか．
　a．アデニン，グアニンおよびシトシンはピリミジン塩基である．
　b．DNA に含まれる塩基にはチミンがあり，RNA に含まれる塩基にはウラシルがある．
　c．RNA のヌクレオチドは，デオキシリボースに塩基とリン酸が結合したものである．
　d．ATP は高エネルギーリン酸化合物である．
　e．たんぱく質とともにリボソームのサブユニットを形成する rRNA は，その3個の塩基の並びがコドンとしてアミノ酸1個を指定している．
　　(1) a と b　　(2) a と c　　(3) b と c　　(4) b と d　　(5) d と e

⑪　DNA に関する記述である．正しいものの組合せはどれか．
　a．ヌクレオチドがホスホジエステル結合によって重合してできた構造をポリヌクレオチド鎖という．
　b．アデニンとシトシンの間には相補的塩基対が形成される．
　c．DNA の相補的二本鎖は，塩基間の水素結合によって維持されている．
　d．核内に存在する DNA は，塩基性たんぱく質であるアクチンに強く結合している．
　e．クロマチン繊維が折りたたまれてできた超らせん構造をヌクレオソームとよぶ．
　　(1) a と b　　(2) a と c　　(3) b と d　　(4) b と e　　(5) c と d

⑫　脂溶性ビタミンに関する記述である．正しいものの組合せはどれか．
　a．25-ヒドロキシコレカルシフェロールは肝臓でヒドロキシル化を受け，活性型ビタミンDに変換される．
　b．ビタミン K は血液凝固因子の活性化に関与するため，不足により血液の凝固時間が短くなる．
　c．ビタミン E は多価不飽和脂肪酸の酸化を防ぐ働きをもっている．
　d．レチノール，レチナール，レチノイン酸はビタミン A の誘導体である．
　e．ビタミン A, D, E, K は，その構造中の側鎖にイソプレン構造をもつという共通性がある．
　　(1) a と b　　(2) a と e　　(3) b と c　　(4) c と d　　(5) d と e

⑬　水溶性ビタミンに関する記述である．正しいものの組合せはどれか．
　a．葉酸の不足は，血液中のホモシステイン値の低下を招くことがある．
　b．ビタミン B_1 はコラーゲンの合成に関係するビタミンである．
　c．ビオチンは炭酸固定反応に関与し，脂肪酸合成に重要な働きをしている．
　d．パントテン酸の構造中には，アミノ酸であるグリシンが含まれている．
　e．ナイアシンは NAD や NADP として，生体内酸化還元反応の水素受容体として働いている．
　　(1) a と c　　(2) a と e　　(3) b と d　　(4) c と e　　(5) d と e

3章 酵素と代謝

3.1 酵素の役割

　生体は，環境から取り込んだ材料を用いてエネルギーとしてのATPを生成する方法をもち，さらに生体を維持するために，生体高分子の構成材料を合成する代謝経路をもつ．代謝は高度に組織化された多数の化学反応から成り立っているが，この反応は酵素とよばれる触媒活性をもつたんぱく質の作用によって行われている．

　生化学の歴史は，酵素研究の歴史と言い換えることができる．酵素はたんぱく質のみから成るものと，たんぱく質以外の補助因子（cofactor）を含むものがあるが，いずれも反応速度を大きく促進する機能を示す．例外的に触媒作用をもつ核酸であるリボザイム（ribozyme）も存在する．生体の代謝系において酵素によらない化学反応はきわめてまれであり，ほとんどの代謝経路は酵素反応に依存している．たとえば，二酸化炭素の水和という簡単な反応であっても，生体内では炭酸脱水酵素（carbonate dehydratase）という酵素によって触媒されている．

$$CO_2 + H_2O \rightleftarrows H^+ + HCO_3^-$$

この酵素は，組織でCO_2が血液に移動する際に，また肺で血液から空気に移る反応に寄与しており，反応速度を10^7倍に促進する．

3.2 酵素の分類

　多くの酵素は，その基質の名称に"ase"という語尾をつけてよばれてきたが，しばしば一つの酵素が2個以上の名称をもつ場合や，二つの酵素が同一名称でよばれる場合があった．この混乱を避けるため，酵素が触媒する反応の型に基づいて，6系統に分類した．さらに，基質の種類などからそれぞれサブクラスに分類し，すべての酵素にEC番号（EC number）をつけた（表3-1）．

（1）EC1 酸化還元酵素（オキシドレダクターゼ，oxidoreductase）

　この酵素は，ある酸化還元系から別の系への還元当量の転移を触媒する．すなわち電子，あるいは水素イオンの転移を触媒する機能をもち，電子，水素の供与体，および受容体に

表3-1　酵素の分類法（国際生化学連合による分類法）

EC番号	酵素分類	触媒反応
EC1	酸化還元酵素	$A-H_2 + B \longrightarrow A + B-H_2$
EC2	転移酵素	$A-X + B \longrightarrow A + B-X$
EC3	加水分解酵素	$A-B + H_2O \longrightarrow A-H + B-OH$
EC4	付加除去酵素	$A-B \longrightarrow A + B$
EC5	異性化酵素	$A \longrightarrow A'$
EC6	合成酵素	$A + B + ATP \longrightarrow A-B + ADP + P_i$

よって細分類される．電子，水素受容体として，NAD，NADP，FAD，FMN などの酸化還元に関与する補酵素であることが多い．

（2）EC2 転移酵素（トランスフェラーゼ, transferase）

基質 A-X から X を他の基質 B に転移して，B-X を生成する．X が水素以外の原子団であれば，すべてこのグループに属する．X の種類によって補酵素が異なる．代表的な反応として，リン酸基を ATP から移してリン酸エステルをつくる酵素を キナーゼ（kinase），アミノ酸からアミノ基をオキソ酸に転移する酵素を アミノ基転移酵素（アミノトランスフェラーゼ，aminotransferase）といい，糖代謝，アミノ酸代謝に中心的な位置を占める．

（3）EC3 加水分解酵素（ヒドロラーゼ, hydrolase）

消化酵素のほか，細胞内のリソゾームなどに分布し，たんぱく質を分解する プロテアーゼ（protease），および ペプチダーゼ（peptidase），多糖を水解する アミラーゼ（amylase），核酸分解酵素の ヌクレアーゼ（nuclease）など多くが知られている．いずれも高分子基質を分解する酵素の場合，基質特異性ではなく，作用する化学結合の種類により，群特異性として分類される．また，高分子の末端から切断する エキソ（exo）型と，中央で水解する エンド（endo）型の 2 種類に分けられる．

（4）EC4 付加除去酵素（リアーゼ, lyase）

基質 A-B を A と B に分解するが，この場合は加水分解酵素と異なり，水分子の関与がない．除去される基により，カルボキシ基を除去する 脱炭酸酵素（decarboxylase），水分子を除く 脱水酵素（dehydratase），アルドール開裂を行う アルドラーゼ（aldolase）などがある．この酵素は一般に可逆反応であり，逆反応の場合は シンターゼ（synthase）とよばれる．

（5）EC5 異性化酵素（イソメラーゼ, isomerase）

構造異性体，光学異性体などの 異性体（isomer）間の変換を行う酵素である．d, l という光学異性体間の変換を行う酵素を ラセマーゼ（racemase），糖分子のエピマー間の変換を触媒する酵素を エピメラーゼ（epimerase），分子内の原子団の位置を移動させる ムターゼ（mutase）などがあげられる．

（6）EC6 合成酵素（リガーゼ, ligase）

エネルギーを用いて，基質 A と B から A-B を合成する酵素をいう．このとき，エネルギー源として ATP を用い，ADP と P_i，あるいは AMP と PP_i に分解される．従来，合成

酵素（synthetase）とよばれていた酵素はここに属する．リアーゼの逆反応であるsynthaseと混同されるが，反応様式はまったく異なるので注意を要する．

3.3 酵素の性質

酵素はリボザイムを除いて，たんぱく質で構成される生体触媒である．酵素が作用する分子を**基質**（substrate）といい，反応により生じる分子を**生成物**（product）とよぶ．酵素は，そのたんぱく質成分のみによって反応を行う場合と，反応に非たんぱく質成分の**補助因子**（cofactor）を必要とする場合がある．後者では活性のある完全な酵素を**ホロ酵素**（holoenzyme）といい，たんぱく質部分のみを**アポ酵素**（apoenzyme）という（図3-1）．非たんぱく質成分の補助因子には金属イオン，さらに酸化還元の場合の電子や水素イオン，また転移酵素の転移基を受け取る補酵素などがある．補助因子のなかで，酵素たんぱく質に共有結合で結合している場合を**補欠分子族**（prosthetic group）とよぶ．

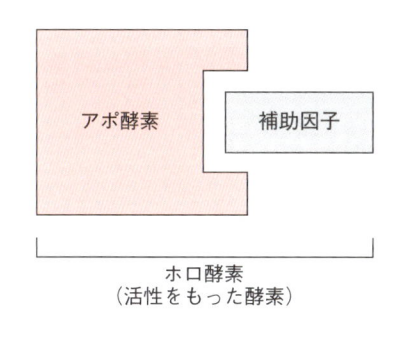

補助因子
1. 金属イオン（Mg, Mn, Fe, Co）
2. 補酵素（水溶性ビタミン誘導体）

図3-1　酵素の構造（ホロ酵素とアポ酵素）

（1）生体触媒としての酵素と活性化エネルギー

酵素は触媒であり，A ⇌ Bという反応の平衡には影響を与えず，平衡状態に到達する時間を短縮する機能をもつ．すなわち，酵素の働きは単位時間にAがBに変換する量（反応速度）を増加させることである．

化学反応 S ⇌ P は，SやPよりエネルギーの高い遷移状態を経て進む（図3-2）．

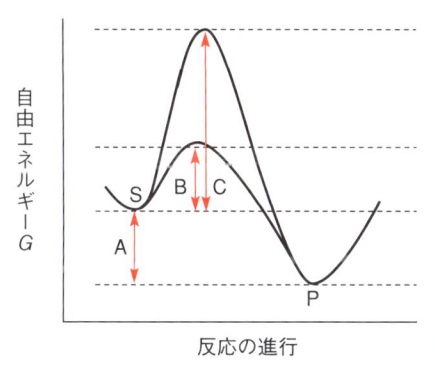

A：反応の標準自由エネルギー変化（ΔG）
B：酵素反応による活性化エネルギー
C：非酵素反応による活性化エネルギー
S：基質
P：反応生成物

図3-2　化学反応における触媒の機能

分子S, Pはそれぞれ固有の遊離エネルギーをもち，遷移状態のエネルギーの差を**活性化エネルギー**（activation energy）という．活性化エネルギーが大きいほど反応は遅くなる．温度の上昇により反応速度は増大するが，その理由は，エネルギー障壁を乗り越えるのに必要なエネルギーをもった分子が増加するためである．触媒の作用は，活性化エネルギーを低下させることによって反応速度を増加させている．酵素も一般の触媒と同様に，活性化エネルギーを低下させることによって反応速度を増大させることは同じである．一例として，**カタラーゼ**（catalase）が触媒する反応を示す．

$$2\,H_2O_2 \longrightarrow 2\,H_2O + O_2$$

この反応の活性化エネルギーは 18 kcal/mol であるが，触媒である白金（Pt）の添加により 11.7 kcal/mol に低下する．さらにカタラーゼは，活性化エネルギーを 2 kcal/mol 以下にまで減少させる結果，上記の反応を大きく促進する（図3-2）．

（2）活性中心

酵素分子のなかで，基質と結合して化学反応に関与する部位を**活性中心**（active center），**活性部位**（active site）という．活性中心は，酵素分子のペプチド鎖上で互いに離れた部分が寄り合ってつくりだされた立体構造であり，触媒部位，基質結合部位でもある（図3-3）．

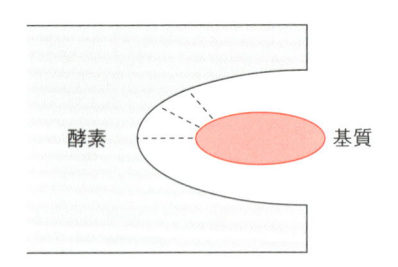

図3-3 酵素の活性中心（基質結合部位）

（3）基質特異性

一つの酵素は原則として一種の基質，あるいは一種の化学結合に対して作用する．この高い分子識別能は一般の化学反応の触媒と異なる点であり，**基質特異性**（substrate specificity）という．たとえば，二糖類の**ショ糖**（sucrose）はスクロース α-グルコシダーゼという酵素によってフルクトースとグルコースに加水分解されるが，同じ二糖類のマルトースを分解する酵素は**マルターゼ**（maltase）であり，厳密に区別されている．基質特異性は，基質が特異的に結合する活性部位の構造に依存している．この基質特異性について，1890年にエミール・フィッシャーは基質と酵素の関係を鍵と鍵穴にたとえたが，実際の酵素の基質結合部位は不変ではなく，基質の結合により初めてぴったりと適合する構造をとるものであり，**誘導適合**（induced fit）とよばれている（図3-4）．

（4）最適pH，最適温度

酵素作用は，働くpHや温度により大きな影響を受ける．酵素はたんぱく質であり，極端に酸性，あるいはアルカリ性の条件では，変性を起こして酵素活性を消失するとともに，

鍵と鍵穴説

誘導適合説

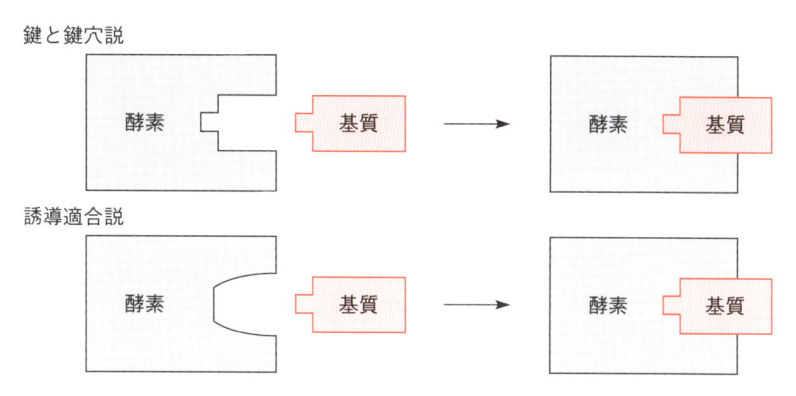

図3-4　酵素の基質特異性（鍵と鍵穴，および誘導適合説）

　あるpHでは酵素活性が最大となる．この**最適pH**（optimum pH）を示す理由は，酵素が基質と結合する条件として，基質の解離状態，および酵素たんぱく質を構成する活性中心のアミノ酸のpHによる解離状態に依存している．

　一方，酵素反応は化学反応であり，温度上昇によって反応速度は増加する．ただし，酵素たんぱく質は熱によって変性し，酵素活性を失うことから，ある温度で酵素活性が最大となる．この温度は**最適温度**（optimum temperature）とよばれる（図3-5）．

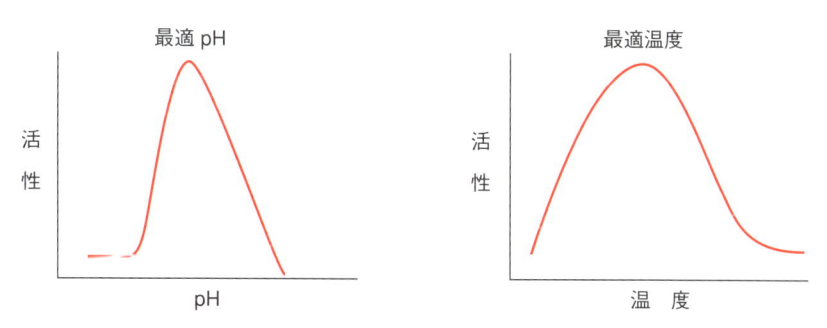

図3-5　最適pHと最適温度

3.4　酵素の反応速度

　酵素は，反応が触媒される場合，最初に**酵素—基質複合体**（ES complex）を生成する．ES複合体の存在には，次のようないくつかの証拠が提出されている．
① 電子顕微鏡，X線結晶解析による複合体の直接の観察
② ES複合体の吸収スペクトルによる観察
③ ES複合体の単離，結晶化
④ 飽和現象

　酵素量を一定にして基質濃度を増大させると，最大反応速度に到達する．非触媒反応で

は飽和現象は見られない．1913年にミカエリスとメンテンは，この現象について酵素─基質複合体ができることを仮定し，基質濃度が高くなると触媒部位は基質で飽和し，反応速度が最大値に達するとした数式モデルを提出した（図3-6）．すなわち，酵素（E）が基質（S）と結合して，酵素─基質複合体を形成し，ついで基質が反応生成物（P）に変化する．このとき，酵素─基質複合体が生成される反応の速度定数を k_1，逆反応の速度定数を k_2，酵素─基質複合体から反応生成物ができて，酵素から離れていく反応の速度定数を k_3 とする．

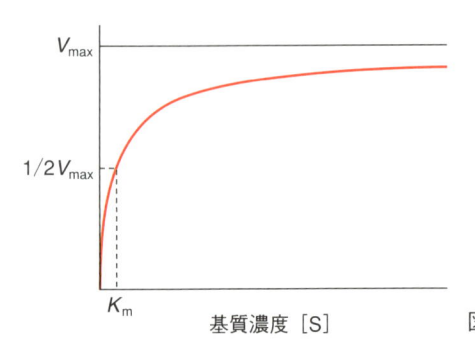

図3-6 基質飽和曲線（基質濃度と初速度の関係）

$$E + S \underset{k_2}{\overset{k_1}{\rightleftarrows}} ES \quad (1) 非常に速い$$

[E] − [ES]　　[S] − [ES]　　　[ES]
　　　　　　　≒ [S]

$$ES \xrightarrow{k_3} E + P + Q \quad (2) 律速段階$$

[ES]

反応（1）は非常に速い反応（rapid equilibrium）であるのに対し，反応（2）は遅い反応であり，**律速段階**（rate-limiting）と仮定する．酵素反応においては，基質濃度 [S] は [E] に対して過剰に存在する（[E] ≪ [S]）ことから，[ES] 中に含まれる基質濃度は無視でき，[S] − [ES] ≒ [S] となる．

　　ES の生成：反応（1）の右向きの反応速度（velocity）　$v_1 = k_1([E] − [ES]) \cdot [S]$
　　ES の分解：反応（1）の左向きの反応速度と反応（2）　$v_2 = (k_2 + k_3) \cdot [ES]$
平衡が成立している（定常状態）ときは $v_1 = v_2$ であるから，

$$k_1([E] − [ES]) \cdot [S] = [ES] \cdot (k_2 + k_3)$$

$$\frac{([E] − [ES]) \cdot [S]}{[ES]} = \frac{k_2 + k_3}{k_1} = K_m \quad K_m：ミカエリス定数$$

ここで $(k_2 + k_3)/k_1 = K_m$ とおくと，

$$\therefore [ES] = \frac{[S] \cdot [E]}{K_m + [S]} \quad (3)$$

反応（2）は律速段階であり，k_3 は k_1, k_2 に比べて小さい（$k_1, k_2 \gg k_3$）．したがって，

$$K_\mathrm{m} = \frac{k_2 + k_3}{k_1} \fallingdotseq \frac{k_2}{k_1}$$

反応（2）が律速段階である場合（$k_3 \fallingdotseq 0$），K_m は ES 複合体の**解離定数**（dissociation constant）（K_s，基質―酵素の解離定数）となり，基質の酵素への結合の親和性を表すパラメータとなる．

反応（2）が律速段階であるから，反応速度 v は次の式で与えられる．

$$v = k_3[\mathrm{ES}] \qquad (4)$$

式（3），（4）より，

$$v = \frac{k_3[\mathrm{S}] \cdot [\mathrm{E}]}{K_\mathrm{m} + [\mathrm{S}]} \qquad (5)$$

が得られる．

基質濃度を増加させると［ES］も増加し，酵素が基質で完全に飽和した状態で E はすべて ES 複合体となり（［E］＝［ES］），反応速度は最大となる．この状態で得られる反応速度 v は最大反応速度 V_max となる．

$$V_\mathrm{max} = k_3[\mathrm{E}] \qquad (6)$$

式（5），（6）より，

$$v = \frac{V_\mathrm{max} \cdot [\mathrm{S}]}{K_\mathrm{m} + [\mathrm{S}]} \qquad (7)$$

この反応速度と基質濃度の関係を示す式（7）を**ミカエリス・メンテンの式**（Michaelis-Menten equation）とよび，図 3-6 のように直角双曲線を描き，ほとんどの酵素反応にあてはまる．

式（7）において，［S］＝ K_m とおくと，

$$v = 1/2 \cdot V_\mathrm{max}$$

となる．すなわち，K_m の意味は最大反応速度の 1/2 を与える基質濃度にあたる．

K_m と V_max は各酵素に固有のパラメータであり，酵素の性質，代謝上の機能を考慮するうえで重要である．このパラメータを求める方法がいくつか提出されている．最も多用されている方法は，式（7）の両辺の逆数をとると，

$$\frac{1}{v} = \frac{K_\mathrm{m}}{V_\mathrm{max}} \cdot \frac{1}{[\mathrm{S}]} + \frac{1}{V_\mathrm{max}} \qquad (8)$$

この式を**ラインウィーバー・バークの式**（Lineweaver–Burk equation）といい，$1/[\mathrm{S}]$（基質濃度の逆数）に対して $1/v$（反応速度の逆数）のプロットは直線を与え，ラインウィーバー・バークのプロット，あるいは**二重逆数プロット**（double reciprocal plot）という（図 3-7）．y 軸との交点から V_max が，x 軸との交点から K_m が得られる．

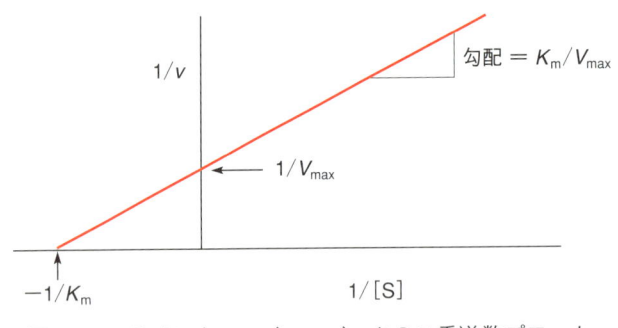

図3-7 ラインウィーバー・バークの二重逆数プロット

3.5 酵素反応の阻害

酵素活性の修飾については，以下の語句が混在して使用されている．

　不活化（inactivation）
　活性化（activation）
　阻　害（inhibition）

本来，阻害という語は作用物質を除去した場合に阻害（活性低下）が元に戻る"可逆的"反応を表すものであり，作用物質を除いても活性の復元がない"不可逆"阻害は不活化として区別される．反応速度論では，可逆的な阻害に限って取り扱う．

阻害は薬物の作用で多く知られている．例として，高コレステロール血症の治療に用いられるコンパクチン（compactin）やメバロチン（Mevalotin）は，コレステロール合成系の律速酵素であるHMG-CoA還元酵素の特異的阻害剤であり，コレステロール合成を阻害することによって血中コレステロールを低下させる目的で使用されている．また高尿酸血症の治療に使われるアロプリノール（allopurinol）は，尿酸をヒポキサンチンやキサンチンから生成するキサンチンオキシダーゼの阻害剤である．

阻害は基本的に，拮抗阻害（competitive inhibition）と非拮抗阻害（noncompetitive inhibition）に分類される．この分類は酵素に対して，基質と阻害剤が同一の部位に結合するか，あるいは異なる部位に結合するかによって分類される．ほかに混合型阻害（mixed type inhibition）や不拮抗阻害（uncompetitive inhibition）などは，基質と阻害剤の結合部位が異なる場合に，さらに特定の仮定をおいた阻害形式である．

（1）基質と阻害剤が同一部位に結合する場合

基質（S）と阻害剤（I）は同一の酵素の部位に結合するため，EIS複合体は生成しない（図3-8）．

$$\text{E} + \text{S} \xrightarrow{K_s} \text{ES} \xrightarrow{k} \text{E} + \text{P} \quad (1)$$
$$e-p-q \quad e \qquad\qquad p$$
$$\text{E} + \text{I} \xrightarrow{K_i} \text{EI} \qquad\qquad (2)$$
$$e-p-q \quad i \qquad\qquad q$$

(a) 基質(S)と阻害剤(I)が同一の部位に結合する場合

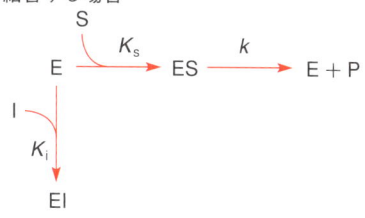

$$E \xrightarrow{S, K_s} ES \xrightarrow{k} E + P$$
$$E \xrightarrow{I, K_i} EI$$

(b) 基質(S)と阻害剤(I)が異なる部位に結合する場合

$$E \xrightarrow{S, K_s} ES \xrightarrow{k} E + P$$
$$E \xrightarrow{I, K_i} EI \xrightarrow{K_s'} EIS$$
$$ES \xrightarrow{I, K_i'} EIS$$

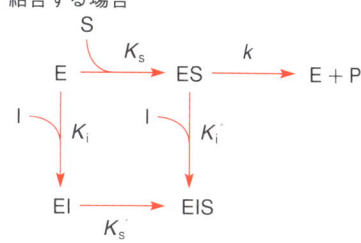

図3-8　酵素阻害の形式

e：酵素濃度　　　p：ES 複合体の濃度
s：基質濃度　　　K_s：酵素—基質の解離定数
i：阻害剤濃度　　K_i：酵素—阻害剤の解離定数

式(1)および(2)より、ミカエリス・メンテンの式を導いた場合と同様に，

$$\frac{(e - p - q) \cdot s}{p} = K_s \ (= K_m) \quad (3)$$

$$\frac{(e - p - q) \cdot s}{q} = K_i \ (\text{阻害定数}) \quad (4)$$

反応(2)は律速段階であり，

$$v = k \cdot p \quad (5)$$

基質 S が過剰の場合，E はすべて ES となり，v は V_{max} に近づくので，

$$V_{max} = k \cdot e \quad (6)$$

e, p, q, k を消去して，次の式が得られる．

$$v = \frac{V_{max} \cdot s}{K_m(1 + i/K_i) + s}$$

両辺の逆数をとり，ラインウィーバー・バークの式の形にすると，

$$\frac{1}{v} = \frac{K_m(1 + i/K_i)}{V_{max}} \cdot \frac{1}{s} + \frac{1}{V_{max}}$$

この式は，阻害剤のある場合とない場合が，y 軸上の1点で交差する直線を与える．すなわち，阻害剤の存在下でも V_{max} には変化はなく，見かけの K_m の増大がみられる（x 軸上の交点から求められる）〔図3-9 (a)〕．S と I が同一の部位（基質結合部位）で拮抗することから拮抗阻害，競争阻害（competitive inhibition）とよばれる．

(2) 基質と阻害剤が異なる部位に結合する場合

基質と阻害剤は異なる酵素の部位に結合するため，EIS 複合体が生成する（図3-8）．

$$E + S \xrightarrow{K_s} ES \quad (1)$$
$$s \quad\quad p$$

3・5　酵素反応の阻害

(a) 拮抗阻害

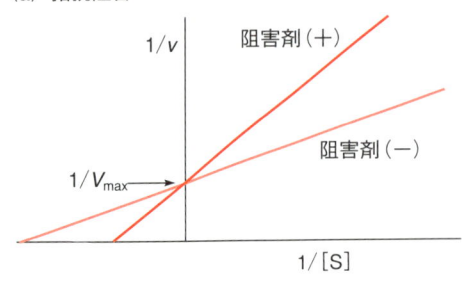

(b) 非拮抗阻害

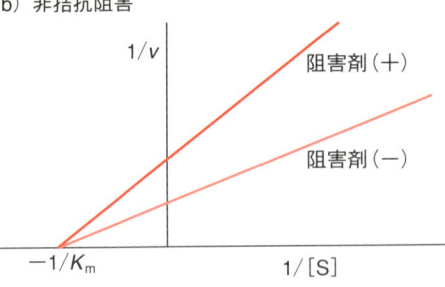

(c) 不拮抗阻害

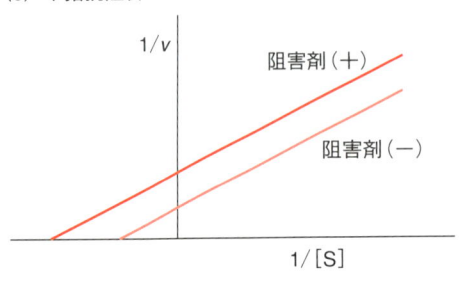

図3-9　酵素阻害形式（ラインウィーバー・バークのプロット）

$$E + I \xrightarrow{K_i} EI \quad (2)$$
$$i \phantom{\xrightarrow{K_i}} q$$

$$ES + I \xrightarrow{K_i'} EIS \quad (3)$$
$$\phantom{ES + I \xrightarrow{K_i'}} r$$

$$EI + S \xrightarrow{K_s'} EIS \quad (4)$$
$$\phantom{EI + S \xrightarrow{K_s'}} r$$

K_i'：阻害剤の酵素—阻害剤複合体への解離定数　　p：酵素—基質複合体の濃度
K_s'：基質の酵素—阻害剤複合体への解離定数　　q：酵素—阻害剤複合体の濃度
i　：阻害剤濃度　　　　　　　　　　　　　　　r：酵素—基質—阻害剤複合体の濃度

式（1）および（2）より，ミカエリス・メンテンの式を導いた場合と同様に，式（1）〜（4）から次の式（5）〜(10)が得られる．

$$(e - p - q - r)s = K_s \cdot p \quad (5)$$
$$(e - p - q - r)i = K_i \cdot q \quad (6)$$
$$pi = K_i' \cdot r \quad (7)$$
$$qs = K_s' \cdot r \quad (8)$$
$$v = k \cdot p \quad (9)$$
$$V_{max} = k \cdot e \quad (10)$$

式（5）〜(10)から e, p, q, r, k を消去して次式が得られる．

$$v = \frac{V_{max} \cdot s}{K_s(1 + i/K_i) + s(1 + i/K_i')} \quad (11)$$

1） $K_i = K_i'$, $K_s = K_s'$ の場合

Sの結合はIの結合に影響しない．またIの結合はSの結合に影響しない．言い換えるとSとIの酵素への結合は相互に独立している．この阻害を非拮抗阻害（noncompetitive inhibition）という．この場合，式(11)はミカエリス・メンテンの式として次の形になる．

$$v = \frac{V_{max} \cdot s}{(K_m + s) \cdot (1 + i/K_i)}$$

ラインウィーバー・バークの式に書き換えると，

$$\frac{1}{v} = \frac{K_m(1 + i/K_i)}{V_{max}} \cdot \frac{1}{s} + \frac{(1 + i/K_i)}{V_{max}}$$

この阻害では，阻害剤を加えた場合と加えない場合は x 軸上の1点で交差する．すなわち，阻害剤の添加によって K_m の変化はないが，V_{max} のみ低下する特徴を示す〔図3-9（b）〕．

2） $K_i = \infty$, $K_s' = 0$ の場合

特殊な場合であり，EI（酵素―阻害剤複合体）は存在しないことになる．すなわち，IはESにのみ結合する．この阻害を不拮抗阻害（uncompetitive inhibition）とよぶ．式(11)は次のミカエリス・メンテンの式になる．

$$v = \frac{V_{max} \cdot S}{K_m + s(1 + i/K_i')}$$

ラインウィーバー・バークの式は次式で与えられる．

$$\frac{1}{v} = \frac{K_m}{V_{max}} \cdot \frac{1}{s} + \frac{1}{V_{max}} \cdot (1 + i/K_i')$$

この阻害では，阻害剤を加えた場合と加えない場合の直線が平行となり，V_{max} と K_m がともに減少する〔図3-9（c）〕．

3） 一般的に $K_i \neq K_i'$ の場合

混合型阻害（mixed type inhibition）とよばれる．拮抗型＋非拮抗型阻害の混合型である．x 軸，y 軸のいずれの上でも交差せず，阻害剤の添加によって，一般的に第4象限で交差する2本の直線が得られる．

3.6 酵素反応の調節

生体内の代謝は，細胞，臓器，全体としての内部環境の恒常性（ホメオスタシス，homeostasis）を維持するような機構によって調節されている．代謝産物の生体内濃度を一定に保ち，また細胞内イオン環境を保つために，細胞膜の透過性をコントロールする必

要がある．代謝経路のなかで一部に平衡から離れた反応があり，その段階の酵素の活性が比較的低い場合，その反応を**律速段階**（rate-determining step），酵素を**律速酵素**（rate-limiting enzyme）という．このステップが代謝系の全体を律していることになる．この段階は生理条件では不可逆反応であり，この反応を触媒する酵素は代謝調節の標的となることから，**調節酵素**（regulatory enzyme）ともよばれる．

このような酵素は一般に，代謝系の最初または分岐点の直後のステップであることが多く，不必要な代謝反応が起きないようになっている．解糖の第一段階であるヘキソキナーゼ反応やペントースリン酸回路における，解糖から枝分かれした段階のグルコース-6-リン酸デヒドロゲナーゼがこの好例である．以下に述べるアロステリック酵素や修飾を受ける酵素の大半は，このような調節酵素である．

3.6.1 酵素活性の調節

（1）アロステリック効果

酵素の活性中心以外の部位に特定の物質が結合して，酵素活性を変化させる例がある．このような物質を**エフェクター**（effector）という．エフェクターには代謝経路の終末産物やアデニンヌクレオチドが多く，代謝経路の生成産物の濃度の恒常性を保つ重要な機構の一つと考えられている．また，この型の調節を受ける酵素の多くは基質濃度に対してミカエリス・メンテンの式に従わず，基質─活性曲線がシグモイド型を示し（図3-10），**アロステリック酵素**（allosteric enzyme）とよばれる．

（a）基質飽和曲線　　　（b）ヒルのプロット

$\log[v/V_{max}-v]$　　勾配 = n_H　　$\log[S]$

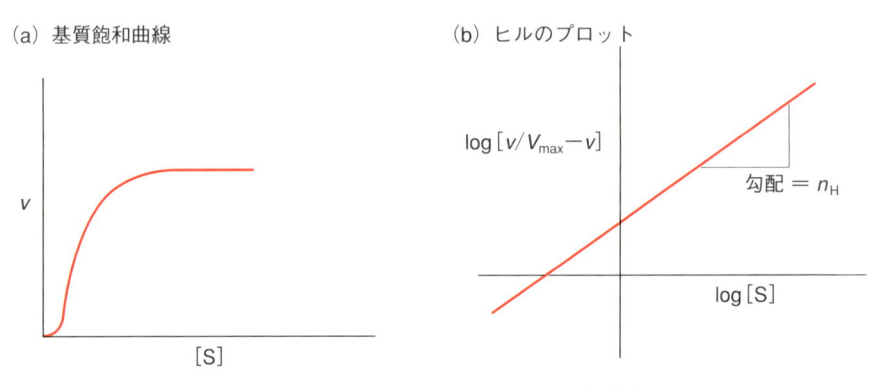

図3-10　アロステリック酵素の反応速度

アロステリック酵素は，数個のサブユニットから成るオリゴマー構造（四次構造）をもち，複数の基質結合部位をもつことによって説明されている．すなわち，最初の基質は結合しにくいが，結合の結果，高次構造の変化が起こり，次の基質の結合が促進されると考えられる．このサブユニット間の相互作用を**協同性**（cooperativity）という．アロステリック酵素に対する調節は見かけの K_m 値を減少させ，ミカエリス・メンテン型に変化させることによって活性化する一方，K_m 値を増加させることによって阻害し，それぞれ**アロ**

ステリック活性化因子（allosteric activator），アロステリック阻害因子（allosteric inhibitor）とよばれる．アロステリック酵素の基質飽和曲線のシグモイド性（協同性）を説明するためのモデルについて説明する．

1）ヒルの式による説明

酵素は基質を n 分子結合することによって，初めて活性ある ES 複合体となる（n 分子反応）．

$$\mathrm{E} + n\mathrm{S} \longrightarrow \mathrm{ES}_n \longrightarrow \mathrm{E} + \mathrm{P}$$

このとき，ミカエリス・メンテンの式は，

$$v = \frac{V_{\max} \cdot [\mathrm{S}]^n}{K_\mathrm{m} + [\mathrm{S}]^n}$$

ラインウィーバー・バークのプロットをとると，

$$\frac{1}{v} = \frac{K_\mathrm{m}}{V_{\max}} \cdot \frac{1}{[\mathrm{S}]^n} + \frac{1}{V_{\max}}$$

このプロットも直線にはならないが，両辺に $V_{\max}$ をかけて整理し，対数をとり，次式を得る．

$$\log[v/(V_{\max} - v)] = n \log[\mathrm{S}] - \log K_\mathrm{m}$$

$\log[\mathrm{S}]$ に対して $\log[v/(V_{\max} - v)]$ をプロットすると，直線となり〔図 3-10 (b)〕，勾配から n（ヒルの係数 n, n_H）が求められる．n_H 値は酵素に対する基質の結合数，すなわち協同性を示す指標である．アロステリック酵素は通常，複数のサブユニットから構成されているので，ヒルの n 値はサブユニット間の相互作用の数を反映するものと言い換えてもよい．協同性がなく，各サブユニットへの基質の結合が独立に行われるときは $n_\mathrm{H} = 1$ となり，ミカエリス・メンテンの式となる．アロステリック酵素の場合は $n_\mathrm{H} > 1$ であり，最初の基質が結合すると，第二の基質が結合しやすくなる正の協同性を示す．

2）モノー・ワイマン・シャンジューモデル（MWC モデル）

n 個のサブユニットから構成されている酵素たんぱく質は，次の二つの状態をとる．

　　R 状態（relaxed state）：基質 F，活性化因子が結合しやすい．

　　T 状態（taut state）　　：基質 F が結合しにくく，阻害剤が結合しやすい．

この二つの状態が平衡関係にある．基質がないときには T 状態に傾いているが，基質の増加により結合数が増大するため，R 状態に平衡が移っていき，基質の結合が急激に増えるという結果になる．

すべてのサブユニットの変化が，対称的に同時に起こると考える（図 3-11）．活性化

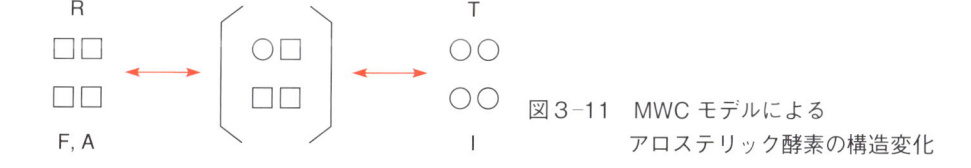

図 3-11　MWC モデルによるアロステリック酵素の構造変化

3・6　酵素反応の調節

表3-2 アロステリック酵素の例

酵素	協同性	活性化因子	阻害剤
ホスホフルクトキナーゼ	フルクトース6-P(基質)	ADP, AMP, P_i, NH_4^+ フルクトース2,6-P_2	クエン酸, ATP
ピルビン酸キナーゼ	P-ホスホエノールピルビン酸（基質）	フルクトース1,6-P_2	アラニン
フルクトース-1,6-ビスホスファターゼ	AMP（阻害剤）		AMP, Zn^{2+} フルクトース2,6-P_2
ホスホリラーゼ	P_i（基質）	AMP	

因子はR状態に選択的に結合して平衡をずらす物質であり，逆にT状態に結合して，基質によるR状態への平衡の移行を抑制する機能をもつものが阻害剤になる．

代謝経路上で調節酵素として働くアロステリック酵素と，その調節因子の例を表3-2に示した．

3）代表的なアロステリック酵素とその調節因子

アロステリック作用の基本はフィードバック制御である．負のフィードバック制御（negative feedback control）は，図3-12に示すようにクエン酸によるホスホフルクトキナーゼの阻害であり，IMP，AMP，GMPによるプリン合成系の初発反応のアミドトラ

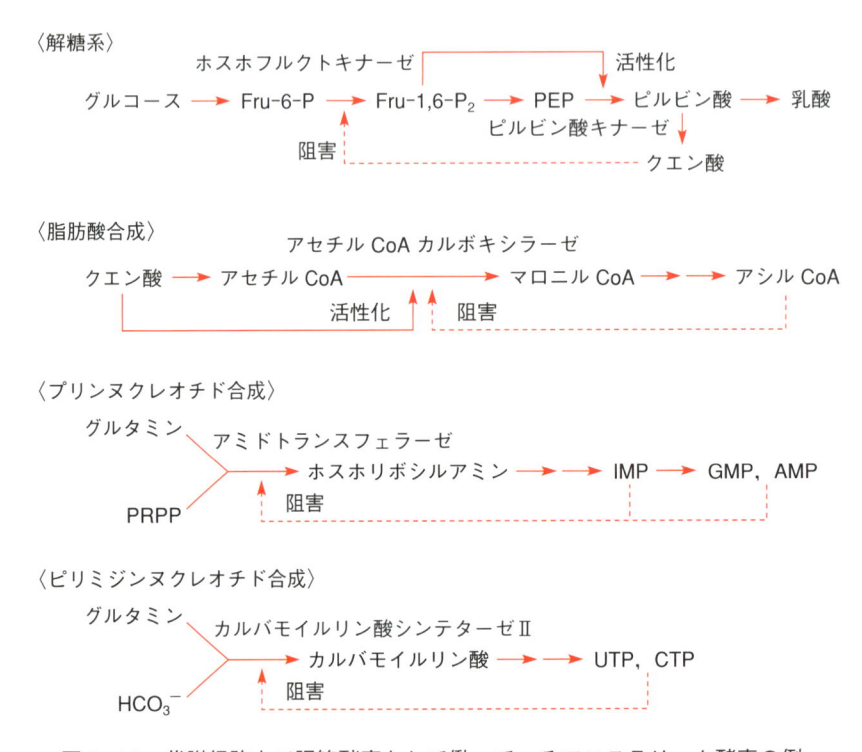

図3-12 代謝経路上で調節酵素として働いているアロステリック酵素の例

ンスフェラーゼの阻害が該当する．このフィードバック制御は系全体を安定させ，代謝産物を一定に維持する機構として重要である．またこの調節の変形として，前駆体による活性化（feedforward activation）がある．前記ホスホフルクトキナーゼの生成物フルクトース-1,6-P_2によるピルビン酸キナーゼの活性化，および脂肪酸合成系のアセチルCoAカルボキシラーゼの基質の前駆体であるクエン酸による活性化が，このタイプの調節に属する．この制御形式は，過剰に生成した代謝産物が代謝経路の下流に位置する酵素反応を促進することによって，代謝中間体のレベルを一定に維持しようとする機構と考えられる．

（2）修飾反応

酵素たんぱく質の特定のアミノ酸残基が，酵素反応によって修飾されて活性が調節されるものであり，リン酸化，脱リン酸化，アデニリル化，ADP-リボシル化，ユビキチン化などが知られている．

1）リン酸化

リン酸化（phosphorylation）は最も多い修飾反応であり，多くのホルモンの酵素系に対する制御機構の中心的な位置を占めている．リン酸化によって活性化される酵素と，不活性化される酵素がある．代表的な酵素を表3-3に示す．リン酸化酵素として，PKA（プロテインキナーゼA），PKG（プロテインキナーゼG），PKC（プロテインキナーゼC），Tキナーゼ（プロテインチロシンキナーゼ），CaMキナーゼ（Ca/calmodulin dependent protein kinase）などがある．Tキナーゼ以外はすべてたんぱく質中のセリン，トレオニン残基をリン酸化する．Tキナーゼのみはたんぱく質中のチロシン残基をリン酸化する．

表3-3 リン酸化反応による酵素活性の調節

酵　素	活性型
ホスホリラーゼ	リン酸化型
ホスホリラーゼ b キナーゼ	リン酸化型
ホルモン感受性リパーゼ	リン酸化型
グリコーゲンシンターゼ	脱リン酸化型
アセチルCoAカルボキシラーゼ	脱リン酸化型
ピルビン酸デヒドロゲナーゼ	脱リン酸化型

代謝の調節系に最も多くかかわっている反応は，リン酸化（phosphorylation）と脱リン酸化（dephosphorylation）である．リン酸化は特異的なキナーゼにより，脱リン酸化はホスファターゼによって触媒される．リン酸化型，脱リン酸化型のいずれが活性型になるかは，酵素の種類によって異なる．

グリコーゲンシンターゼとグリコーゲンホスホリラーゼのリン酸化と脱リン酸化による調節の例を，図3-13に示す．後述するように，グルカゴン，エピネフリンによるサイクリックAMP（cAMP）の生成を介したプロテインキナーゼの活性化により，ホスホリラーゼは活性型に変化し，グリコーゲンシンターゼはリン酸化されて不活性化型に変化する．

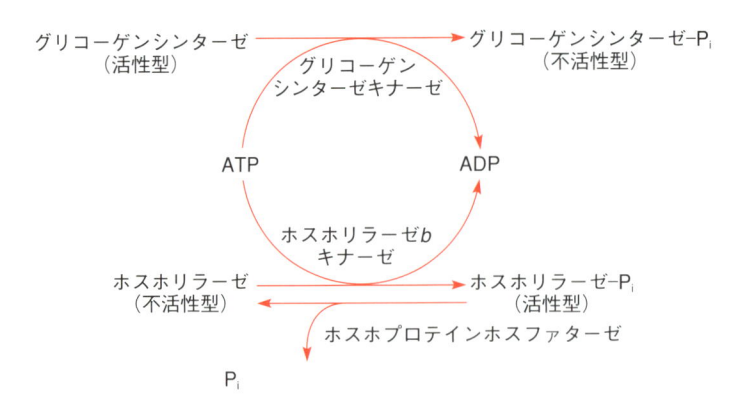

```
グリコーゲンシンターゼ ─────────→ グリコーゲンシンターゼ-P_i
  （活性型）          グリコーゲン      （不活性型）
                   シンターゼキナーゼ
              ATP              ADP
                   ホスホリラーゼb
                     キナーゼ
  ホスホリラーゼ ─────────────→ ホスホリラーゼ-P_i
   （不活性型）  ←─────────────  （活性型）
              ホスホプロテインホスファターゼ
     P_i
```

図3-13 グリコーゲンシンターゼとホスホリラーゼのリン酸化による調節

一方，ホスホプロテインホスファターゼ（プロテインホスファターゼ）による脱リン酸化によってホスホリラーゼが不活性型になるのに対して，グリコーゲンシンターゼは活性型になっており，リン酸化と脱リン酸化によって，グリコーゲン合成と分解が同調して制御されている好例である．

2）ヌクレオチジル化（アデニリル化，ウリジル化）

細菌に特異的な修飾反応であり，動物細胞では知られていない．大腸菌のグルタミン合成酵素で詳しく研究された．アデニリル化によって不活性型に変換するが，アデニリル化酵素自体が，さらにウリジル化されることによって調節されることが見出されている．

3）ADP-リボシル化

NADを基質として，ADP-リボース部分を結合させる反応を触媒する．ホルモン受容体系に共役する三量体Gたんぱく質のαサブユニットのADP-リボシル化反応など，ホルモン作用の発現調節に大きく関与している．標的たんぱく質としてGたんぱく質（Gs, Giたんぱく質），真核細胞延長因子（eEF-2），ヒストンなどが，修飾されるたんぱく質として知られている．

$$NAD + たんぱく質（Gたんぱく質, eEF-2）\longrightarrow ニコチンアミド + たんぱく質-リボース-ADP$$

4）ユビキチン化

ユビキチン（ubiquitin）は真核細胞に普遍的に分布する，アミノ酸76個から成るたんぱく質であり，標的たんぱく質に結合して，**プロテアソーム**（proteasome）による分解へと導く機能をもつ．ユビキチンのC末端のグリシン残基で，ATP依存性にE_1（ユビキチン活性化酵素）のシステイン残基と結合した後，E_1からE_2（ユビキチン結合酵素）に転移され，E_3（ユビキチンリガーゼ）によって認識される標的たんぱく質のリシン側鎖のε-アミノ基に，イソペプチド結合する．この反応を繰り返すことにより，たんぱく質に付加されたポリユビキチン鎖が26Sプロテアソームによる認識シグナルとして機能し，ユビキチン化されたたんぱく質がプロテアソームによって分解される．

標的たんぱく質-NH$_2$ + ユビキチン(Ub) $\xrightarrow[\text{ATP} \quad \text{PP}_i]{\text{ユビキチン化酵素}}$ たんぱく質-Ub →→ たんぱく質-(Ub)$_n$
(たんぱく質のリシンのアミノ基)

3.6.2 酵素量の調節

ある生体成分の増加により，その物質を利用する代謝系の酵素量を増加させることが知られており，**代謝適応**（adaptation）あるいは**酵素誘導**（induction）とよばれている．酵素たんぱく質も，他のたんぱく質と同様に構造遺伝子の発現によるが，その調節系には転写，翻訳，さらに翻訳後のプロセシングなど，すべての段階が関与している．一般に細菌では，合成，とくに転写の促進によって酵素量が調節されているのに対して，動物細胞においては合成と分解の両者が作用して酵素量を調節している．また，動物細胞における転写促進の特徴的な型として，内分泌，神経系の情報をDNAに伝える転写促進系が発達している．その代表がステロイドによる各種の酵素の誘導であり，ステロイドは核内の受容体と結合して，転写促進因子として多くのホルモン応答性遺伝子による酵素合成を促進する．ステロイドホルモンによるアミノ基転移酵素，糖新生系酵素の誘導がその例である．

ステロイドホルモンのほかに，甲状腺ホルモン，活性型ビタミンD，レチノール（活性型ビタミンA）などの核の受容体もきわめて類似した構造をもつことから，**ステロイドホルモン受容体スーパーファミリー**（steroid hormone receptor super family）と総称されている．ステロイドによる酵素誘導の生理機能として，糖新生系酵素の誘導と並んで，アミノ基転移酵素やアミノ酸分解系酵素などを誘導することによって，糖新生の基質を供給する役割を担っていると考えられる．

3.6.3 酵素の細胞内局在

細胞には核，ミトコンドリア，リソゾーム，小胞体などの**オルガネラ**（organelle，細胞内小器官）があり，代謝系の一連の酵素は，それぞれの区画に局在している．また，代謝経路の逆反応が異なる区画に分布している例も多い．その例として次のようなものがある．

（1）解糖と糖新生

糖新生は肝臓，腎臓にのみ存在し，すべての臓器に普遍的に分布する解糖系酵素とは対照的である．さらに，解糖系酵素は細胞質ゾルに分布しているのに対して，糖新生経路の調節段階を構成する，ピルビン酸 ⟶ ホスホエノールピルビン酸の段階を触媒する酵素群中，ピルビン酸カルボキシラーゼ，PEPカルボキシキナーゼは細胞質ゾルに分布している（5章参照）．さらに，解糖の最初のステップのグルコースからグルコース6-リン酸を生成する酵素のヘキソキナーゼは細胞質ゾルに分布し，α-d-グルコースを基質とするのに対して，逆反応を触媒する糖新生の最後の段階であるグルコース-6-ホスファターゼは小胞体膜に局在しており，さらに生成物はβ-グルコースであるため，空転しない機構となっている（図3-14）．

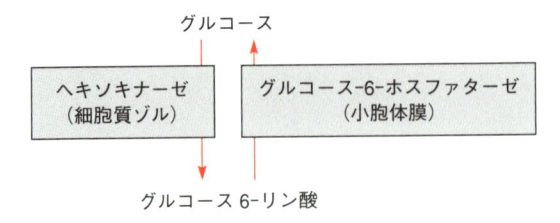

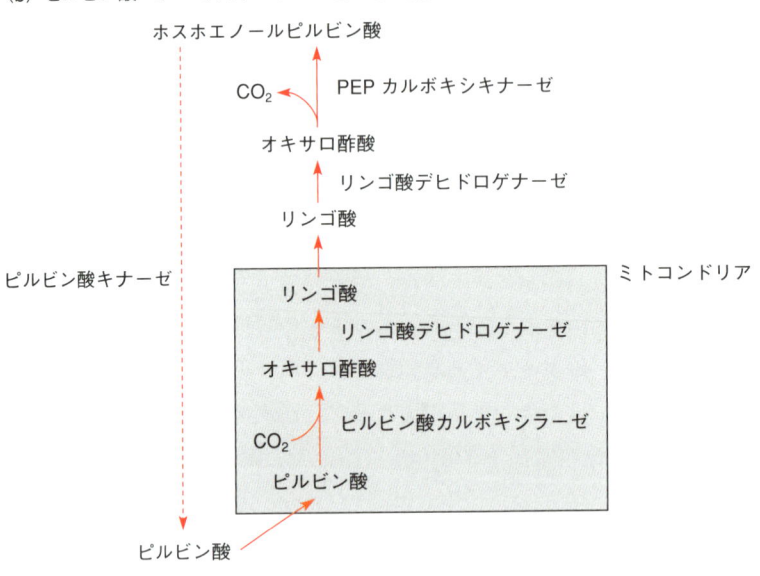

(a) ヘキソキナーゼ/グルコース-6-ホスファターゼ

```
           グルコース
              ↑↓
  ┌─────────┐ ┌─────────────┐
  │ヘキソキナーゼ│ │グルコース-6-ホスファターゼ│
  │ (細胞質ゾル) │ │  (小胞体膜)   │
  └─────────┘ └─────────────┘
              ↓↑
         グルコース 6-リン酸
```

(b) ピルビン酸 ⇌ ホスホエノールピルビン酸

ホスホエノールピルビン酸
　　　↑ ← CO_2　PEP カルボキシキナーゼ
オキサロ酢酸
　　　↑　リンゴ酸デヒドロゲナーゼ
リンゴ酸
　　　↑
ピルビン酸キナーゼ　　　　　　　　　　ミトコンドリア
　　┌────────────────┐
　　│　　　　リンゴ酸　　　　　　│
　　│　　　　↑　リンゴ酸デヒドロゲナーゼ│
　　│　　オキサロ酢酸　　　　　│
　　│CO_2→↑　ピルビン酸カルボキシラーゼ│
　　│　　　ピルビン酸　　　　　│
　　└────────────────┘
　　　　　　↑
　　　　ピルビン酸

図 3-14 解糖，糖新生酵素の細胞内局在

(2) 脂肪酸酸化と脂肪酸合成

　脂肪酸酸化（β 酸化）経路の酵素はミトコンドリアに局在するのに対して，脂肪酸合成系酵素は細胞質ゾルに分布している．脂肪酸酸化のためには，活性化された脂肪酸のアシル CoA をミトコンドリアに送り込む必要があり，そのためにアシル基のシャトル系として，アシルカルニチンにしたかたちでミトコンドリア内膜を通過させる（図 3-15）.

　アシルカルニチンを生成する酵素（CPT1）はミトコンドリア内膜の外側（膜間腔側）に存在する．この酵素は，細胞質ゾルに局在する脂肪酸合成経路の律速酵素であるアセチル CoA カルボキシラーゼ反応によって合成されるマロニル CoA により阻害される．この結果，脂肪酸酸化と合成は協調した制御を受ける．

　一方，脂肪酸合成経路においては，出発物質のアセチル CoA はミトコンドリアでのみ生成されるのに対し，脂肪酸合成系酵素は細胞質ゾルにのみ分布するため，アセチル基のミトコンドリアから細胞質ゾルへのシャトル機構が必要となる．このため，一度クエン酸にしてミトコンドリアから細胞質ゾルへ送り出すためのミトコンドリア内のクエン酸合成酵素と，細胞質ゾルでの ATP-クエン酸リアーゼが働いている（図 3-16）.

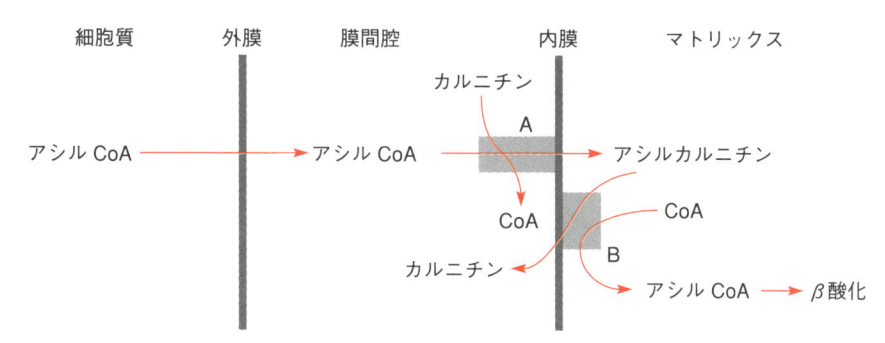

```
細胞質    外膜   膜間腔        内膜      マトリックス
                       カルニチン
                          A
アシル CoA ──→ アシル CoA ──────→ アシルカルニチン
                         CoA      CoA
                                   B
                       カルニチン   アシル CoA ──→ β酸化
```

A：カルニチンアシル（パルミトイル）トランスフェラーゼ（CAT-1, CPT-1）
B：カルニチンアシル（パルミトイル）トランスフェラーゼ（CAT-2, CPT-2）

図3-15　脂肪酸酸化経路におけるアシル基のミトコンドリアへの輸送

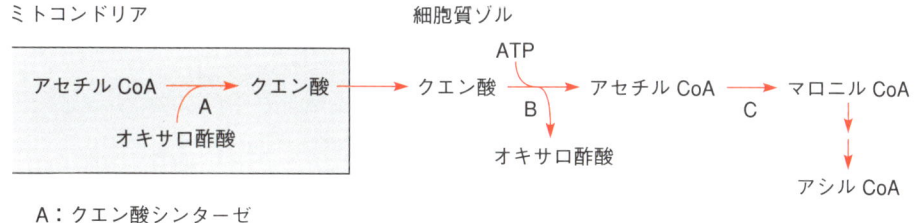

```
ミトコンドリア                    細胞質ゾル
                                        ATP
 アセチル CoA ──→ クエン酸 ──→ クエン酸 ──→ アセチル CoA ──→ マロニル CoA
         A                           B              C
 オキサロ酢酸                          オキサロ酢酸              ↓
                                                        アシル CoA
```

A：クエン酸シンターゼ
B：ATP-クエン酸リアーゼ
C：アセチル CoA カルボキシラーゼ

図3-16　脂肪酸合成経路におけるクエン酸輸送系

3.6.4　補酵素レベルの調節

酵素は活性発現に，酵素たんぱく質以外の低分子化合物を必要とするものが多い．この補助因子は，

① 金属イオン（Mg, Mn, Fe, Co）
② 補酵素

に分けられる．補酵素のなかで，酵素たんぱく質に共有結合しているものを**補欠分子族**（prosthetic group）という．シトクロムに結合したヘム鉄がその代表例である．補助因子を欠いた酵素たんぱく質そのものを**アポ酵素**（apoenzyme，アポたんぱく質）とよび，補助因子を結合して活性型となったものを**ホロ酵素**（holoenzyme）という（図3-1参照）．補酵素の多くは，水溶性ビタミンのリン酸化合物である．代表的なものを表3-4に示す．

ビタミン欠乏が起これば，その結果として補酵素の減少による酵素の活性低下が予測されるが，明らかな実例は多くはない．補酵素が関与した酵素活性の変動，調節という例では，補酵素が酸化還元酵素に多いことから，補酵素の酸化型と還元型の比率の変化に基づく，特徴的な代謝の変動が数多く認められる．以下にその例を示す．

表3-4 ビタミンと補酵素

ビタミン	補酵素	機能
ニコチン酸	NAD(H), NADP(H)	酸化,還元
リボフラビン（ビタミンB_2）	FMN(H_2), FAD(H_2)	酸化,還元
チアミン（ビタミンB_1）	TPP	2-オキソ酸の脱炭酸
リポ酸	たんぱく質に結合	活性アルデヒドの酸化
パントテン酸	CoA	アシル基の活性化
ビオチン	たんぱく質に結合	一炭素単位の活性化
ピリドキシン（ビタミンB_6）	PLP	アミノ基転移反応
葉酸	テトラヒドロ葉酸	活性一炭素単位の転移

(a) 低酸素環境に置かれた場合には，電子伝達系の障害から還元型のNADHが増加し，NADH/NAD^+ 比が上昇する．その結果，可逆的な脱水素酵素反応は酸化方向に移動する．代表例は，ミトコンドリア内でケトン体の生成にかかわり，次の反応を触媒する3-ヒドロキシ酪酸脱水素酵素である．

$$\text{アセト酢酸} + NADH + H^+ \rightleftarrows 3\text{-ヒドロキシ酪酸} + NAD^+$$

NADHが増加した条件では，この反応は右へ移動し，3-ヒドロキシ酪酸の上昇が顕著となる．同様に細胞質ゾルでは，次の乳酸脱水素酵素の反応は乳酸生成方向に偏る．

$$\text{ピルビン酸} + NADH + H^+ \rightleftarrows \text{乳酸} + NAD^+$$

低酸素条件では高乳酸血症，アシドーシスが起こる原因である．

(b) 大量のアルコール摂取の場合，次のアルコール脱水素酵素反応およびアルデヒド脱水素酵素反応により，NADHが生成される．

$$\text{エタノール} + NAD^+ \rightleftarrows \text{アセトアルデヒド} + NADH + H^+$$

$$\text{アセトアルデヒド} + NAD^+ \rightleftarrows \text{酢酸} + NADH + H^+$$

生成した還元型NADHにより，上記(a)に記した3-ヒドロキシ酪酸脱水素酵素反応および乳酸脱水素酵素反応は，ヒドロキシ酪酸と乳酸生成方向に大きく移動する．アルコール中毒時に起こる高乳酸血症は，このような機構に由来する．

3.7 アイソザイム

同一反応を触媒するが，たんぱく質の構造が異なる酵素をアイソザイム（isozyme）という．アイソザイムには遺伝子を異にするもの，同一遺伝子から異なるスプライシングによって発現するものなどがあるが，異なった細胞，あるいは同一細胞でも異なった細胞画分に局在するものが多い．代表例として乳酸脱水素酵素（LDH）について述べる．

乳酸脱水素酵素は分子量140,000で，H, M型の2種類のサブユニット（分子量35,000）4個から構成されるので，H_4, H_3M, H_2M_2, HM_3, M_4 の5種類の乳酸脱水素酵素が存在する（図3-17）．臓器により分布が異なり，H_4型は好気性組織の心臓に多く，M_4型は嫌気性

図3-17　乳酸脱水素酵素アイソザイムの構成

○ H型サブユニット
□ M型サブユニット

H₄　H₃M　H₂M₂　HM₃　M₄

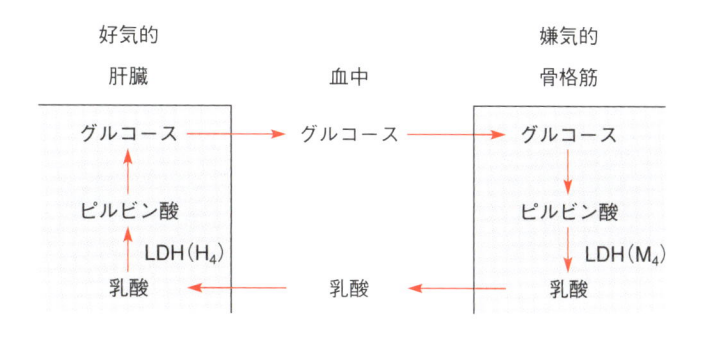

図3-18　乳酸脱水素酵素（LDH）アイソザイムの機能

好気的　肝臓　　血中　　嫌気的　骨格筋
グルコース → グルコース → グルコース
　↑　　　　　　　　　　　　↓
ピルビン酸　　　　　　　　ピルビン酸
　↑ LDH(H₄)　　　　　　　↓ LDH(M₄)
乳酸　　←　乳酸　　←　乳酸

組織の骨格筋に多い．H_4型は乳酸に対して親和性が高く，またピルビン酸によって阻害されることから，心筋，肝臓において乳酸を酸化，あるいは糖新生の基質として代謝する機能をもつ．M_4型はミトコンドリアを欠く赤血球，または少ない骨格筋において，ピルビン酸の還元によってNADHを再酸化する役割を担っている（図3-18）．

ほかに2種類のサブユニットに由来するアイソザイムとして，アスパラギン酸トランスアミナーゼ（ミトコンドリア型と細胞質ゾル型），アルドラーゼ，クレアチンキナーゼ，ピルビン酸キナーゼなどがある．乳酸脱水素酵素のアイソザイムは，疾患によって血中への流出パターンが異なるため，各種疾患の診断の目的で多用されている．

3.8　先天性代謝異常と酵素の欠損

特定の酵素遺伝子の欠損や変異によって，その酵素がまったく発現しない場合や，正常とは異なった構造の酵素が生成し，触媒活性が低下あるいは消失したり，調節機能が変化したりする場合がある．先天性代謝異常には多くの例が知られている．

単一の酵素遺伝子の異常により起こる，先天性代謝異常症の典型例を表3-5に示す．多くの酵素欠損は劣性遺伝である．主として細胞構成成分の異化に関する酵素（加水分解酵素など）の欠損や活性低下では，その基質が血中，尿中で上昇するが，グリコーゲンなどの高分子や脂質などは組織に沈着するので，蓄積症とよばれる（糖原病など）．

表3-5 酸素欠損,異常による先天性代謝異常症

	欠損酵素	病名
糖代謝	肝臓グリコーゲンホスホリラーゼ	糖原病Ⅳ型
	筋肉グリコーゲンホスホリラーゼ	糖原病Ⅴ型
	肝臓グルコース-6-ホスファターゼ	糖原病Ⅰ型(フォンギールケ病)
ヌクレオチド代謝	ヒポキサンチン-グアニンホスホリボシルトランスフェラーゼ	レッシュ・ナイハン症候群
アミノ酸代謝	分岐鎖オキソ酸デヒドロゲナーゼ	メープルシロップ尿症
	フェニルアラニンヒドロキシラーゼ	フェニルケトン尿症

予想問題

1 酵素反応に関する記述である.正しいものの組合せはどれか.
 a.酵素による反応の促進は,活性化エネルギーを増加させることによる.
 b.酵素は,反応の平衡を変化させることにより反応を促進する.
 c.K_m値が大きいほどその酵素と基質との親和性は強く,K_m値が小さいほど弱い.
 d.酵素は反応の活性化エネルギーを低下させる.
 e.酵素の性質は最大反応速度(V_{max})とK_mによって決められる.
  (1)aとb (2)aとe (3)bとc (4)cとd (5)dとe

2 アロステリック調節因子に関する記述である.正しいものの組合せはどれか.
 a.触媒中心において基質と拮抗して結合する.
 b.基質結合部位とは異なる部位に結合する.
 c.基質結合曲線はシグモイドを描く.
 d.酵素の基質特異性を変化させる.
 e.酵素たんぱく質に共有結合することによって活性を調節する.
  (1)aとb (2)aとe (3)bとc (4)cとd (5)dとe

3 酵素阻害に関する記述である.正しいものの組合せはどれか.
 a.酵素の活性中心以外の部位に阻害剤が結合する場合,二重逆数プロットは直線にはならない.
 b.アロステリック酵素におけるヒルのn_H値は,酵素に対する基質の結合数,すなわち共同性を示す指標となる.
 c.阻害剤が基質結合部位において基質と競合する場合,二重逆数プロットはx軸上で交わる.
 d.基質飽和曲線がシグモイド型を描くアロステリック酵素の二重逆数プロットは,双曲線を与える.
 e.阻害剤が酵素—基質複合体にのみ結合し,酵素には結合しない場合を非拮抗阻害という.
  (1)aとb (2)aとe (3)bとc (4)cとd (5)dとe

4 リン酸化による活性調節を受けない調節酵素の正しい組合せはどれか.
 a.カルニチンアシル(パルミトイル)トランスフェラーゼ

b．グルタミン合成酵素
c．ホスホリラーゼ
d．グリコーゲンシンターゼ
e．ホルモン感受性リパーゼ
　(1) a と b　　(2) a と e　　(3) b と c　　(4) c と d　　(5) d と e

5 代謝経路の細胞内局在に関する記述である．正しいものの組合せはどれか．

a．糖新生経路……細胞質ゾル，小胞体
b．解糖系……細胞質ゾル
c．脂肪酸酸化……ミトコンドリア
d．脂肪酸合成……細胞質ゾル，ミトコンドリア
e．TCA 回路……ミトコンドリア，小胞体
　(1) a と b　　(2) a と e　　(3) b と c　　(4) c と d　　(5) d と e

6 酵素活性の不可逆的な調節に関する記述である．正しいものの組合せはどれか．

a．ユビキチン化による分解．
b．消化酵素のチモーゲンの活性化．
c．プロテインキナーゼによるリン酸化．
d．基質によるアロステリック調節．
e．サブユニットから成る酵素たんぱく質のサブユニットへの解離．
　(1) a と b　　(2) a と e　　(3) b と c　　(4) c と d　　(5) d と e

4章 生体エネルギーと代謝

　生体では，物質の分解と合成という現象が，エネルギーの生産と消費という現象と共役して行われている．これを**代謝**（metabolism）といい，分解反応を**異化作用**（catabolism），合成反応を**同化作用**（anabolism）という．生体でエネルギーを生成するためには，食物（糖質，脂質，アミノ酸）を分解して生じるエネルギーをATPに変換し，それを利用する．また，生命維持に必要な生体物質の合成反応，筋収縮，体温の維持，能動輸送，たんぱく質の構造変化には自由エネルギーが必要である．これはATPのエネルギーによって供給される（図4-1）．

　本章では，生体におけるATPの生成と，それを利用した生体反応について述べる．

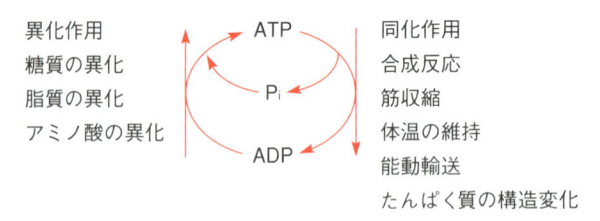

異化作用　　　　　　ATP　　　　同化作用
糖質の異化　　　　　　　　　　　合成反応
脂質の異化　　　　　P$_i$　　　　筋収縮
アミノ酸の異化　　　　　　　　　体温の維持
　　　　　　　　　　ADP　　　　能動輸送
　　　　　　　　　　　　　　　　たんぱく質の構造変化

図4-1　ATPの生成と生体反応

4.1　生体で利用できるエネルギー

　生きている細胞や生物は，生き続け，成長し，自分自身を再生産しなければならない．生命活動を行うことは，絶え間ない物質の合成と分解のサイクルを回すことである．そのためには，常にエネルギーの産生と供給が必要である．

　自然界には，運動エネルギー，電気エネルギー，熱エネルギー，光エネルギーなどさまざまな種類のエネルギーが存在する．**エネルギー**（energy）とは，その系が**仕事**（work）をする能力のことである（図4-2）．物体が高い場所から低い場所に移動するとき，高い場所ほど地球の引力が大きく作用するために，位置エネルギーによって仕事をすることができる．水力発電では水を高い場所から低い場所に落下させ，そのエネルギーによって発電装置を稼動させる．化学反応では反応性の高さを**化学ポテンシャル**（chemical potential）とよび，ポテンシャルの高い状態から低い状態に反応が進むとき，化学エネル

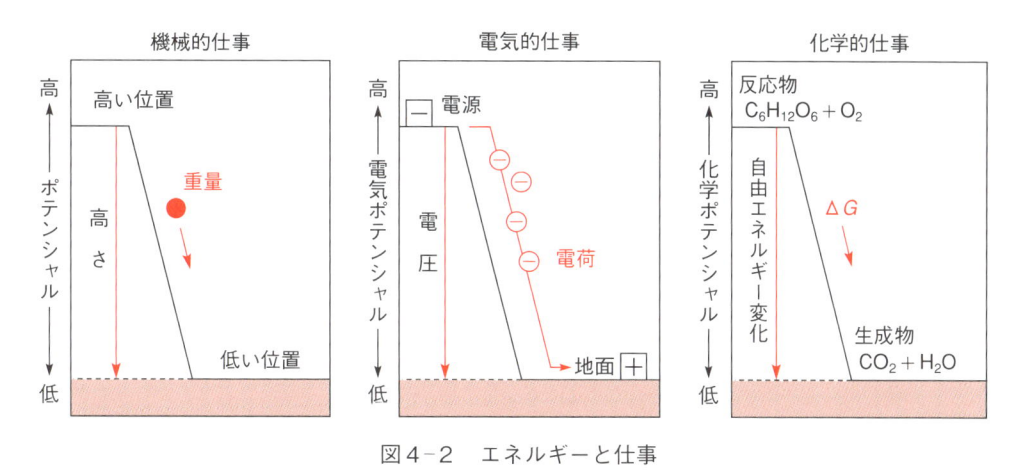

図 4-2　エネルギーと仕事

エネルギーとはその系が仕事をする能力である．化学反応では自由エネルギー変化が仕事の量を表す．

ギーが放出され，これを利用して物質の合成や分解などの仕事をすることができる．

グルコースを燃焼させると二酸化炭素と水が生成し，高温と光が発生する．これは，

$$C_6H_{12}O_6 + 6\,O_2 \longrightarrow 6\,CO_2 + 6\,H_2O$$

という化学反応式で表すことができる．細胞内で酸素を使ってグルコースを二酸化炭素と水にまで分解する反応も，同じ化学反応式で表される．生体での化学反応は，一定の温度と一定の圧力のもとで行われる．細胞内の反応は燃焼反応と異なり，特別な理由がない限り発熱や発光は起こらない．熱はある温度の領域あるいは物体から，それより低い温度のほうへ流れるときだけ仕事をすることができる．生体ではむしろ体内温度を一定に保つことが重要なので，発熱や吸熱のような大きな温度変化による仕事は好ましくない．生命活動は，熱のかわりに，化学反応で放出される自由エネルギーを利用する．

独立栄養生物である光合成細菌やラン藻，緑色植物などは，光のエネルギーを利用することができる．光エネルギーによって葉緑素で水分子が酸化され，酸素分子 O_2 が発生する．この過程で遊離した水素原子の化学エネルギーを使って ATP が合成され，炭水化物が合成される．炭水化物はエネルギー源となり，生体成分の合成（**同化**）反応や分解（**異化**）反応を進める（図 4-3）．

従属栄養生物である動物では，食物を摂取することによって，生命活動に必要なエネルギーを得ている．食物成分はまず分解（異化）され，その過程で得られる自由エネルギーを利用して，ATP などの高エネルギー化合物を生成する．さらに，生成したエネルギーを用いて，食物成分からの分解産物は生体成分の合成（同化）に使われる．酸素呼吸で生成した CO_2 は，再び光合成の材料として使われる．すなわち，炭素，酸素，水が生物の代謝を経て生態系を循環することになる．この過程において，太陽エネルギーが物質を変化させる本源的な駆動力となる．物質代謝の経路においては，利用可能なエネルギー（自由エネルギー）の一部は熱やエントロピーのような利用できないエネルギーとなるため，エネルギーの流れは循環ではなく一方向となる．

4・1　生体で利用できるエネルギー

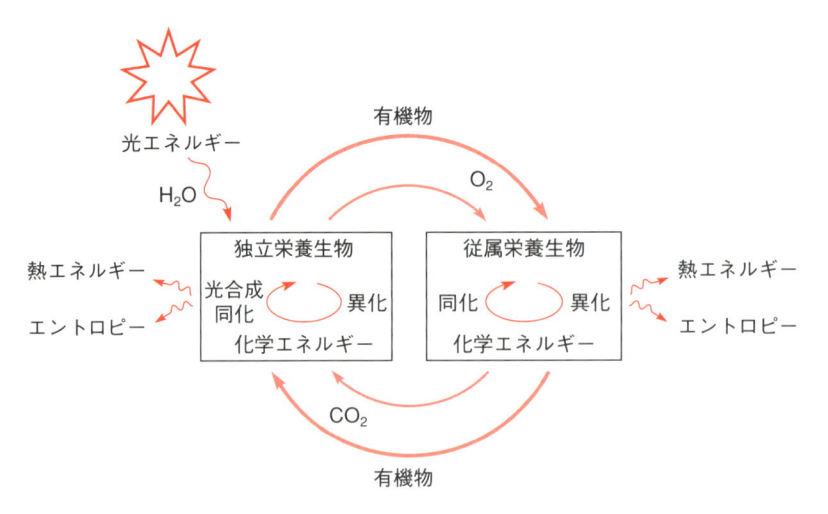

図4-3　生態系におけるエネルギーの循環

4.2　自由エネルギーとATP

4.2.1　自由エネルギーと状態変化

　細胞成分が受けるすべての化学反応を総括して，**中間代謝**（intermediary metabolism）とよぶ．生きた細胞のなかでは合成と分解が並列して行われ，ある化合物の分解で得られるエネルギーが他の成分の合成に利用される．生体内で受け渡されるエネルギーは**ATP**（adenosine 5′-triphosphate）である．ATPがいろいろな合成反応に利用され，さらに運動，分泌，吸収，神経伝達などの生理活性のエネルギー源となる．

　化学変化や物理変化におけるエネルギー変化の関係を論じる学問を，**熱力学**（thermodynamics）という．異なるかたちのエネルギーの相互転換に関して，二つの基本法則がある．

　第一の法則は，**エネルギー保存の原理**である．いかなる物理的または化学的変化においても，閉鎖系におけるエネルギーの総量は不変であり，エネルギーが生成したり消滅したりすることはない．自発的に起こる反応とは，外部からその系にエネルギーを加えなくてもよいということである．熱力学では，反応の自発性を論じることができる．しかし，熱力学第一法則だけではその過程が自発的かどうかはいえない．熱は必ず温度の高い物体から低い物体に流れ，逆には流れない．二つの物体を合わせたエネルギーは変わらないから，第一法則だけではどちらに流れてもよいはずである．

　一方，すべての自発的過程においては秩序が無秩序さに向かう．これが熱力学第二法則，**エントロピー増大の原理**である．ある系の無秩序さの程度を表すのがエントロピーで，絶対温度で変わる．

　熱力学のなかで**自由エネルギー G**（Gibbs' free energy）は，生化学反応を理解するうえでとくに重要な概念である．物質Aのもつ総自由エネルギーを測ることはできない．

しかし，AがBに変化する場合，

$$A \rightleftarrows B$$

両者の自由エネルギーの差ΔG（ギブズの自由エネルギー変化，または単に自由エネルギー変化とよぶ）を論じることはできる．ΔGはAがBに変わるとき，外に取り出しうる最大のエネルギー量である．ある温度における反応系の仕事量（熱量）を**エンタルピー**（enthalpy）とよぶ．温度と圧力が一定のとき，反応の自由エネルギー変化ΔGとエンタルピー変化ΔH，エントロピー変化ΔSの間には次の関係が成り立つ．

$$\Delta G = \Delta H - T\Delta S$$

Tは絶対温度であり，ΔGおよびΔHの単位はJ/molまたはcal/molである（1 cal = 4.184 J）．エンタルピーが負の値となるとき，反応は自発的に進む傾向がある（表4-1）．反応が自由エネルギーを放出して進行するとき，すなわち$\Delta G = \Delta H - T\Delta S < 0$の場合，自発的に進行する．このような過程を**発エルゴン反応**（exergonic reaction）という．エンタルピーが減少し（負の値），エントロピーが増大する（正の値）場合には，どのような温度においても反応は自発的に進行する（表4-1）．これに対し，ΔGが正のときには**吸エルゴン反応**（endergonic reaction）といい，自由エネルギーを与えなければ進行しない．発エルゴン反応の逆行は吸エルゴン反応となるし，その反対も成り立つ．正反応と逆反応がつり合っている状態を平衡状態とよび，$\Delta G = 0$である．エンタルピーの増大（$\Delta H > 0$）は過程を止める方向に働くが，エントロピー変化が十分大きければ自発的に進行する（表4-1）．また，エントロピーが減少する過程でも，エンタルピー変化が負の値として十分大きければ（$\Delta H < 0$），その過程は進行する．しかしながら，ΔGが負であることとその反応速度とは関係がない．

たとえばグルコースの酸化反応では，ΔGはグルコース1 molあたり-686 kcal（-2840 kJ/mol）で非常に大きな負の値であるが，触媒があればグルコースの酸化は数秒で起こるし，通常生体内では数分ないし数時間で進行する．しかし，グルコースを室温で空気にさらし，何年放置しても酸化されない．化学反応の速さを決めるのは**活性化エネル**

表4-1 反応の自発性とエンタルピー，エントロピーの関係

エンタルピーの変化ΔH	エントロピーの変化ΔS	自由エネルギー変化 $\Delta G = \Delta H - T\Delta S$	
-（減少）	+（増大）	負（エネルギー放出）	すべての温度で自発的，発エルゴン反応，発熱性
-（減少）	-（減少）	ある温度以下で負[*1]	自発的傾向，ある温度以下のとき発エルゴン反応[*3]
+（増大）	+（増大）	ある温度以上で負[*2]	ある温度以上で発エルゴン反応[*3]
+（増大）	-（減少）	正（エネルギー吸収）	すべての温度でエネルギー要求的，吸エルゴン反応，吸熱性

[*1] エントロピーが負の値なので$-T\Delta S$は正の値となる．温度が上昇すると$\Delta H - T\Delta S$の値は負から正となる．
[*2] エントロピーが正の値なので$-T\Delta S$は負の値となる．温度が上昇すると$\Delta H - T\Delta S$の値は正から負となる．
[*3] 発エルゴン反応は発熱反応と同義である．ただし，発エルゴン反応はエネルギーの放出であって，化学反応系から熱が放出される必要はない．

ギー (activation energy) であり，酵素などの触媒は活性化エネルギーを下げ，反応の進行を助けるものである．

自由エネルギー，エントロピー，エンタルピーなどを熱力学では状態関数とよぶ．すなわち，これらの値は現在の状態だけで決まり，その状態に至る経路には関係しない．したがって，熱力学の値は初めと終わりの状態だけを考えればよく，途中経過は問題ではない．たとえば，生体内でグルコースが CO_2 と H_2O に酸化される反応では，自由エネルギー変化は最初（グルコース + O_2）と最後（CO_2 + H_2O）の ΔG を測ればよいことになる．

4.2.2 化学平衡と標準状態

物質のエントロピーは体積が増えれば増大する．気体分子でも溶液でも，エントロピーは与えられた容積全体に広がったとき最大となる．これは，エントロピーが物質の濃度に左右されることを意味する．同時に，自由エネルギーも濃度によって変化する．すなわち，化学反応の自由エネルギーは反応物と生成物の濃度に依存して決定される．言い換えれば，反応物と生成物の総体濃度によって，化学反応はどちらの方向にも進むことができる．

化学反応では，平衡点においては生成反応と逆反応の速度は等しく，その系の反応はそれ以上進まない．A + B ⇌ C + D において，平衡定数 K_{eq} は次のように定義される．

$$K_{eq} = \frac{[C][D]}{[A][B]}$$

[A], [B], [C], [D] はそれぞれ物質 A, B, C, D の濃度である．また，自由エネルギー変化 ΔG は，

$$\Delta G = \Delta G° + RT \ln K_{eq}$$

と表される．R は気体定数（8.315 J/mol・K），T は絶対温度を示す．$\Delta G°$ は，すべての反応成分が標準状態（25 ℃ = 298 K，1 atm，生成物の初濃度 = 1 M）のときの反応の自由エネルギー変化である．平衡状態では $\Delta G = 0$ なので，

$$\Delta G° = -RT \ln K_{eq}$$

となる．この式から，平衡状態に達したときの反応物と生成物の濃度から自由エネルギー変化を算出でき，その反応が自発的かどうかを予測できる（表4-2）．しかしながら，物理化学的な標準状態では $[H^+] = 1$ M，すなわち pH = 0 のときの自由エネルギー変化を扱うが，生化学では多くの反応が中性域で行われることから，pH = 7 を生化学的標準状態と定め，$\Delta G°$ のかわりに $\Delta G°'$ を用いる．

表4-2 反応の自発性と平衡定数の関係

平衡定数 K_{eq}	標準自由エネルギー変化
$K_{eq} > 1$*	$\Delta G° < 0$
$K_{eq} = 1$	$\Delta G° = 0$
$K_{eq} < 1$	$\Delta G° > 0$

* $K_{eq} > 1$ では生成物より反応物のほうが多い状態となる．対数関数では，$K_{eq} > 1$ のとき $\ln K_{eq} > 0$，すなわち $\Delta G° = -RT \ln K_{eq} < 0$ となる．この反応は自発的に進行する．

$\Delta G°'$ が負となる化学反応は自発的に進む．しかしながら，生体の物質代謝には多くの吸エルゴン反応も必要である．このような吸エルゴン反応には，必ず大きな自由エネルギーが遊離する発エルゴン反応が共役し，遊離される自由エネルギーの一部を利用して反応が進む．自由エネルギー変化のような熱力学の値は初めと終わりの状態だけを考えればよく，途中経過は問題ではない．すなわち，標準自由エネルギー変化の合計が負になるような発エルゴン反応と吸エルゴン反応を組み合せると，結果として反応は自発的に進行する（図4-4）．

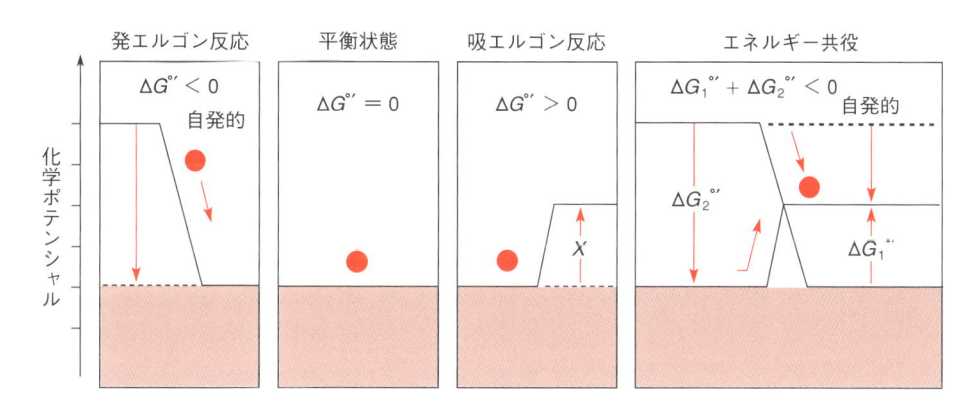

図4-4 エネルギー変化と反応の自発性

自由エネルギー変化 $\Delta G°'$ が負になる反応は自発的に進行する．自由エネルギー変化の和が負になれば自発的反応として進行する．これをエネルギー共役とよぶ．

細胞内で最も重要な化学反応の一つは，ATP の加水分解である．

ATP + H_2O ⟶ ADP + リン酸（P_i）　　$\Delta G°'$ = −30.5 kJ/mol

$\Delta G°'$ が負の値なので発エルゴン反応である．一方，グルコースのリン酸化反応は次のように自由エネルギー変化が正である．

グルコース + P_i ⟶ グルコース 6-リン酸 + H_2O　　$\Delta G°'$ = +13.8 kJ/mol

生体内ではこのような吸エルゴン反応を進行させるために，より大きな負の自由エネルギー変化を伴う発エルゴン反応を組み合せて（共役させて），同時に進行させる．すなわち，

（1）グルコース + P_i ⟶ グルコース 6-リン酸 + H_2O
（2）ATP + H_2O ⟶ ADP + P_i
合計　グルコース + P_i + ATP + H_2O ⟶ グルコース 6-リン酸 + ADP + H_2O + P_i

共通する項目を消去すると，

グルコース + ATP ⟶ グルコース 6-リン酸 + ADP

$\Delta G°'$ = +13.8 kJ/mol + (−30.5 kJ/mol) = −16.7 kJ/mol

$\Delta G°'$ は負となるから，この反応は自発的に進むことになる．このように，エネルギー要求性の反応であっても，ATP の加水分解によって放出されたエネルギーを利用して，さまざまな化学反応を進行させることができる．

4.2.3 高エネルギー化合物

ATPのように，加水分解で標準自由エネルギーが大きく減少する化合物を**高エネルギー化合物**（energy-rich compound）とよぶ．多くはリン酸基を含む物質であるが，アセチルCoAやスクシニルCoAのようなチオエステル結合をもつ分子もまた，大きな負の標準自由エネルギー変化をもっている（表4-3）．

ATPはとくに重要な高エネルギー化合物である．ATPは，アデノシンに3個のリン酸基がリン酸エステル結合とリン酸無水物結合という二つの結合でつながれた分子である（図4-5）．ATPが代謝にとって重要なのは，リン酸無水物結合が切れるとき得られる大きな自由エネルギーのためである．そのため，リン酸無水物結合は**高エネルギーリン酸結合**（high-energy phosphate bond）ともよばれる．高エネルギーリン酸結合では，リン酸基が切り離されて他の物質に転移する際，通常のリン酸エステル結合の2～3倍も大きなエネルギーを放出することができる．ATPのリン酸無水物結合では，負電荷をもった

表4-3 リン酸化化合物とアセチルCoAの加水分解反応の標準自由エネルギー変化

化 合 物	自由エネルギー変化 $\Delta G°$	
	kJ/mol	kcal/mol
ホスホエノールピルビン酸	－61.9	－14.8
1,3-ビスホスホグリセリン酸	－49.3	－11.8
クレアチンリン酸	－43.0	－10.3
ADP ⟶ AMP + P_i	－32.8	－7.8
ATP ⟶ ADP + P_i	－30.5	－7.3
ATP ⟶ AMP + PP_i	－32.2	－7.7
AMP ⟶ アデノシン + P_i	－14.2	－3.4
ピロリン酸（PP_i）→ 2P_i	－33.5	－8.0
グルコース1-リン酸	－20.9	－5.0
フルクトース6-リン酸	－13.8	－3.3
グルコース6-リン酸	－13.8	－3.3
グリセロール3-リン酸	－9.2	－2.2
UDP-グルコース ⟶ UMP + グルコース1-リン酸	－43.0	－10.3
アセチルCoA	－31.4	－7.5

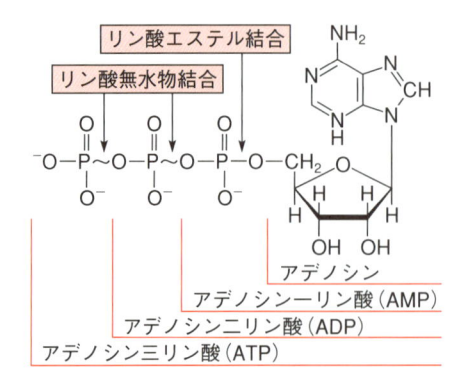

図4-5 ATPの構造

酸素原子間に静電反発力が働くために不安定性が増すが，加水分解によってより安定な小さい自由エネルギーをもつ分子が生成するため，$\Delta G°$ は大きな負の値となる．通常の反応では ATP から ADP が生成する．共役する反応がより多くのエネルギーを必要とする場合には，ATP は末端ではなく 2 段目のリン酸基で加水分解して AMP とピロリン酸（PP_i）に分解し，ピロリン酸がさらに 2 分子の無機リン酸（P_i）に加水分解することで 2 か所の高エネルギーリン酸結合を一挙に解放して，2 倍のエネルギーを供給することもできる．AMP はアデニル酸キナーゼによって ADP に戻される．

ATP は水溶液中では熱力学的に不安定でリン酸基転移のよい供給源になるが，加水分解のために高い活性化エネルギーを必要とするため，反応速度論的には安定である．すなわち，溶液中で自発的にリン酸基の転移が起こることはない．ATP のリン酸基転移は，活性化エネルギーを下げる特別な酵素が存在するときにのみ起こる．細胞は，ATP に働く酵素を制御することにより，ATP のもつエネルギーの転移を制御できる．

ATP などの高エネルギー化合物のリン酸無水物結合の加水分解は，リン酸基が他の化合物に移る反応でなくても反応を進めることができる．たとえば ATP の加水分解は，生体膜を通した能動輸送や筋収縮のためのエネルギーを供給する．GTP の加水分解では，シグナル伝達やたんぱく質合成を駆動するエネルギーを供給する．

4.2.4　基質レベル（基質準位）のリン酸化

高エネルギー化合物のなかで，ATP より標準自由エネルギー変化の大きい物質は，キナーゼの働きで ADP にリン酸基を転移して ATP をつくることができる．この反応は**基質レベルのリン酸化**（substrate-level phosphorylation）とよばれ，消費された ATP を速やかに再生させることができる．解糖系では，ホスホエノールピルビン酸と 1,3-ビスホスホグリセリン酸からそれぞれ ATP が生成する．筋肉に多く含まれるホスホクレアチン（クレアチンリン酸）は，クレアチンキナーゼの働きで可逆的にクレアチンと ATP になる．TCA 回路で，スクシニル CoA から GTP が生成する反応も基質レベルのリン酸化である．しかしながら，基質レベルのリン酸化で生成する ATP は，生体内でつくられる ATP の 10% に満たない．大部分の ATP は，ミトコンドリア内の電子伝達系を介した酸化的リン酸化によって生成する．また，ATP より標準自由エネルギー変化の小さい物質は，ATP からリン酸基を与えられる性質をもつ．このように，ATP は化合物から化合物へのエネルギーの授受や化学反応を進めるためのエネルギー供給源として働くことから，"エネルギーの通貨" とよばれる．

4.3　酸化的リン酸化による ATP の合成

酸化的リン酸化（oxydative phosphorylation）は，ミトコンドリア内膜に埋め込まれた電子伝達系と ATP 合成酵素の働きによって，酸素の存在下で ATP が合成されることをいう．この経路は**呼吸鎖**（respiratory chain）とよばれる．

4.3.1 電子伝達系

TCA回路や解糖系で生成したNADHの水素原子は，**電子伝達系**（electron transport system）の複合体Ⅰで水素イオンと電子として取り出される．ミトコンドリア内膜には，電子を運搬する4種類の電子伝達複合体（Ⅰ～Ⅳ）が存在する（図4-6）．まず，複合体Ⅰでは遊離した電子が補酵素Q（CoQまたはユビキノン）に移り，補酵素Qは還元型

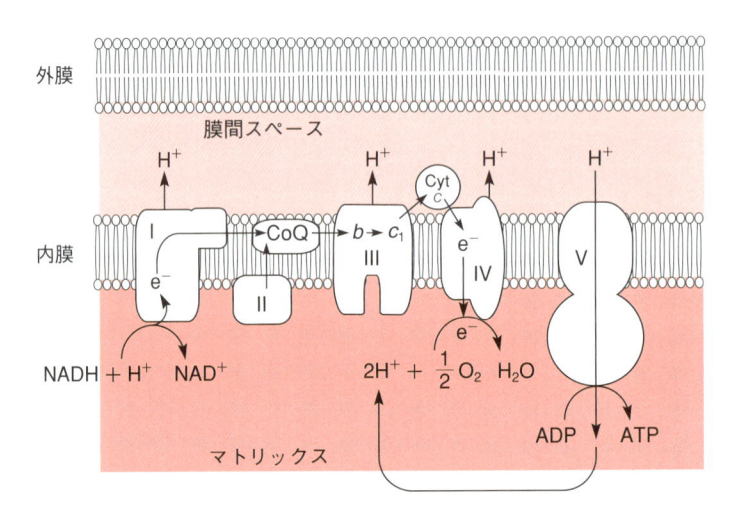

図4-6　電子伝達系

電子は複合体ⅠからⅣに渡された後，酸化されて水となる．膜電位に逆らって膜間スペースに排出された水素イオンは，複合体Ⅴを通ってマトリックスに戻る．このときに発生するエネルギーでATPが合成される．複合体Ⅴは，ATP合成酵素そのものである．

Column コラム　心筋梗塞や脳卒中はATP不足から

　細胞内のATPの役割はエネルギー伝達で，貯蔵ではない．細胞内のATP総量は，ほんの1～2分間のエネルギー需要を満たすに過ぎない．そこでATPは絶えず使われ，酸素呼吸によって補充される．心筋梗塞や脳卒中では血管内にできた血栓のために血流が滞り，血中酸素が心臓や脳に行き渡らなくなる．酸素が欠乏するとATPの生産は解糖だけになり，代謝が低下する．さらに，ATP合成速度が生体膜のイオンポンプを動かすのに必要なレベル以下になると，細胞内の正常イオン濃度を維持できなくなって浸透圧のバランスが崩れ，細胞やミトコンドリア，小胞体など膜構造をもった細胞内小器官が膨潤する．低酸素状態では，解糖から乳酸が生成するために細胞内pHが低下し，酸性pHで活性のあるリソソーム酵素が細胞内成分を分解するようになる．こうして，酸素が欠乏すると細胞活動が停止し，細胞が壊死する．血流が再開して酸素が供給されても脳や心臓では障害が残る．

　脳や心臓など，とくにATP要求度の高い臓器では酸素の欠乏が致命的で，心疾患と脳卒中は日本人の死亡原因の2位と3位となっている．このような疾患は動脈硬化による血管の狭窄，高血圧などを背景に，生活習慣病がかかわっていることが多い．健康な血管が，細胞におけるATPの生産を保証しているのである．

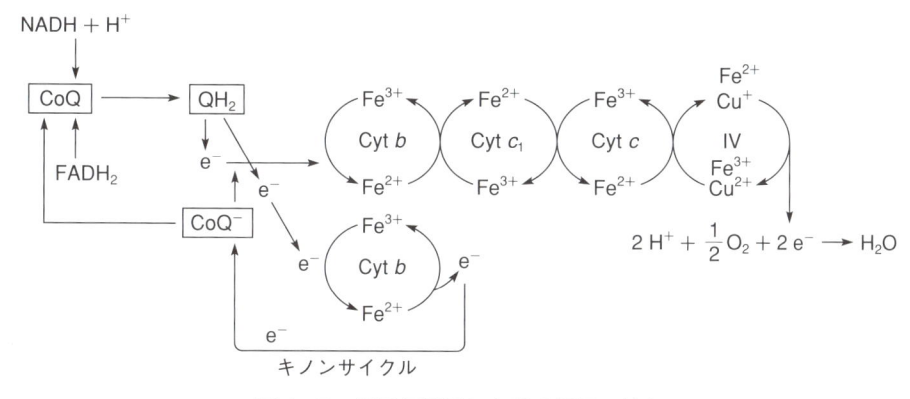

図4-7 電子伝達系における電子の流れ

CoQ（QH_2，ユビキノール）となる．また，2個の水素イオンが膜間スペースにくみ出される．電子はCoQから複合体Ⅲへ，複合体Ⅲからシトクロムc（Cyt c）を介して複合体Ⅳへと移動する．電子は，四つの複合体にある10以上の酸化還元中心を電子親和力の順に（標準還元電位が大きくなるように）通る（図4-7）．

複合体Ⅲはシトクロムbとシトクロムc_1から成る．シトクロムは特徴的な可視光の吸収スペクトルをもつたんぱく質で，鉄を含むヘム型補欠分子族をもつ．この鉄は電子を受け取ると3価のFe^{3+}から2価のFe^{2+}に変化し，電子を次に伝達すると再びFe^{3+}に戻る．複合体ⅢでQH_2からシトクロムbに2個の電子が伝達され，2個の水素イオンが膜間スペースにくみ出される．QH_2は酸化型CoQに戻る．電子の1個は，シトクロムc_1を経てシトクロムcに伝達される．もう1個の電子は，シトクロムb内を移動して酸化型CoQに渡され，このときの自由エネルギー変化によってさらに2個の水素イオンが膜間スペースに送られる．CoQと複合体Ⅲでの電子の移動を**キノンサイクル**（quinone cycle）とよぶ．

シトクロムcは，膜間スペースに存在する可溶性たんぱく質である．そのヘムが複合体Ⅲから1個の電子を受け取ると複合体Ⅳに移動し，酸化還元中心となる銅原子に電子を伝達する．複合体Ⅳにおいても，電子伝達の間に2個の水素イオンが膜間スペースにくみ出される．一方，複合体Ⅳは水素イオンと電子と分子状酸素から水を生成する役割をもつ．

複合体Ⅱは，TCA回路のコハク酸デヒドロゲナーゼを中心とする複合体である．コハク酸から生成した$FADH_2$は，複合体Ⅱにおいて速やかに水素イオンと電子が取り出されて補酵素Qに渡され，還元型CoQが生成する．複合体Ⅰと複合体Ⅱは直接つながっているのではなく，それぞれの還元基質であるNADHと$FADH_2$から，共通のCoQへと電子を渡す．CoQは脂質二重膜のなかを電子伝達系の複合体から複合体へと移動し，電子の中継点の役割を果たす．

電子伝達系とは，電子が電子伝達系たんぱく質のなかを移動する間に生じる自由エネルギーを共役させることによって，水素イオンを能動的にマトリックスから膜間スペースに送るシステムである．水素イオンは内膜を自由に通過できないため，膜間スペースとマト

4・3 酸化的リン酸化によるATPの合成

リックスの間に水素イオンの濃度差が生じる．水素イオンは膜間スペースに排出されることによって濃度勾配が形成されるが，ミトコンドリア外膜は水素イオンを自由に通過させるため，濃度勾配の維持には絶えずマトリックスから膜間スペースに，水素イオンを排出し続けなければならない．

なお，細胞質で生成した NADH はそのままではミトコンドリア内膜を通過できないので，還元当量の水素原子が，リンゴ酸−アスパラギン酸シャトルによってミトコンドリアマトリックスに運ばれる．

4.3.2 酸化的リン酸化による ATP 合成

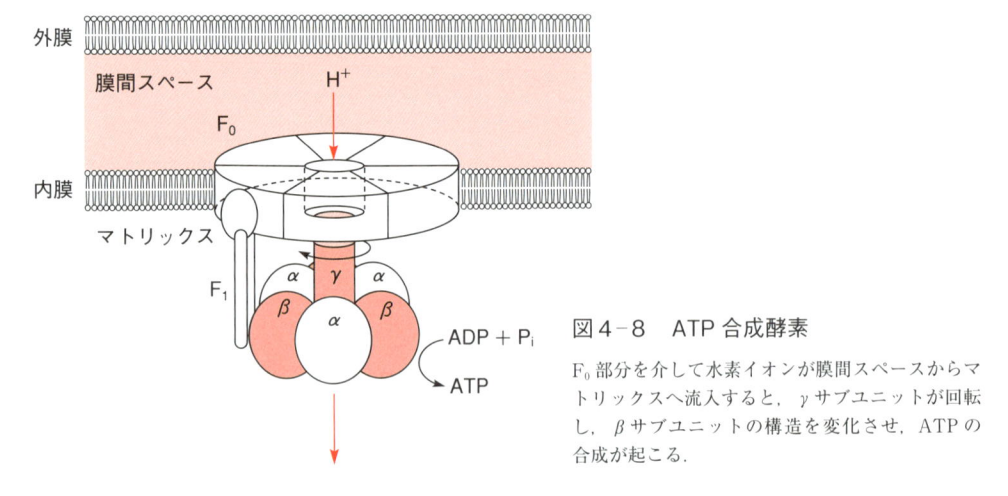

酸化的リン酸化の最終段階である水と ATP の合成は，それぞれ複合体Ⅳと複合体Ⅴで行われる．複合体Ⅴは ATP 合成酵素そのものである（図 4-8）．この酵素は，プロトンポンプ ATP アーゼ，F_0F_1-ATP アーゼともいい，多くのサブユニットから成る膜貫通型酵素であり，ミトコンドリア内膜で最も構造の複雑なたんぱく質である．

図 4-8　ATP 合成酵素
F_0 部分を介して水素イオンが膜間スペースからマトリックスへ流入すると，γ サブユニットが回転し，β サブユニットの構造を変化させ，ATP の合成が起こる．

ATP 合成酵素は，X 線結晶構造解析によってたんぱく質の立体構造が明らかにされ，酵素としての分子機構がわかってきた．この酵素は，内膜に埋め込まれた F_0 と膜から突き出した F_1 に分離できる．F_1 は α，β サブユニットが 3 個ずつ交互に配列した構造をもち，ATP 加水分解活性を示す．これは F_1 部分で起こる ATP 合成の逆反応と考えられる．β サブユニットに触媒活性があり，ミトコンドリア膜を隔てた電気化学的プロトン濃度勾配の自由エネルギーによって，F_0 から水素イオンが流入して γ サブユニットが回転すると立体構造が変化する．γ サブユニットが 1 回転すると 1 個の ATP が生成する．流入した水素イオンと複合体Ⅳに達した電子，および酸素分子から水が生成する．この過程を酸化的リン酸化とよぶ．酸化的リン酸化によって好気性生物は，呼吸基質から利用可能な自由エネルギーを嫌気性生物と比べて非常に大きな割合で捕捉することができる．この機構は，**化学浸透圧仮説**（chemiosmotic hypothesis）として説明されている．

生理条件下で ATP 1 個の合成に必要な自由エネルギーは 40 ～ 50 kJ/mol なので，水

素イオン1個をマトリックスに逆流させて得られるエネルギーだけでは不十分である．多くの測定結果によれば，水素イオン3個でATP 1個分になる．NADH + H$^+$からはATPが2.5個，FADH$_2$からはATPが1.5個生成する．

4.3.3 脱共役たんぱく質

電子伝達と水素イオン濃度勾配によるATP合成は通常，強く共役している．しかし，2,4-ジニトロフェノールのような水素イオンの膜透過性を上げる薬剤がミトコンドリア内にあると，ATP合成なしに水素イオンの電気化学的勾配を解消する経路をつくってしまい，電子伝達とATP合成の共役が起こらなくなる．このような薬物を**脱共役たんぱく質**（uncoupling protein，**UCP**）とよぶ．生理的条件下では，脱共役が起こると熱が発生する．

ヒトを含めほとんどの哺乳類の新生児は，体を暖かく保つ熱を産生するための褐色脂肪組織をもっている．褐色脂肪組織は多くのミトコンドリアを含み，そのシトクロムのために褐色に見える．褐色脂肪組織のミトコンドリアにはサーモゲニンとよばれる脱共役たんぱく質が存在し，水素イオンを膜間スペースからマトリックスの方向に流す．内膜の水素イオンの濃度勾配が消失すると電子伝達と水の生成だけが起こり，それに伴って熱が発生する．冬眠動物も，長い冬眠期間中の熱産生を褐色脂肪の脱共役性ミトコンドリアに依存している．

4.4 筋収縮

4.4.1 筋収縮の仕組み

筋肉は生物の多様な動作に必要であるが，その基本的機能はすべて同じで，収縮と弛緩という動きで成り立っている．筋収縮は，主に**アクチン**（actin）で構成されている細いフィラメントが，主に**ミオシン**（myosin）で構成されている太いフィラメントの間に滑り込むことにより起こると考えられている．これは，アクチンがミオシンと結合しやすい性質をもっているためである．しかし，筋肉が弛緩している場合，トロポニンIがアクチンとミオシンの結合を阻害する．筋収縮の引き金はカルシウムイオンで，神経刺激によりカルシウムイオンの放出が起こる．この濃度が高くなるとカルシウムイオンはトロポニンCと結合し，トロポニンIが阻害できなくなり，アクチンとミオシンの頭部が結合できるようになる．

ミオシンの頭部はATPアーゼ活性をもち，この活性はミオシンとアクチンの結合により増幅される．よって，ミオシン頭部で高いエネルギーが発生し，これが力学的な仕事（滑り込み）に変換されて筋収縮が起こる．神経刺激が止まるとカルシウムイオンが回収され，トロポニンIの阻害効果が回復してアクチンとミオシンが解離し，筋肉が弛緩する．

4.4.2 筋収縮とATP

ミオシン頭部のATPアーゼでATPが分解されて筋収縮のエネルギーが発生するが，筋細胞内には消費したATPを速やかに再生して，常に一定量のATPが保たれるような

仕組みができている．ほんの数秒間の収縮によって消費されるATPは，ADPとクレアチンリン酸（CrP）による再合成や，ミオアデニル酸キナーゼの働きにより2分子のADPから再生される．

$$ADP + CrP \longrightarrow ATP + Cr$$
$$2\,ADP \longrightarrow ATP + AMP$$

　筋肉の運動が激しくなると大量のATPが消費されるため，円滑かつ十分なATPの供給が必要となる．これは好気的な条件では，酸化的リン酸化により供給される．筋細胞において，電子伝達系へ水素原子を供給する主な栄養源は脂肪酸とグルコースで，それぞれβ酸化，解糖（嫌気的）→ TCA回路 → 電子伝達系により多量のATPが生産される．しかし，嫌気的な条件ではTCA回路も電子伝達系も働かず，ピルビン酸が乳酸に変化するため，ATPの再生効率が悪い．

4.5　体　温

　進化した恒温動物であるヒトは，環境の気温変化が生じても一定体温を保つように調節する機能があり，ほぼ一定に保たれている．

　体温とは中心温を意味しており，一般に腋窩温，舌下温，直腸温などが測定されるが，腋窩温が最低で，次に舌下温，直腸温の順で高くなる．また体温には日内リズムがあり，早朝に最低となり午後に最高値を示す．幼児は成人よりも体温が高く，女子では月経前10～14日間は高く，月経中は低くなる．摂食後30～60分は特異動的作用のため高くなり，運動をすると筋肉の活動のため体温が高くなる．

　体熱の分布は，測定の部位により少し異なっている．体熱を放散しやすい体の外郭部では低く，熱の産生の盛んな体中心部の温度は高い．高い体中心部の体熱は，血液循環の作用で低い外郭部に運ばれ，体熱が平均化する．外郭部では，外部の環境が体温より低ければ体熱の放散が起こる．これらの体温調節の中枢が間脳の視床下部にある．中心温度と皮膚温度との差がプラスになると温受容器が感知し，体熱放散の促進と熱産生の抑制が生じる．逆に両者の差がマイナスになると冷受容器が感知して，熱産生の増大と，熱放散の抑制が起こる．このように体温調節が行われている．

予想問題

1 エネルギー産生に関する記述である．正しいものの組合せはどれか．
　a．ミトコンドリア内膜には，水素イオンの濃度勾配を利用して高エネルギーリン酸化合物を生産する酵素が存在する．
　b．グルコース代謝での酸化還元反応は，すべてミトコンドリアで進行している．

c．基質レベルのリン酸化とは，酵素の働きなしで ADP とリン酸から ATP が合成される反応である．
d．体内で生成される ATP の 90％以上は酸化的リン酸化で生じる．
e．ヒトが生存・活動するためのエネルギーとして利用しているのは熱エネルギーである．
　(1) a と b　　(2) a と d　　(3) b と e　　(4) c と d　　(5) d と e

2　生体でのエネルギーに関する記述である．正しいものの組合せはどれか．
a．代謝反応で遊離される化学エネルギーは自由エネルギーともよばれ，すべて ATP の産生に利用可能である．
b．吸エルゴン反応は自発的に進行する反応である．
c．生体内の反応で自由エネルギー変化 $\Delta G° > 0$ となる反応が進むためには，それ以上の自由エネルギーが減少する反応が必ず共役する．
d．アセチル CoA は高エネルギー化合物である．
e．ヒト体内に存在する高エネルギーリン酸化合物は，すべてプリンヌクレオシド三リン酸またはピリミジンヌクレオシド三リン酸である．
　(1) a と b　　(2) a と d　　(3) b と e　　(4) c と d　　(5) d と e

3　ミトコンドリア内膜の透過性に関する記述である．正しいものの組合せはどれか．
a．NADH はミトコンドリア内膜を通過できる．
b．リンゴ酸はミトコンドリア内膜を通過できる．
c．グルタミン酸はミトコンドリア内膜を通過できない．
d．オキサロ酢酸はミトコンドリア内膜を通過できない．
e．アセチル CoA はミトコンドリア内膜を通過できる．
　(1) a と b　　(2) a と d　　(3) b と d　　(4) c と d　　(5) d と e

4　酸化的リン酸に関する記述である．正しいものの組合せはどれか．
a．電子伝達系では，シトクロムに電子が渡されると分子内の鉄が 2 価から 3 価になり，電子を次に渡すと再び 2 価となる．
b．ATP 合成酵素は水素イオン（プロトン）をミトコンドリアの膜間スペースに輸送する．
c．補酵素 A はミトコンドリア内膜に存在し，電子の伝達に関与している．
d．ミトコンドリアで脱共役が起こると，内膜の内外の水素イオンの濃度差がなくなり，ATP が産生されなくなる．
e．電子伝達系は，電子を運搬するたんぱく質複合体から成り立っている．
　(1) a と b　　(2) a と e　　(3) b と c　　(4) c と d　　(5) d と e

5章 糖質の代謝

5.1 糖質の分解

食物として摂取された**糖質**（sugar）は，消化管内の消化酵素により**グルコース**（glucose）などの単糖類にまで分解された後，小腸粘膜から吸収される（図5-1）．吸収された単糖

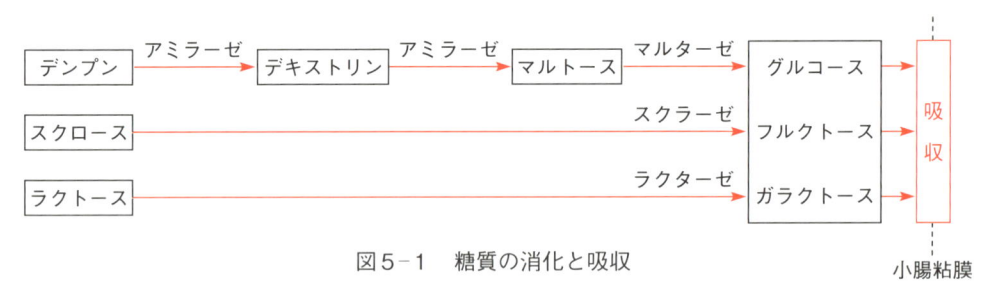

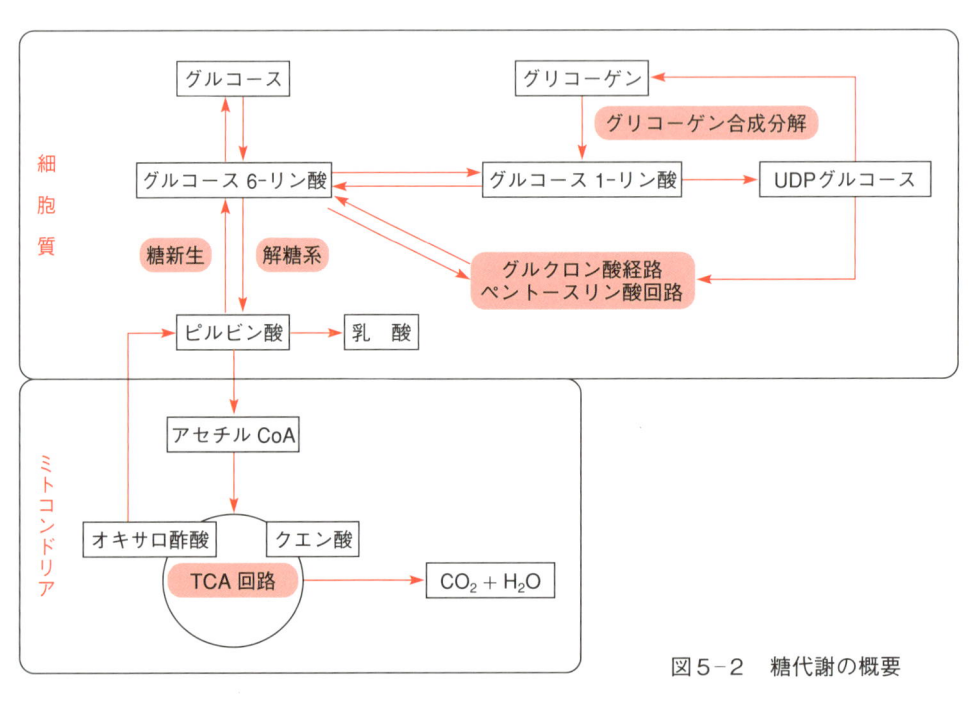

図5-1 糖質の消化と吸収

図5-2 糖代謝の概要

類は，門脈を経て肝臓に運ばれる．その後，グルコースは血糖として全身の組織に運ばれ，解糖系とよばれる一群の酵素反応系を経て代謝され，ピルビン酸にまで分解される．他の単糖類も最終的には解糖系に入り，代謝される．図5-2に糖代謝の概要を示す．図に示したように，グリコーゲンやグルコースは，エネルギーを発生しながら，最終的にはTCA回路を経てCO_2とH_2Oに分解される．

5.1.1 解糖系

解糖系（glycolytic pathway）とは，グルコースがピルビン酸または乳酸になるまでの代謝経路であり，細胞質で行われる．

$$C_6H_{12}O_6 \longrightarrow 2\,CH_3COCOOH \longrightarrow 2\,CH_3CHOHCOOH$$
　　グルコース　　　　　　ピルビン酸　　　　　　　　乳酸

解糖系は，酸素を必要とせずに高エネルギー物質**ATP**（adenosine 5′-triphosphate）をつくるシステムである．図5-3に示したように，解糖系は大きく3段階に分けて考えることができる．

第1段階：2分子のATPを消費して，グルコースがフルクトース1,6-二リン酸

表5-1　解糖系酵素反応の概要

反応過程の番号	関与する酵素	特徴
①（不可逆反応）	ヘキソキナーゼ（肝臓ではグルコキナーゼ）	ATPからリン酸が供与され，グルコースがリン酸化される．
②	グルコースリン酸イソメラーゼ	異性化反応．グルコース6-リン酸 ⟶ フルクトース6-リン酸．
③（不可逆反応）	ホスホフルクトキナーゼ	ATPからリン酸が供与され，さらにリン酸化される．
④	アルドラーゼ	六炭糖が三炭糖2分子に分解される．
⑤	トリオースリン酸イソメラーゼ	三炭糖どうしの間での異性化反応．グリセルアルデヒド3-リン酸が2分子生成する．
⑥	グリセルアルデヒドリン酸デヒドロゲナーゼ	補酵素NADの助けにより，脱水素・リン酸化される．同時にNADは，NADH + H^+になる．
⑦	ホスホグリセリン酸キナーゼ	C-1位のリン酸がADPに供与されてATPが生成する．④で2分子の三炭糖が生じているため，生成するATPは2分子である．
⑧	ホスホグリセリン酸ムターゼ	リン酸転位反応．C-3位のリン酸がC-2位に移る．
⑨	エノラーゼ	脱水反応．生じたホスホエノールピルビン酸は，高エネルギーリン酸化合物で，リン酸が高エネルギー結合している．
⑩（不可逆反応）	**ピルビン酸キナーゼ**	**ホスホエノールピルビン酸のリン酸がADPに移り，ATPを生じる．⑦と同様，生成するATPは2分子である．**
⑪	乳酸デヒドロゲナーゼ	ピルビン酸が還元されて乳酸になる．同時にNADH + H^+は酸化されてNAD^+になる．嫌気的条件では，⑥で生じたNADH + H^+を再びNAD^+に戻すかたちになる．

5・1　糖質の分解

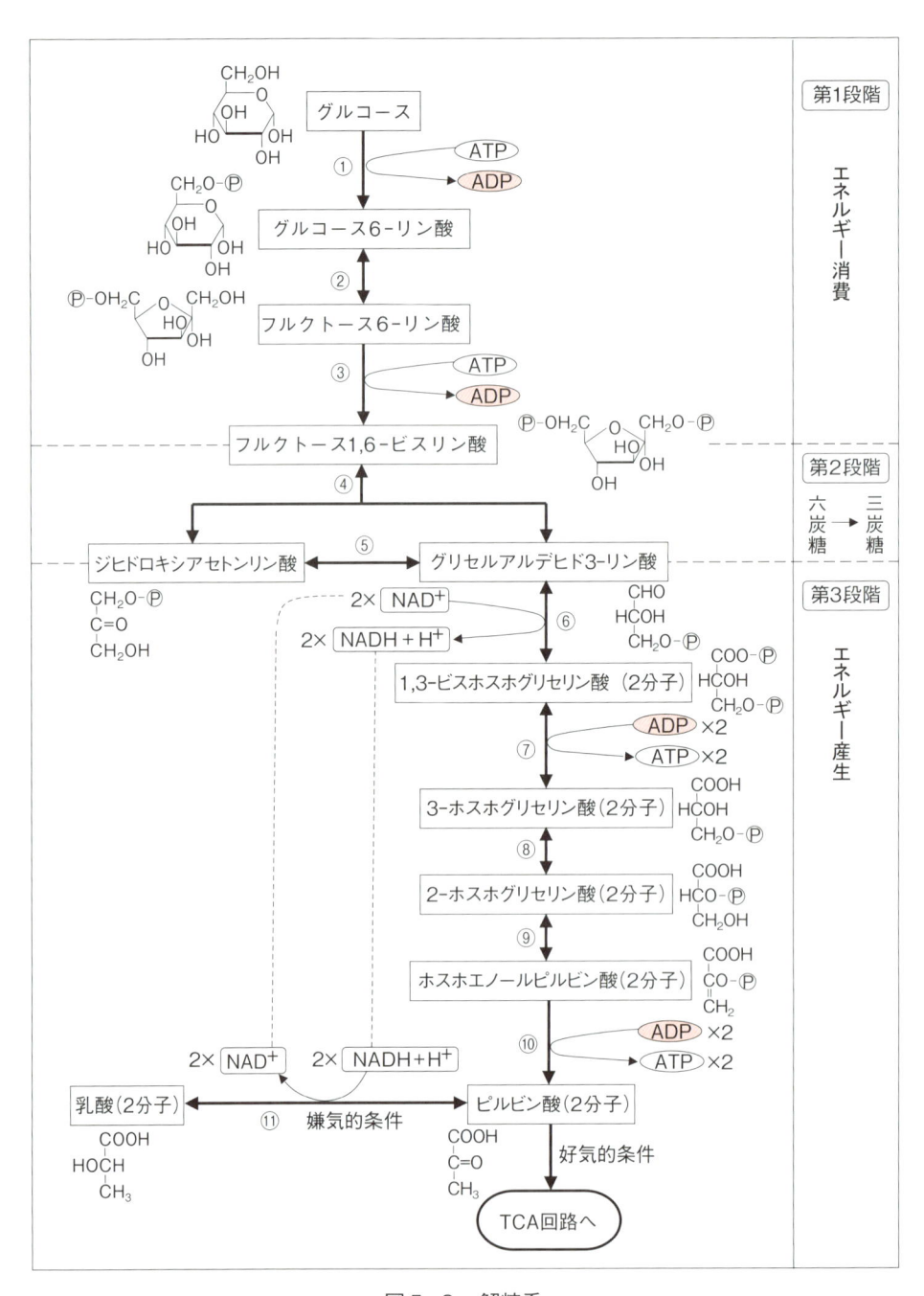

図5-3　解糖系
①，③，⑩の過程は不可逆過程である．

になる過程．
第2段階：フルクトース1,6-二リン酸（六炭糖）が2分子のグリセルアルデヒド3-リン酸（三炭糖）になる過程．
第3段階：グリセルアルデヒド3-リン酸からピルビン酸または乳酸を生じる過程．　4

分子のATPが生成される.

第1段階から第3段階までの過程で，差し引き2分子のATPができることになる．なお，図5-3の①から⑪の酵素反応の概要を表5-1（p.95）にまとめる．

このうち，①，③，⑩の3カ所は不可逆反応過程で，それぞれヘキソキナーゼ，ホスホフルクトキナーゼ，およびピルビン酸キナーゼの3種類の調節酵素によって，酵素活性レベルおよび酵素量レベルで反応が制御されている.

(1) ヘキソキナーゼ

ヘキソキナーゼは，グルコース，フルクトース，マンノースなどのヘキソースをリン酸化する酵素である．ATPのリン酸基をヘキソースに転移させる．この反応にはMg^{2+}を必要とする．肝臓では，グルコースに特異性が高いグルコキナーゼ（別名ヘキソキナーゼⅣ）が存在し，グルコースが優先的に代謝される．

(2) ホスホフルクトキナーゼ

フルクトース6-リン酸にATPのリン酸基を転移させて，フルクトース1,6-ビスリン酸にする反応を触媒する酵素である．アロステリック酵素（第3章参照）であり，AMP，ADPなどで活性化され，ATP濃度が増加すると反応が阻害される．さらにエネルギー代謝の基質として脂肪酸が用いられる場合には，β酸化からのアセチルCoA生成が優位となって，TCA回路のクエン酸が増加することによって本酵素が阻害され，グルコースの利用が抑制される．

(3) ピルビン酸キナーゼ

肝臓の1型ピルビン酸キナーゼはアロステリック酵素であり，ホスホフルクトキナーゼの生成物のフルクトース1,6-ビスリン酸によって活性化される．また，K^+も活性化剤である．インスリンによる肝酵素の誘導も認められる．高血糖によるインスリン分泌時には，グルコキナーゼの誘導により血糖の肝臓への取り込みと解糖への流入が起こる．増加したフルクトース1,6-ビスリン酸によってピルビン酸キナーゼが活性化され，解糖が促進される結果となる．

酸素が十分にある状態（好気的条件）では，ピルビン酸は，さらにミトコンドリアでアセチルCoAに変化してTCA回路に入り，多量のATPを産生しながらCO_2とH_2Oに酸化される．一方，酸素の供給のない状態（嫌気的条件）では，乳酸が最終生成物となる．この乳酸は細胞外に放出されて肝臓に運ばれる．激しい運動で酸素が不足する場合には，筋肉細胞で乳酸が蓄積し，筋肉疲労の原因ともなる．

5.1.2 TCA回路

好気的条件下では，解糖系で生じたピルビン酸がミトコンドリアに入って脱炭酸され，アセチルCoAになる．

$$2\,CH_3COCOOH \xrightarrow{\text{ピルビン酸デヒドロゲナーゼ複合体}} CH_3CO-S-CoA + CO_2$$

（ピルビン酸）　　　　　　　　　　　　　　　（アセチルCoA）

続いてアセチルCoAは **TCA回路**（tricarboxylic acid cycle）に入り，電子伝達系と連

5・1　糖質の分解

動して完全に酸化され，CO_2 と H_2O になる．

$$CH_3CO\text{-}S\text{-}CoA \longrightarrow [\text{TCA 回路}] \longrightarrow CO_2 + H_2O$$
　　アセチル CoA

① ミトコンドリアの構造と特性

図 5-4 に示すように，ミトコンドリア（mitochondria）は 2 枚の膜をもつ．外膜はなめらかで，細胞質との境界を形成する．外膜にはポーリンというチャンネルたんぱく質が埋め込まれており，これを介して水，イオン，有機酸など生体内の低分子化合物のほとんどが外膜を通過することができる．内膜は，クリステとよばれる内側に折れ曲がった構造をしており，表面積を大きくしている．内膜は非常に厳密な選択透過性をもち，膜に埋め込まれた輸送体やチャンネル分子によってのみ物質が出入りする．内膜によって囲まれたマトリックスは，エネルギー産生の代謝に含まれる多くの酵素や化学的中間体の濃縮された水溶液から成る．ミトコンドリアの酵素は，分子状酸素 O_2 による有機栄養物質の酸化を触媒する．これらの酵素のいくつかはマトリックスに，残りは内膜に埋め込まれている．

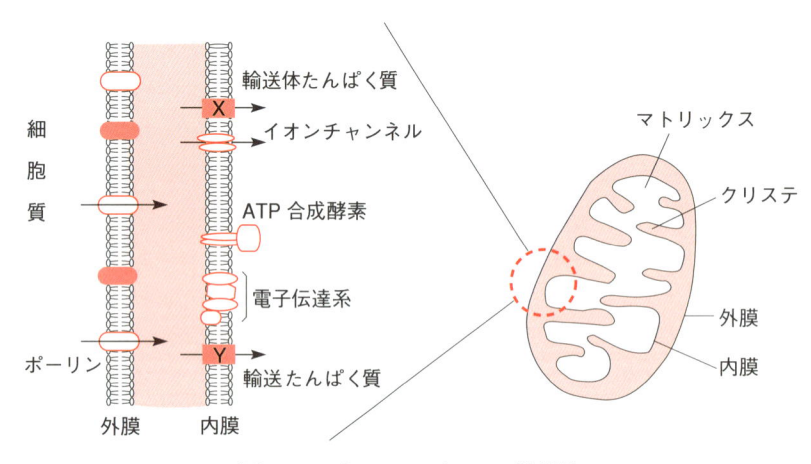

図 5-4　ミトコンドリアの膜構造

外膜にはポーリンや脂質合成の酵素が埋め込まれている．内膜には多くの酵素群や輸送たんぱく質などが埋め込まれている．

② TCA 回路（トリカルボン酸回路，クエン酸回路，クレブス回路）

解糖系で生成したピルビン酸は，ミトコンドリア内に入り，ピルビン酸デヒドロゲナーゼ複合体の作用によって，水素原子が遊離し，水素受容体である NAD^+ に渡され NADH となる．それ以外の部分は補酵素 A（CoA）と結合してアセチル CoA となり，同時に 1 分子の CO_2 が発生する．ピルビン酸デヒドロゲナーゼ複合体は，チアミン二リン酸，リポ酸，CoA，FAD，NAD^+ の五つの補酵素を必要とし，五つの連続する化学反応を同調的に速やかに行わせることができる．

ミトコンドリアのマトリックス中には，アセチル CoA のアセチル基を順次分解し，遊離する水素原子を NAD^+，FAD などの水素受容体に渡す反応回路が備わっている．これ

をTCA回路（tricarboxylic acid cycle）とよぶ．TCA回路は，クエン酸回路，あるいは発見者の名前にちなんでクレブス回路ともよばれる．TCA回路は，糖，脂質，アミノ酸などアセチルCoAを生じる代謝産物からエネルギーを取り出す中心経路である．また，この回路は多くの合成経路の原料分子を供給する．

TCA回路は八つのステップから成る（図5-5）．

① アセチルCoAのアセチル基はクエン酸シンターゼの働きによってオキサロ酢酸に移され，クエン酸となる．

② クエン酸はアコニターゼの働きによって，cis-アコニット酸を経由し，不可逆的にイソクエン酸に変化する．

③ イソクエン酸は，イソクエン酸デヒドロゲナーゼによる酸化的脱炭酸反応のために2-オキソグルタル酸に変化するとともに1分子のCO_2が発生する．このとき，2個の水素原子が遊離し，$NADH + H^+$を生成する．

④ 2-オキソグルタル酸は，2-オキソグルタル酸デヒドロゲナーゼ複合体によって，③とは異なる酸化的脱炭酸反応によりスクシニルCoAとCO_2に変換される．このとき，2個の水素原子が遊離して$NADH + H^+$を生成する．

⑤ スクシニルCoAはアセチルCoAと同様，加水分解の大きな負の標準自由エネルギー変化をもつチオエステル結合をもつ．スクシニルCoAシンテターゼの働きによってチオエステル結合が開裂し，遊離したエネルギーは，GTP（細菌類では直接ATPが生成する）の無水リン酸結合の合成に用いられる．結果としてコハク酸が生成する．TCA回路ではないが，生成したGTPからヌクレオシド二リン酸キナーゼの作用によりATPが合成される．この反応は基質レベルのリン酸化である．

⑥ コハク酸は，フラビンたんぱく質であるコハク酸デヒドロゲナーゼによって酸化さ

5・1　糖質の分解

Column　コラム　ミトコンドリア異常症

ミトコンドリアには環状DNAが含まれ，酸化的リン酸化に必要な酵素を構成する13のたんぱく質をコードしている．ミトコンドリアはすべて卵細胞に由来するため，ミトコンドリアDNA由来のたんぱく質は，母系遺伝に限る細胞質遺伝をする．その他のミトコンドリアたんぱく質は，核のDNAの情報からつくられてミトコンドリア内に輸送される．ミトコンドリアDNAは核のDNAとは異なり，ヒストンで保護されていないため，変異原物質などで容易に変化を受ける．

ミトコンドリア異常症は好気的エネルギー代謝の異常による障害を引き起こすが，ミトコンドリア依存性の高い骨格筋や神経系の症状を伴うことが多い．TCA回路や電子伝達系の異常では，解糖系が代償的に亢進して高乳酸血症を伴う．ミトコンドリアは一つの細胞に数千個が存在し，それぞれにDNAをもっている．したがって，正常なミトコンドリアと異常ミトコンドリアが混合する場合と，小さな変異や欠失が全ミトコンドリアに見られる場合がある．個体ごと，組織ごとに異常ミトコンドリアの分布が大きく異なるために，臨床症状は多彩である．

図5-5 TCA回路の反応

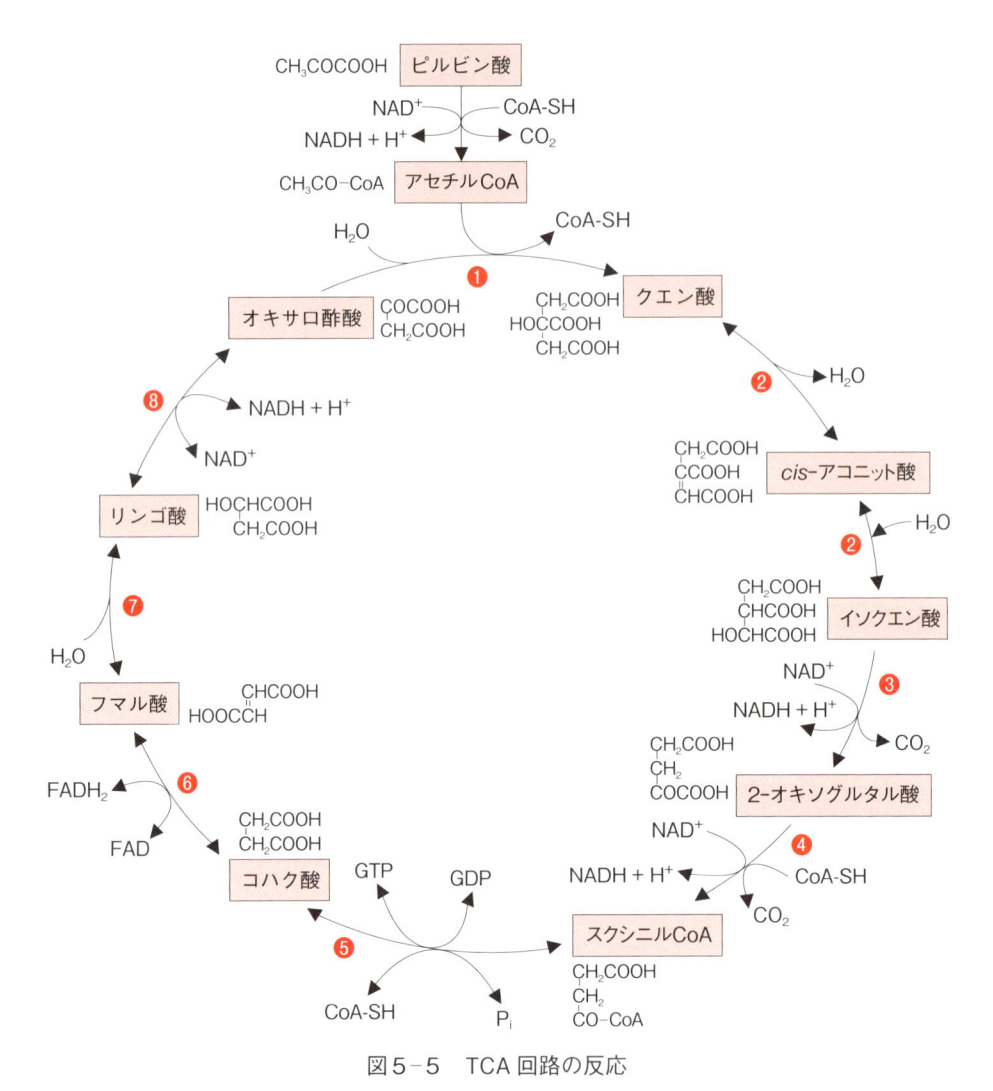

それぞれの反応に使われる酵素の名称は表5-2にまとめてある．

れ，フマル酸になる．このとき，フラビンに2個の水素原子が渡され，$FADH_2$ が生成する．

⑦ フマル酸はフマラーゼによって水和し，l-リンゴ酸が生成する．

⑧ TCA回路の最終反応では，リンゴ酸デヒドロゲナーゼがl-リンゴ酸のオキサロ酢酸への酸化を触媒する．この回路で生成したNADHや$FADH_2$ は，ミトコンドリア内膜に埋め込まれた電子伝達系において電子が取り出されるとともに，分子状酸素 O_2 によって酸化されて H_2O が生成する．

表5-2にTCA回路での生成物と標準自由エネルギー変化をまとめた．TCA回路では，炭素原子2個を含むアセチル基は，オキサロ酢酸と結合することによってこの回路に入る．イソクエン酸と2-オキソグルタル酸の酸化で CO_2 が2分子発生する．これらの酸化で遊離したエネルギーは，3分子のNADHと1分子の$FADH_2$ および1分子のGTP (ATP)

表5-2　TCA回路での反応

酵素名	生成物		$\Delta G^{\circ'}$ (kJ/mol)	反応の特徴
① クエン酸シンターゼ	クエン酸		-32.2	不可逆反応
② アコニターゼ	イソクエン酸		13.3	
③ イソクエン酸デヒドロゲナーゼ	2-オキソグルタル酸	$NADH + H^+, CO_2$	-20.9	不可逆反応
④ 2-オキソグルタル酸デヒドロゲナーゼ	スクシニルCoA	$NADH + H^+, CO_2$	-35.5	不可逆反応
⑤ スクシニルCoAシンテターゼ	コハク酸	GTP	-2.9	
⑥ コハク酸デヒドロゲナーゼ	フマル酸	$FADH_2$	0	
⑦ フマラーゼ	l-リンゴ酸		-3.8	
⑧ リンゴ酸デヒドロゲナーゼ	オキサロ酢酸	$NADH + H^+$	29.7	
			計 -52.3	

の産生で保存され，回路が1回転するとオキサロ酢酸が再生されることになる．しかしながら，CO_2 となった2個の炭素原子は，アセチル基の形で取り込まれた2個の炭素と同じではない．アセチル基の炭素が CO_2 として遊離するには，さらに回路が回転する必要がある．また，TCA回路では水素が取り出されることが主な反応であり，ATPの産生は，ミトコンドリア内膜における酸化的リン酸化によって行われる．

5.1.3　グルコースからのATP生産

　糖質はあらゆる動物の主要なエネルギー源で，糖質の異化反応により得られたエネルギーにより生命活動を維持している．糖質からATPを得るためには，まず**解糖系**（glycolytic pathway）という経路を経る．グルコースは解糖系によって，三炭素酸のピルビン酸（好気的）や乳酸（嫌気的）に変化する．ピルビン酸からアセチルCoAが生成し，**TCA回路**（tricarboxylic acid）により二酸化炭素と H_2 を生じる．この H_2 は電子伝達系（electron transport system）での酸化的リン酸化により酸化されて水となり，このとき多くのATPが生産される．図5-6で示したように糖質だけでなく，脂質は β 酸化によりアセチルCoAとなり，アミノ酸は脱アミノ反応により各種有機酸になることで，いずれもTCA回路に入り分解され，ATPを生成する．ここでは，糖質の分解（解糖系，TCA回路，電子伝達系）により生じるATPについて述べる．解糖系は細胞質ゾル，TCA回路はミトコンドリアのマトリックス，電子伝達系はミトコンドリア内膜で行われる．

（1）解糖系

　解糖系では，グルコース1分子が10段階の反応を経てピルビン酸2分子になる（図5-3参照）．この過程で，ATPは2分子消費され，後に4分子のATPが生産されるため，正味2分子のATPを生じる．また $NADH+H^+$ は2分子生じる．嫌気的条件下では，ピルビン酸が還元されて乳酸になるときに $NADH+H^+$ が再酸化されて NAD^+ になる．好気的条件下では，$NADH+H^+$ がミトコンドリア内でのATPの生成に利用される．しかし解

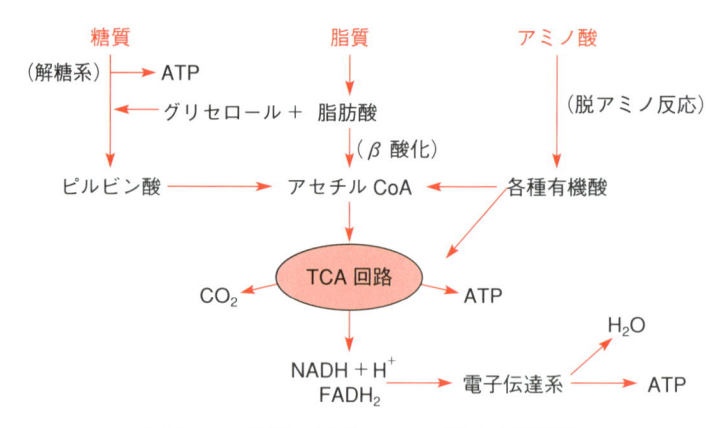

図5-6 糖質，脂質，アミノ酸の分解経路

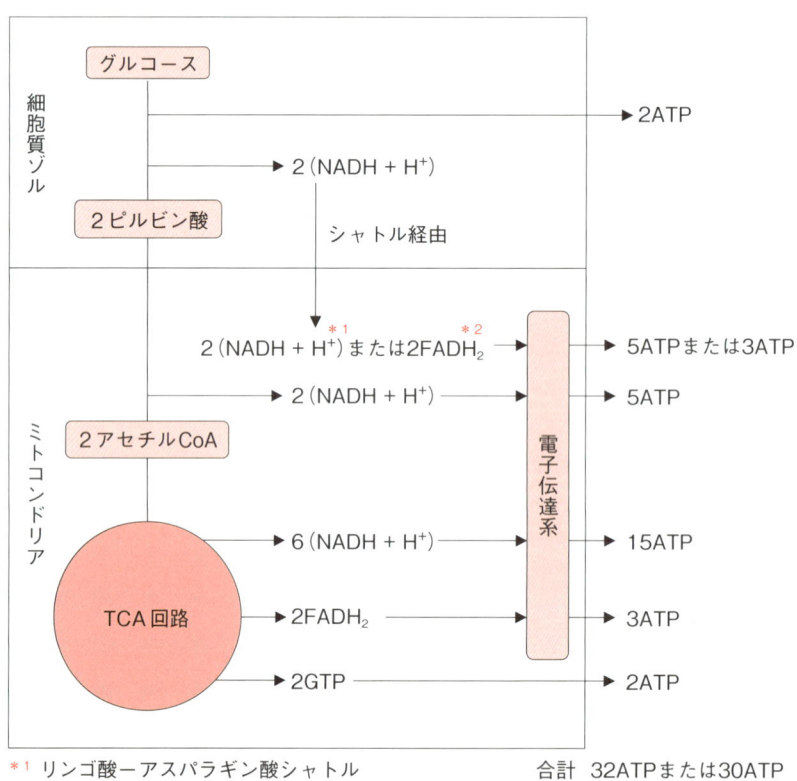

*1 リンゴ酸－アスパラギン酸シャトル
*2 グリセロールリン酸シャトル

合計 32ATPまたは30ATP

図5-7 グルコースの完全酸化とATP生成量

糖系は細胞質ゾルで行われ，$NADH+H^+$ はミトコンドリア膜を通過できないため，実際には $NADH+H^+$ の還元当量の水素が，グリセロールリン酸シャトルまたはリンゴ酸－アスパラギン酸シャトルの2種類のシャトル機構を利用して輸送される．グリセロールリン酸シャトルは骨格筋や脳で活発に働いており，水素がFADに渡されて $FADH_2$ を生じる．リンゴ酸－アスパラギン酸シャトルは肝臓，腎臓，心臓で活発に働いており，水素が

NAD$^+$に渡されてNADH+H$^+$を生じる.

（2）TCA回路，電子伝達系

ピルビン酸はアセチルCoAになった後，好気的条件下でさらにTCA回路と電子伝達系（図4-6参照）で完全に酸化される．この過程で，基質レベルのリン酸化や酸化的リン酸化によりATPが合成される（図5-5参照）．

ピルビン酸2分子からアセチルCoAを経てTCA回路を1回転する間に，8分子のNADH+H$^+$，2分子のFADH$_2$，さらに基質レベルのリン酸化により2分子のGTP（ATP）が生じる．NADH+H$^+$，FADH$_2$はミトコンドリア内膜の電子伝達系に入って，酸化還元酵素（複合体Ⅰ，Ⅱ，Ⅲ，Ⅳ）やコエンザイムQ，シトクロムcに電子を渡して一連の酸化還元反応を起こさせ，最終的に水素が酸素と結合して水が生成する．このとき，酸化的リン酸化によりATPが合成される（4.3節参照）．酸化的リン酸化では，NADH+H$^+$から約2.5分子のATPが，FADH$_2$からは約1.5分子のATPが合成される．図5-7に，グルコース1分子が完全酸化した場合のATPの生成量を示す.

5.2　糖新生

血糖（blood sugar, blood glucose）は各組織のエネルギー源で，とくに脳や赤血球はグルコースを主なエネルギー源としている．そのため絶食などで糖質の供給が不十分になると，血糖を維持するために，糖質以外のものからグルコースをつくり出す．この経路を糖新生（glyconeogenesis）という（図5-8）．糖新生の材料となる主なものは，アミノ酸（糖原性アミノ酸），乳酸およびグリセロールである.

糖新生は，解糖系とは逆のプロセスである．解糖系で不可逆反応の部分は，図5-8の①，②，③，④で示したように別の酵素反応で進む.

（1）ピルビン酸→ホスホエノールピルビン酸（図5-8　①，②）

糖新生では，ミトコンドリア内のピルビン酸を，ピルビン酸カルボキシラーゼの作用によってオキサロ酢酸に変換する．このときATPが消費される．生じたオキサロ酢酸はミトコンドリア膜を通過できないため，リンゴ酸デヒドロゲナーゼの作用によりリンゴ酸の形にして細胞質ゾルへ送り出す．細胞質ゾルのリンゴ酸は，リンゴ酸デヒドロゲナーゼの作用でオキサロ酢酸になり，ホスホエノールピルビン酸カルボキシラーゼの作用によりホスホエノールピルビン酸となる（図5-9）.

（2）フルクトース1,6-ビスリン酸→フルクトース6-リン酸（図5-8　③）

フルクトース1,6-ビスリン酸は，フルクトース1,6-ビスホスファターゼの作用により加水分解されてフルクトース6-リン酸になる.

（3）グルコース6-リン酸→グルコース（図5-8　④）

グルコース6-リン酸は，グルコース6-ホスファターゼの作用により加水分解されてグルコースになる．この酵素は，肝臓で活性が高く，骨格筋には存在しない.

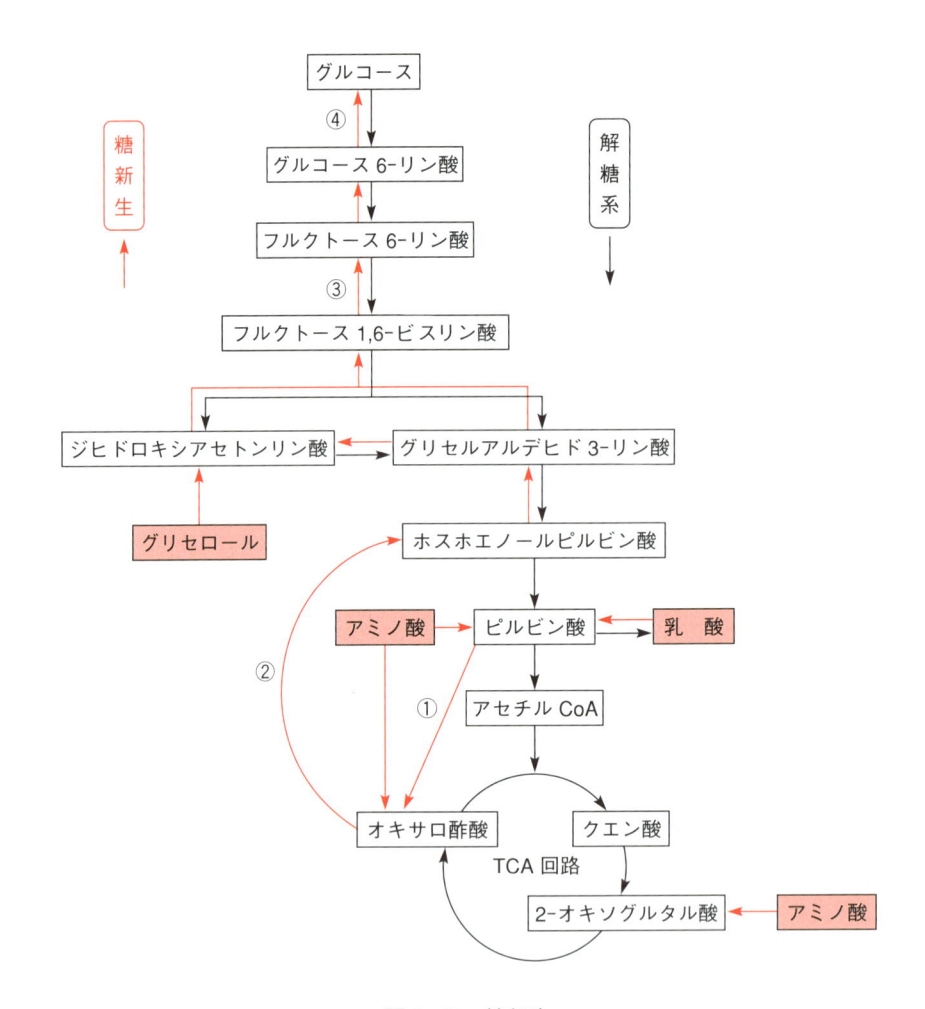

図5-8 糖新生

解糖系で不可逆反応の部分は，①，②，③，④の別の酵素反応で進む．それぞれの反応に関与する酵素は，① ピルビン酸カルボキシラーゼ，② ホスホエノールピルビン酸カルボキシナーゼ，③ フルクトース-1,6-ビスホスファターゼ，④ グルコース-6-ホスファターゼである．

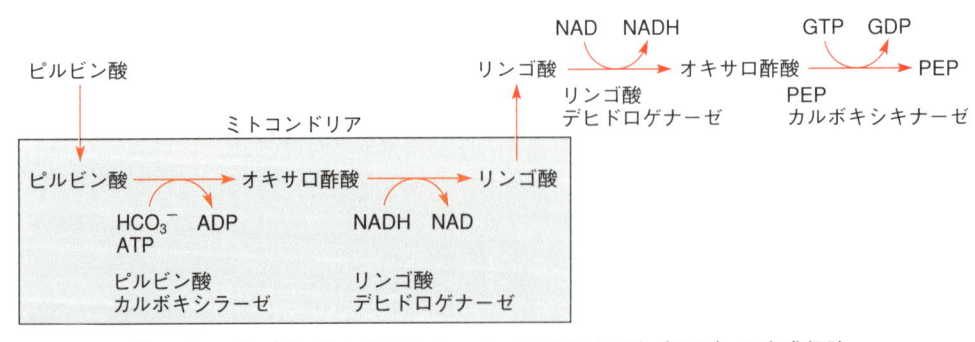

図5-9 ピルビン酸からホスホエノールピルビン酸（PEP）の生成経路

5.2.2 コリ回路

赤血球にはミトコンドリアがないため，解糖系で嫌気的に生じた乳酸が血中に放出されて肝臓へ送られ，肝臓で糖新生により再びグルコースとなって赤血球に戻される．この経路はコリ夫妻によって発見されたため，コリ回路（Cori cycle）とよばれている．コリ回路は筋肉と肝臓の間でも存在し，筋肉の激しい運動で生じた乳酸は肝臓に運ばれて糖新生によりグルコースとなり，再び筋肉で供給される（図5-10）．

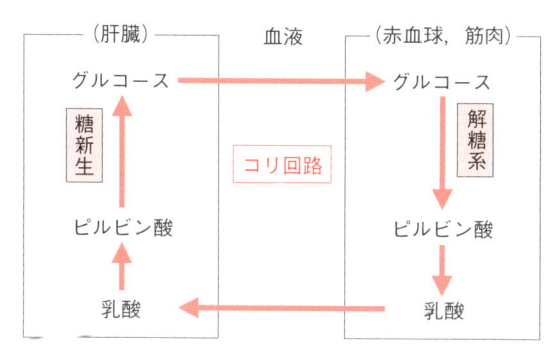

図5-10　コリ回路

5.2.3 グルコース-アラニン回路

コリ回路と同様，肝臓で糖新生により生じたグルコースを筋肉に供給する回路である．筋肉において，解糖系で生成したピルビン酸はアミノトランスフェラーゼというアミノ基転移酵素によりアラニンに変換され，肝臓に運ばれてアラニンアミノトランスフェラーゼの作用により再びピルビン酸となる．ピルビン酸は糖新生を経てグルコースになり筋肉に供給される．飢餓状態では，筋肉のたんぱく質の分解により生じたアラニンもグルコース-アラニン回路によってグルコースに変換される（図5-11）．

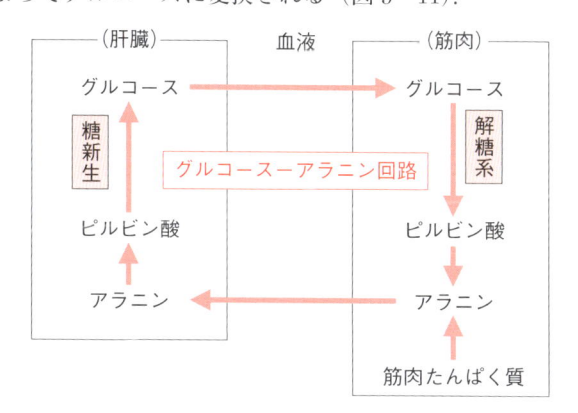

図5-11　グルコース-アラニン回路

5.3　グリコーゲンの合成と分解の調節

グルコースは血糖となって各組織に運ばれて酸化分解され，エネルギーをつくり出して

図5-12 グリコーゲンの合成と分解
　　　　→ 合成．　→ 分解．

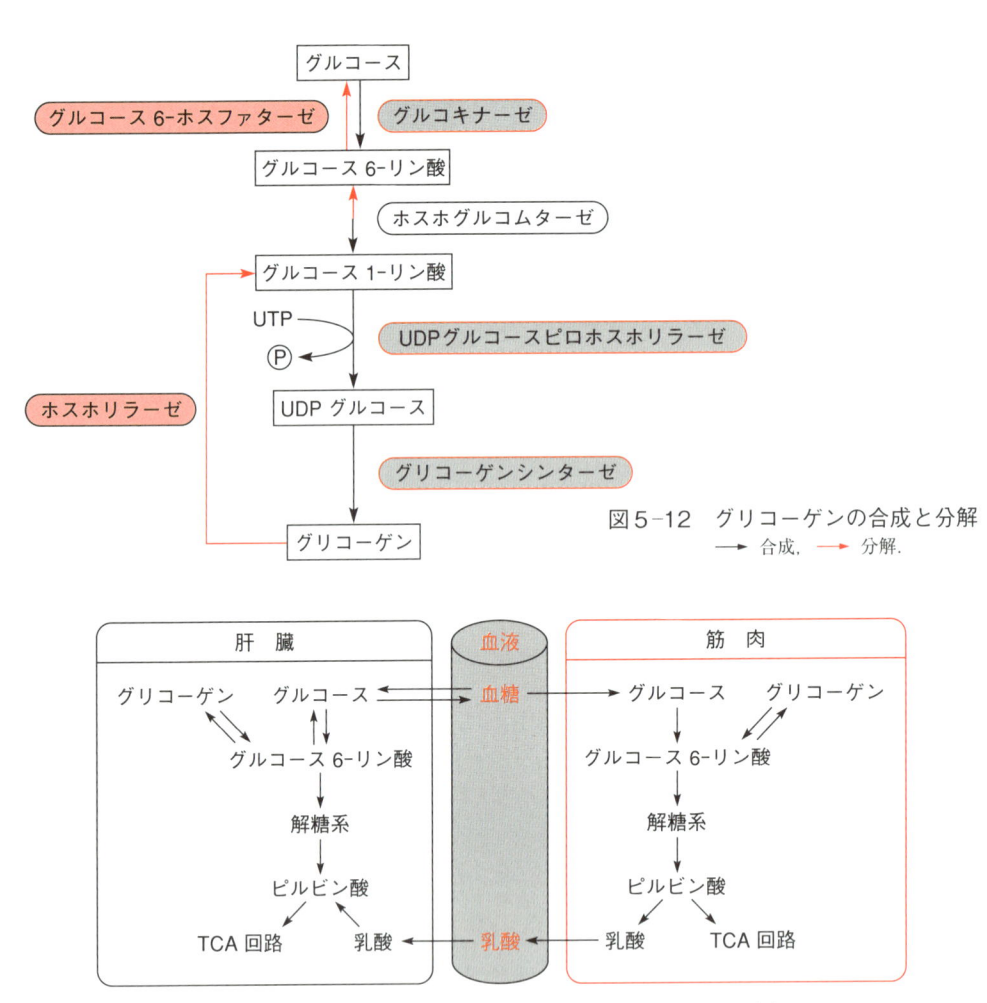

図5-13 肝臓と筋肉における糖代謝と血糖との関係

いるが，余剰のグルコースは**グリコーゲン**（glycogen）として，主として肝臓や筋肉に蓄えられる．そして再び細胞内でグルコースが必要になると，肝臓のグリコーゲンは分解されて血糖となる．一方，筋肉に蓄えられたグリコーゲンは分解されても血糖とならず，そのまま筋肉細胞の解糖系に導入されて，筋肉のエネルギー源として利用される．これは，筋肉にはグルコース6-リン酸をグルコースに変える糖新生系の酵素であるグルコース6-ホスファターゼがないためである．図5-12にグリコーゲンの合成と分解の経路，図5-13に肝臓と筋肉における糖代謝と血糖との関係を示す．

5.3.1　グリコーゲン合成

　グリコーゲンの合成では，まず，グルコースがヘキソキナーゼ（肝臓ではグルコキナーゼ）の作用によりグルコース6-リン酸になる．さらに，ホスホグルコムターゼによってグルコース1-リン酸になる．グルコース1-リン酸は，UDPグルコースピロホスホリラーゼの作用でUTP（ウリジン三リン酸）と反応してUDPグルコースとなる．UDPグルコ

ースは，すでにあるグリコーゲンの鎖の末端にα-1,4グリコシド結合し，鎖が延長される．ある程度鎖が延びると，分枝酵素が働いてα-1,6の枝分かれをつくる．

UDPグルコースの構造

5.3.2 グリコーゲン分解

グリコーゲンの分解は，合成とは異なる経路で行われる．ホスホリラーゼの作用でグリコーゲン鎖からグルコースが離れて，グルコース1-リン酸を生じる．さらにグルコース6-リン酸になり，筋肉ではそのまま解糖系に入る．

一方，肝臓ではグルコース-6-ホスファターゼの作用によってグルコースとなり，血糖として利用される．

5.4 血糖調節

血糖値は食事の摂取の有無により多少の変動はあるが，常に70～150 mg/dLの範囲を保っている．血糖値を一定に保つ調整機構としては，糖代謝（解糖，糖新生，グリコーゲンの合成と分解）に加えて，ホルモンが重要な役割を果たしている．グルカゴン（膵島A細胞），グルココルチコイド（副腎皮質ホルモン），アドレナリン（副腎髄質ホルモン）は血糖値を上昇させ，インスリン（膵島B細胞）は血糖値を低下させる方向で働く（図5-14）．

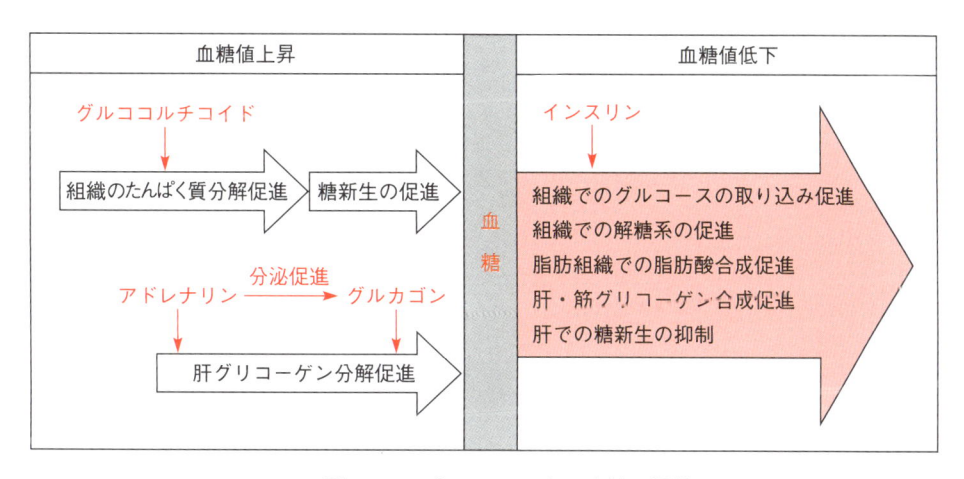

図5-14 ホルモンによる血糖の調節

5.5 ペントースリン酸回路

六炭糖のグルコースから，グルコース 6-リン酸を経て五炭糖のリボース 5-リン酸を生成する代謝系を，ペントースリン酸回路（pentose phosphate cycle）という（図 5-2 参照）．生成したリボース 5-リン酸は，核酸の構成成分として利用される．この代謝系では，NADP が還元されて NADPH が生成される．NADPH は脂肪酸やコレステロール，核酸の合成に用いられる．ペントースリン酸回路は，脂肪や核酸の生合成が盛んな肝臓，脂肪組織，乳腺，副腎などに存在する．

5.6 グルクロン酸回路

この代謝回路で生じる UDP グルクロン酸は，生体内薬物代謝の解毒機構の一つであるグルクロン酸抱合を行う．グルコースから UDP グルコースを経て（ここまではグリコーゲンの合成と同じである），UDP グルクロン酸となり，グルクロン酸，グロン酸が生成される．グルクロン酸は，結合組織の構成多糖類であるヒアルロン酸やコンドロイチン硫酸の材料となる．ヒト，サル，モルモット以外の動物は，グロン酸からビタミン C を合成する．

5.7 フルクトース，ガラクトース，マンノースの代謝

図 5-15 にフルクトース，ガラクトースおよびマンノースの代謝の概要を示す．これらの糖の代謝もグルコースと同様，リン酸化で始まる．引き続きそれぞれ特定の酵素による反応を受け，解糖系に入って代謝される．

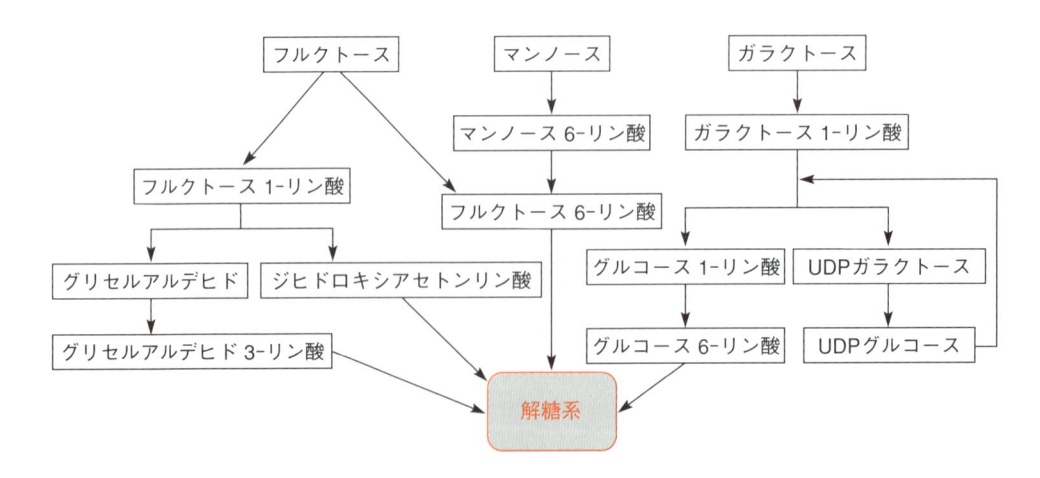

図 5-15　フルクトース，マンノース，ガラクトースの代謝

5.7.1　フルクトースの代謝

フルクトース (fructose) は果物に含まれるが，スクロースの消化分解によっても生じる．フルクトースの代謝は，主として肝臓で行われる．フルクトースが解糖系に入る経路は2通りある．一つは，ヘキソキナーゼの作用で直接リン酸化されて，解糖系の中間代謝産物であるフルクトース 6–リン酸になり代謝される経路である．もう一つは，フルクトキナーゼの作用によりフルクトース 1–リン酸になってから，三炭糖のグリセルアルデヒドとジヒドロキシアセトンリン酸に分かれ，それぞれが解糖系に入って代謝される経路である．

5.7.2　ガラクトースの代謝

ガラクトース (galactose) は単独で存在することは少なく，乳汁中に存在するラクトース（乳糖）や糖たんぱく質の成分として存在している．ガラクトースもフルクトース同様，肝臓で代謝されるが，フルクトースより複雑である．ガラクトースは，まず，ガラクトキナーゼの作用によってガラクトース 1–リン酸になる．次に，ガラクトース–1–リン酸ウリジルトランスフェラーゼの作用により，UDP グルコースと反応して，UDP ガラクトースとグルコース 1–リン酸を生じる．UDP ガラクトースは異性化反応により UDP グルコースになり，再びガラクトース 1–リン酸と反応する．この繰返しサイクルにより，多量のガラクトース 1–リン酸がグルコース 1–リン酸に変換されて，その後，解糖系に導入される．

5.7.3　マンノースの代謝

こんにゃくに多く含まれるマンナンは，マンノース (mannose) が鎖状に結合した大きな分子（高分子）で，消化されない．マンノースの代謝は，主として食物中のマンノースを含む糖たんぱく質に由来する．そのため，他のグルコース，フルクトース，ガラクトースと異なり，エネルギー源としての利用価値は低い．マンノースは，2段階の反応で解糖系の中間代謝産物であるフルクトース 6–リン酸になり，解糖系に合流して代謝される．

予想問題

1 糖質の代謝に関する記述である．正しいものの組合せはどれか．
 a．解糖系の反応は，すべてミトコンドリア内で進行する．
 b．脂肪の分解で生じた脂肪酸は糖新生の材料となる．
 c．解糖系では，グルコース 1 分子から 2 分子のピルビン酸が生じる．
 d．ペントースリン酸回路では NADH が生成する．
 e．解糖系の中間代謝産物であるホスホエノールピルビン酸は，高エネルギーリン酸化合物である．
　(1) a と b　(2) a と c　(3) b と d　(4) c と e　(5) d と e

2 糖質の代謝に関する記述である．正しいものの組合せはどれか．

a．筋肉中のグリコーゲンは分解されて血糖に供給される．
b．グルカゴンはグリコーゲンの合成を促進する．
c．糖新生が促進されると血糖値が上昇する．
d．グリコーゲンの合成は，分解とは異なる経路で行われる．
e．食物からの糖の供給が不十分な場合，糖原性アミノ酸のほか，乳酸や脂肪酸からグルコースが生成される．
　(1) a と b　(2) a と e　(3) b と c　(4) b と d　(5) c と d

3 糖質の代謝に関する記述である．正しいものの組合せはどれか．
a．肝臓で生成した乳酸は，筋肉に運ばれてグルコースに再生される．
b．グリコーゲン合成の前駆体は UDP グルコースである．
c．解糖系のグルコースからグルコース 6-リン酸になる過程は，可逆過程である．
d．インスリンは細胞へのグルコースの取り込みを抑制する．
e．ペントースリン酸回路の中間体であるリボース 5-リン酸は，核酸の材料となる．
　(1) a と b　(2) a と d　(3) b と d　(4) b と e　(5) c と e

4 解糖と TCA 回路に関する記述である．正しいものの組合せはどれか．
a．TCA 回路ではグルコース 2 分子当たり 20 分子の ATP を生じる．
b．ミトコンドリア内で基質レベルにおけるリン酸化によっても ATP を生じる．
c．1 分子のグルコースは解糖経路によって 2 分子のピルビン酸に分解される．
d．好気的条件では，ピルビン酸はピルビン酸脱水素酵素系の働きによって酸化と脱炭酸を受けて乳酸となる．
e．グルコース 1 分子当たりの ATP の産生量は TCA 回路より解糖系のほうが多い．
　(1) a と b　(2) a と d　(3) a と e　(4) b と c　(5) c と d

6章
脂質の代謝

　脂質（lipid）は生体膜の主要な構成成分であり，動物体，植物体，微生物に広く分布している．同時に，その脂質クラスや分子種は多種多様であり，生物の種類によって特徴的な分布がみられるが，脂質代謝の面でも生物種固有の生合成経路と共通する経路がある．しかしそれらは，① 脂質合成酵素による脂質の同化と，② 脂質分解酵素による脂質の異化に大別できる．また，ヒトにおける脂質の主要な役割には，① 食糧の代謝過程での余分なエネルギーを**脂肪細胞**（adipocyte）中に蓄える，② 細胞膜の構成成分として，化学的に異なる細胞内外の環境を分離する，③ 内分泌系などで化学メッセンジャーとして働くことがあげられる．

6.1　脂肪酸の貯蔵と動員

　ヒトは生命維持に必要なエネルギーを，三大栄養素（炭水化物，たんぱく質，脂質）の代謝によって得ている．脂質の定義（2.3節参照）に当てはまり，エネルギー源として利用される脂質は，動植物油脂およびそれらの加工油脂に限られる．油脂の代謝によって得られるエネルギーは 9 kcal/g であり，炭水化物やたんぱく質の 4 kcal/g と比べて非常に大きい．これは，油脂の分子構造を形成する**トリアシルグリセロール**（triacylglycerol，トリアシルグリセリン，トリグリセリドともいう）が，十二指腸で膵臓リパーゼにより**脂肪酸**（fatty acid）と**グリセリン**（glycerin）に加水分解され，生成した脂肪酸が酸化分解される際の発熱反応に基づく．

　食物を摂取すると，それに含まれるトリアシルグリセロールは口腔内では変化せず，胃の熱と撹拌により小滴を形成するが，この過程は炭水化物やたんぱく質の分解や消化よりも長時間を要する．したがって，油脂を含んだ食物を摂取すると満腹感が長く持続することになる．トリアシルグリセロールを主成分とする脂質は水に不溶であるが，水系の腸管内を移動するために形成された小滴は，十二指腸に分泌される胆汁酸により乳化され，膵臓から分泌されるリパーゼ（膵臓リパーゼ）により加水分解される．この際，次式のように膵臓リパーゼはトリアシルグリセロールの 1,3 位のエステル結合に作用するため，1,2-ジアシルグリセロールを経て，2-モノアシルグリセロールと脂肪酸（RCOOH）に分解さ

$$\begin{array}{c}\text{CH}_2\text{OCOR}\\\text{CHOCOR}\\\text{CH}_2\text{OCOR}\end{array} \xrightarrow{\text{膵臓リパーゼ}} \begin{array}{c}\text{CH}_2\text{OCOR}\\\text{CHOCOR}\\\text{CH}_2\text{OH}\end{array} + \text{RCOOH} \xrightarrow{\text{膵臓リパーゼ}} \begin{array}{c}\text{CH}_2\text{OH}\\\text{CHOCOR}\\\text{CH}_2\text{OH}\end{array} + \text{RCOOH}$$

トリアシルグリセロール　　　　　1,2-ジアシルグリセロール　　　　　2-モノアシルグリセロール

れる.

　2-モノアシルグリセロールは，胆汁酸や脂肪酸とともに**ミセル**（micelle）を形成して小腸上皮細胞内に吸収されるが，小腸上皮細胞内でトリアシルグリセロールに再合成され，リン脂質，コレステロール，およびたんぱく質とともに血液中の脂質を輸送するリポたんぱく質の一種である**キロミクロン**（chylomicron, カイロミクロンともいう）を形成し，リンパ管に取り込まれる．また，2-モノアシルグリセロールの一部は異性化酵素イソメラーゼによってアシル基がグリセリン骨格の1位に転移した1-モノアシルグリセロールに変換された後，膵臓リパーゼによって脂肪酸とグリセリンに分解されて吸収されるが，グリセリンは門脈に入る．

$$\begin{array}{c}\text{CH}_2\text{OH}\\\text{CHOCOR}\\\text{CH}_2\text{OH}\end{array} \xrightarrow{\text{イソメラーゼ}} \begin{array}{c}\text{CH}_2\text{OCOR}\\\text{CHOH}\\\text{CH}_2\text{OH}\end{array} \xrightarrow{\text{膵臓リパーゼ}} \text{RCOOH} + \begin{array}{c}\text{CH}_2\text{OH}\\\text{CHOH}\\\text{CH}_2\text{OH}\end{array}$$

2-モノアシルグリセロール　　1-モノアシルグリセロール　　　脂肪酸　グリセリン

6.2　脂質の分解と合成

6.2.1　飽和脂肪酸の分解

（1）脂肪酸酸化の調節

　2か所で調節されている．

1）脂肪組織におけるトリアシルグリセロールの分解

　脂肪組織に貯蔵されているトリアシルグリセロールは，グルカゴンの作用により，サイクリックAMP（cAMP）によってプロテインキナーゼAを介してリン酸化されて活性化されたホルモン感受性リパーゼの作用により分解され，脂肪酸とグリセリンとなり，血中に放出される．グリセリンは組織内で解糖に利用されるほか，脂肪合成の基質としても利用される．

2）肝臓などの細胞内におけるアシル基のミトコンドリア内への輸送

　脂肪酸は肝臓，心臓に運ばれてβ酸化に利用されるが，細胞内に入った後，アシルCoAになり，ついでアシルカルニチンの形でミトコンドリア内膜を通過する．この反応を触媒するミトコンドリア外膜のカルニチンアシル転移酵素I（CPT I）は，グルカゴンによって転写が促進され，インスリンによって抑制される．ミトコンドリア内に輸送されたアシル基は，再びアシルCoAとなってβ酸化経路に入る（図6-1）．

　したがって，絶食時ではグルカゴンによって脂肪分解が促進するとともに，アシル

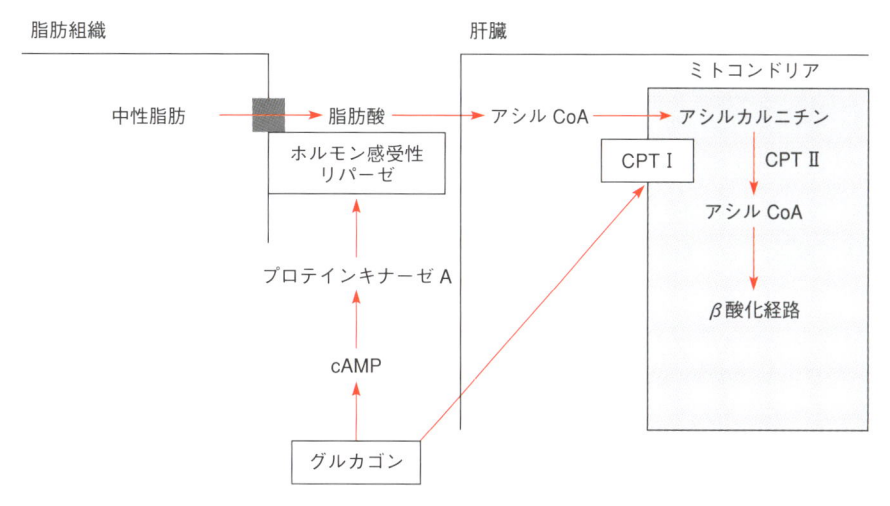

図6-1 貯蔵脂質からの脂肪酸の動員と脂肪酸酸化の調節

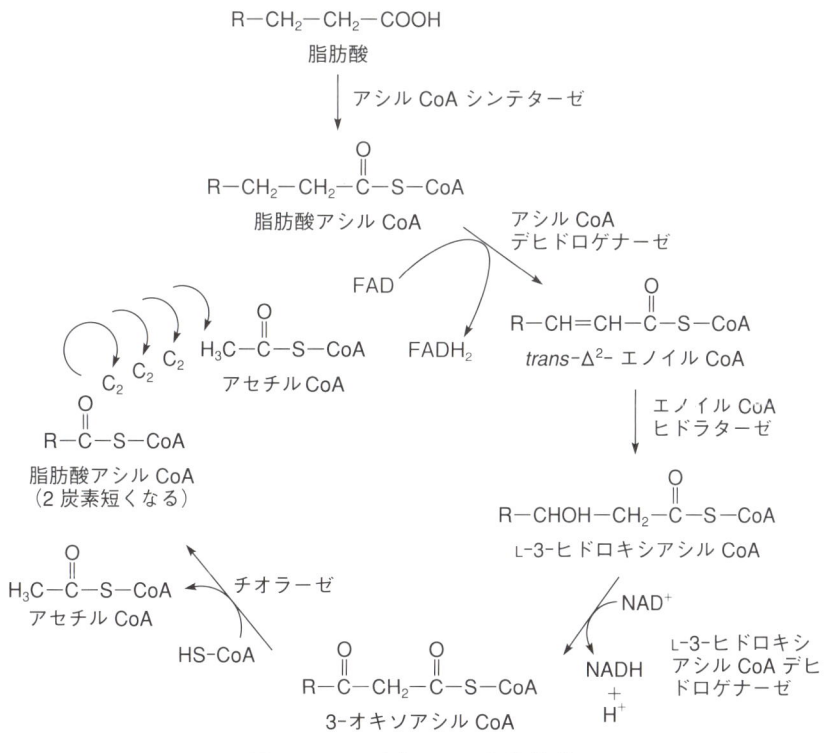

図6-2 β酸化による脂質代謝

6・2 脂質の分解と合成

CoA のミトコンドリアへの輸送促進により, β酸化が促進される.

脂質 (lipid) は, 生体膜, 血液, 貯蔵脂肪の構成成分として重要な役割を果たしているが, エネルギー源としても重要な物質である. とくにトリアシルグリセロールはグリコーゲンとともに動物の主要な貯蔵エネルギー源で, グリコーゲンが数十分の筋収縮のために

使われるのに対し，トリアシルグリセロールはマラソン選手などに必要な持続した運動のために使われる．またその脂肪酸は，貯蔵エネルギー源としては，アミノ酸や単糖よりも効率的である．

脂肪酸は，一度に炭素2個を分解する経路で酸化されるが，この経路は脂肪酸の β 位の炭素が酸化されるので**β酸化経路**（β-oxidation pathway）とよばれる（図6-2）．

(2) 脂肪酸酸化と糖新生の連動機構

β 酸化の結果，NADHレベルが上昇するとともにアセチルCoAの生成も増大するため，TCA回路のクエン酸レベルが増加する．クエン酸は解糖のホスホフルクトキナーゼの阻害剤として働き，解糖を抑制する．アセチルCoAの上昇は，糖新生の律速酵素ピルビン酸カルボキシラーゼを活性化するとともに，β 酸化で生成したNADHが糖新生の基質として用いられるため，全体として解糖の阻害と糖新生の促進を引き起こす．結果として，脂肪酸酸化の促進は糖新生を促進することになる．逆に，脂肪酸酸化を阻害する薬毒物は糖新生を抑制し，低血糖などを引き起こすことが知られている．

6.2.2 不飽和脂肪酸の分解

食物として摂取する**油脂**（oils and fats）*を構成する**不飽和脂肪酸**（unsaturated fatty acid）の二重結合はシス形構造をとっているが，脂肪酸の β 酸化（次頁コラム参照）の第一段階で生成するエノイル CoA はトランス構造をとる．それゆえ，不飽和脂肪酸が β

$CH_3-(CH_2)_7-CH=CH-(CH_2)_5-CH_2CH_2-COOH$　オレイン酸 (cis-Δ^9-C18:1)
　　　CoASH ↓ アシル CoA シンターゼ
$CH_3-(CH_2)_7-CH=CH-(CH_2)_5-CH_2CH_2-CO-SCoA$　アシル CoA
　　　FAD ↓ アシル CoA デヒドロゲナーゼ
$CH_3-(CH_2)_7-CH=CH-(CH_2)_5-CH=CH-CO-SCoA$　trans-Δ^2, cis-Δ^9-エノイル CoA
　　　H_2O ↓ エノイル CoA ヒドラーゼ
$CH_3-(CH_2)_7-CH=CH-(CH_2)_5-CH(OH)-CH_2-CO-SCoA$　β-ヒドロキシアシル CoA
　　　NAD^+ ↓ β-ヒドロキシアシル CoA デヒドロゲナーゼ
$CH_3-(CH_2)_7-CH=CH-(CH_2)_5-CO-CH_2-CO-SCoA$　3-オキソアシル CoA
　　　CoASH ↓ 3-オキソアシルチオラーゼ
$CH_3-(CH_2)_7-CH=CH-(CH_2)_5-CO-SCoA$　アシル CoA
　　　　↓ 2回目の β 酸化
　　　　↓ 3回目の β 酸化
$CH_3-(CH_2)_7-CH=CH-CH_2-CO-SCoA$　アシル CoA
　　　　↓ エノイル CoA イソメラーゼ
$CH_3-(CH_2)_7-CH_2-CH=CH-CO-SCoA$　trans-Δ^2-エノイル CoA
　　　　↓ β 酸化の続き

（1回目の β 酸化／トランス異性化）

図6-3　オレイン酸の酸化分解機構

* 油脂の化学構造は，グリセリンに飽和あるいは不飽和の長鎖脂肪酸3分子がエステル結合している．常温で液体のものを油といい，固体のものを脂肪という．

酸化を受けるためには，エノイル CoA イソメラーゼによってシス形からトランス形に異性化される必要がある．

　図 6-3 に示したように，オレイン酸は β 酸化を 3 回受けた後に，エノイル CoA イソメラーゼにより trans-Δ^2-エノイル CoA に異性化され，再び β 酸化を繰り返す．

　天然に存在するほとんどの長鎖不飽和脂肪酸は C-9 位にシス形二重結合があり，二重結合が二つ以上ある場合には二重結合間にメチレン基（-CH$_2$-）を一つ挟む構造をとっている．たとえば，n-9 系脂肪酸であるオレイン酸（C18:1，炭素数 18 で二重結合一つを意味する）は C-9 位にシス形二重結合一つを，n-6 系脂肪酸であるリノール酸（C18:2）

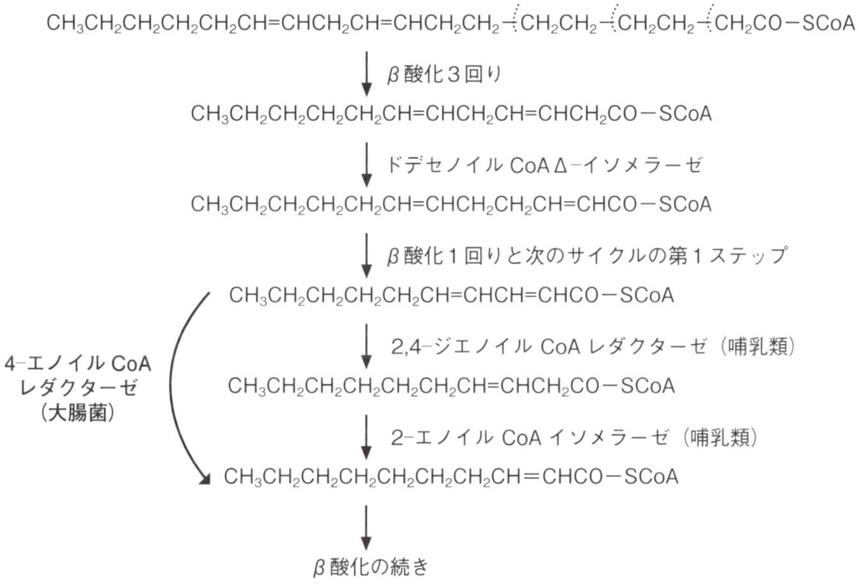

CH$_3$CH$_2$CH$_2$CH$_2$CH$_2$CH=CHCH$_2$CH=CHCH$_2$CH$_2$CH$_2$CH$_2$CH$_2$CO-SCoA
↓ β 酸化 3 回り
CH$_3$CH$_2$CH$_2$CH$_2$CH$_2$CH=CHCH$_2$CH=CHCH$_2$CO-SCoA
↓ ドデセノイル CoA Δ-イソメラーゼ
CH$_3$CH$_2$CH$_2$CH$_2$CH$_2$CH=CHCH$_2$CH=CHCO-SCoA
↓ β 酸化 1 回りと次のサイクルの第 1 ステップ
CH$_3$CH$_2$CH$_2$CH$_2$CH$_2$CH=CHCH=CHCO-SCoA

（4-エノイル CoA レダクターゼ（大腸菌））

↓ 2,4-ジエノイル CoA レダクターゼ（哺乳類）
CH$_3$CH$_2$CH$_2$CH$_2$CH$_2$CH$_2$CH=CHCH$_2$CO-SCoA
↓ 2-エノイル CoA イソメラーゼ（哺乳類）
CH$_3$CH$_2$CH$_2$CH$_2$CH$_2$CH$_2$CH$_2$CH=CHCO-SCoA
↓
β 酸化の続き

図 6-4　リノール酸の代謝機構

Column コラム　脂肪酸の酸化

脂肪酸の β 酸化：脂肪酸のカルボキシ基から 3 番目の位置，すなわち β 位の炭素が酸化されてカルボキシ基になり，もとのカルボキシ基と α 位の炭素が，アセチル基として酸化的に分解される反応をいう．

脂肪酸の α 酸化：哺乳動物の脳で見られる酸化様式であり，偶数炭素脂肪酸の α 炭素が α-ヒドロキシラーゼによって 2-ヒドロキシ脂肪酸になり，さらに α-オキシダーゼによって奇数炭素脂肪酸になる反応をいう．この反応は CoA やカルニチンの関与もなく，リン酸化も伴わない．

脂肪酸の ω 酸化：まれに脂肪酸は，末端メチル基（ω 位）の炭素が小胞体のシトクロム P-450 のヒドロキシル化酵素によってヒドロキシメチル基（-CH$_2$OH）を経由して，カルボキシ基（-COOH）に酸化され，ジカルボン酸（二塩基酸）になる．この反応を ω 酸化という．なお，ジカルボン酸はその両末端から β 酸化を受ける．

6・2　脂質の分解と合成

はC-9位とC-12位にシス形二重結合二つを，n-3系脂肪酸であるα-リノレン酸(C18:3)はC-9位，C-12位，C-15位にシス形二重結合三つをそれぞれもつ．このように，奇数位の炭素に二重結合がある場合と偶数位に二重結合がある場合には，不飽和脂肪酸のβ酸化は飽和脂肪酸のβ酸化と異なる代謝経路が必要になる．すなわち，β酸化の進行に伴って奇数位に二重結合がある場合はC3-*cis*中間体，偶数位に二重結合がある場合はC2-*cis*中間体が生成するため，さらにβ酸化を進行させるには三つの酵素の助けを借りて，次のように代謝される必要がある（図6-4）．

① C3-*cis*中間体は3-*cis*,2-*trans*-エノイルCoAイソメラーゼの作用により2-*trans*体に変換された後，再び通常のβ酸化系に入る．

② 従来，C2-*cis*中間体はβ酸化系のエノイルCoAヒドラターゼによりD(−)ヒドロキシ体となるが，これは次の脱水素酵素の基質になりえないため，3-ヒドロキシアシルCoAエピメラーゼの作用によりl(+)-3-ヒドロキシ体に変換された後，通常のβ酸化系の基質になると説明されていた．しかし，偶数位の二重結合はC2-*cis*体になる1サイクル前のC4-*cis*体の段階で2,4-ジエノイルCoAレダクターゼにより3-*trans*体に還元され，3-*trans*体にも作用する①のイソメラーゼの作用で2-*trans*体に変換された後，通常のβ酸化系に戻る代謝機構が提出されている．

6.2.3 飽和脂肪酸の合成

グルコースなどの糖は解糖系，TCA回路を経由して代謝され，エネルギー生成系の中心をなすが，エネルギー消費量が少ない場合には脂質に転換され，蓄積される．脂肪酸合成の調節段階は，アセチルCoAカルボキシラーゼである．この酵素は前駆体のクエン酸による活性化を受けるとともに，グルカゴンによるcAMPを介したプロテインキナーゼAによってリン酸化され，不活性型となる．摂食時，とくに過剰な糖の摂取時には，高血糖に対応してインスリンの分泌が亢進する．インスリンは，グルカゴンによるアセチルCoAカルボキシラーゼの不活性化に拮抗する．アセチルCoAカルボキシラーゼの活性化によって増加した生成物マロニルCoAは，β酸化の調節段階のカルニチンアシルトランスフェラーゼを阻害するため，インスリンによる脂肪酸合成の促進に伴ってβ酸化が抑制され，合目的的な調節機構が働いている（図6-5）．

インスリンによって，糖の異化が促進してTCA回路が亢進した状態ではクエン酸が増加する結果，解糖の律速酵素ホスホフルクトキナーゼを阻害する．蓄積したグルコース6-リン酸はペントースリン酸回路へ入り，NADPHを生成する．NADPHは脂肪酸合成に使用される．ペントースリン酸回路のグルコース-6-リン酸デヒドロゲナーゼの活性は，脂肪合成の活性と高い相関を示し，脂肪合成の盛んな臓器である肝臓，乳腺で両者の活性はとくに高い．さらに，NADPH生成酵素であるグルコース-6-リン酸デヒドロゲナーゼが，脂肪酸合成経路の終末産物であるアシルCoAによって阻害されることは生理的に重要である．NADPHは脂肪酸合成の基質の一つと考えられるので，フィードバック阻害に分類できる（図6-5）．

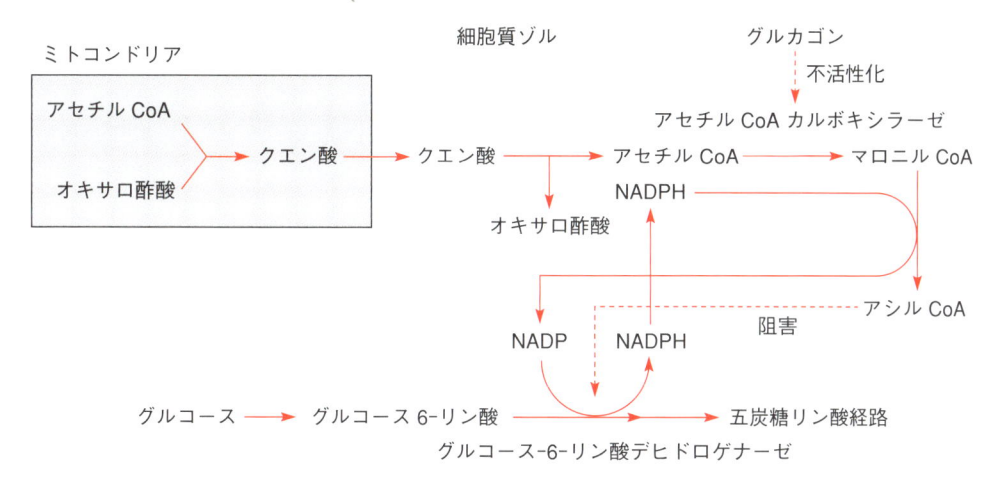

図6-5　脂肪酸合成経路の調節

6.2.4 不飽和脂肪酸の合成

不飽和脂肪酸は不飽和化酵素（デサチュラーゼともいう）によって飽和脂肪酸から合成されるが，動物では二重結合の導入部位はカルボキシ基の炭素から数えて4番目（Δ^4），5番目（Δ^5），6番目（Δ^6），9番目（Δ^9）までの炭素になる．一方，植物では12番目（Δ^{12}）や15番目（Δ^{15}）の炭素にも二重結合を導入できる．

代表的な飽和脂肪酸であるヘキサデカン酸（C16:0，パルミチン酸）やオクタデカン酸（C18:0，ステアリン酸）の不飽和化と鎖長延長は，次のように進行する．

$$C16:0 \xrightarrow{-2H} C16:1, \Delta^9 \xrightarrow{-2H} C16:2, \Delta^{6,9} \xrightarrow{+2C} C18:2, \Delta^{8,11} \xrightarrow{-2H} C18:3, \Delta^{5,8,11} \xrightarrow{+2C} C20:3, \Delta^{7,10,13}$$

$$\downarrow +2C$$

$$C18:0 \xrightarrow{-2H} C18:1, \Delta^9 \xrightarrow{-2H} C18:2, \Delta^{6,9} \xrightarrow{+2C} C20:2, \Delta^{8,11} \xrightarrow{-2H} C20:3, \Delta^{5,8,11}$$

また，種々の生理機能を発揮する不飽和脂肪酸は，リノール酸（C18:2，$\Delta^{9,12}$）に代表される **n-6系脂肪酸**と，α-リノレン酸（C18:3，$\Delta^{9,12,15}$，リノレン酸ともいう）に代表される **n-3系脂肪酸**に大別される．両系に分類される各種不飽和脂肪酸は，動物体にとって**必須脂肪酸**（essential fatty acid）であるリノール酸とα-リノレン酸から不飽和化酵素によって不飽和化され，あるいは鎖長延長酵素によって次のように炭素数が増加して合成される．なお，ヒトはリノール酸からアラキドン酸（C20:4，$\Delta^{5,8,11,14}$）への合成能が低く，ネコ科の動物はリノール酸からアラキドン酸を合成できないため，アラキドン酸は必須脂肪酸になる．

$$C18:2, \Delta^{9,12} \xrightarrow{-2H} C18:3, \Delta^{6,9,12} \xrightarrow{+2C} C20:3, \Delta^{8,11,14} \xrightarrow{-2H} C20:4, \Delta^{5,8,11,14}$$
リノール酸　　γ-リノレン酸　　ビスホモ-γ-リノレン酸　アラキドン酸

$$C18:3, \Delta^{9,12,15} \xrightarrow{-2H} C18:4, \Delta^{6,9,12,15} \xrightarrow{+2C} C20:4, \Delta^{8,11,14,17} \xrightarrow{-2H} C20:5, \Delta^{5,8,11,14,17}$$
α-リノレン酸　　　　　　　　　　　　　　　　　　　　　イコサペンタエン酸（EPA）

$$\xrightarrow{+2C} C22:5, \Delta^{7,10,13,16,19} \xrightarrow{-2H} C22:6, \Delta^{4,7,10,13,16,19}$$
　　　ドコサペンタエン酸（DPA）　ドコサヘキサエン酸（DHA）

6.2.5　n-9, n-6, n-3 系列脂肪酸の代謝

　一般論として，植物は植物脂質を構成するすべての脂肪酸を完全に生合成できるが，動物，とくに脊椎動物は特定の脂肪酸以外のほとんどの脂肪酸を生合成できると同時に，摂取した油脂の脂肪酸組成を反映しながら貯蔵・利用し，さらに必要に応じてそれらを他の脂肪酸に変換している．すなわち，動物脂質を構成している脂肪酸は，炭水化物やその他の非脂質化合物から生合成されたもの，食事脂質から直接的に由来するもの，これらの供給源から由来した脂肪酸をさらに変換したものに大別できる．それらのなかの不飽和脂肪酸の生合成経路は前項に示したとおりであるが，不飽和脂肪酸を n-9 系列，n-6 系列，n-3 系列に分類して，ヒトにおける代謝経路を図6-6に詳述する．

　図に示したように，n-9系，n-6系，n-3系の脂肪酸はそれぞれ独立した代謝経路をも

n-9 系列脂肪酸

CH_3-$(CH_2)_7$-CH=CH-$(CH_2)_7$-COOH　オレイン酸
　　　　　　　↓ Δ^6-不飽和化酵素
CH_3-$(CH_2)_7$-CH=CH-CH_2-CH=CH-$(CH_2)_4$-COOH　6,9-オクタデカジエン酸
　　　　　　　↓ 2炭素鎖延長
CH_3-$(CH_2)_7$-CH=CH-CH_2-CH=CH-$(CH_2)_6$-COOH　8,11-イコサジエン酸
　　　　　　　↓ Δ^5-不飽和化酵素
CH_3-$(CH_2)_7$-CH=CH-CH_2-CH=CH-CH_2-CH=CH-$(CH_2)_3$-COOH　5,8,11-イコサトリエン酸

n-6 系列脂肪酸

CH_3-$(CH_2)_4$-CH=CH-CH_2-CH=CH-$(CH_2)_7$-COOH　リノール酸
　　　　　　　↓ Δ^6-不飽和化酵素
CH_3-$(CH_2)_4$-CH=CH-CH_2-CH=CH-CH_2CH=CH-$(CH_2)_4$-COOH　γ-リノレン酸
　　　　　　　↓ 2炭素鎖延長
CH_3-$(CH_2)_4$-CH=CH-CH_2-CH=CH-CH_2-CH=CH-$(CH_2)_6$-COOH　8,11,14-イコサトリエン酸
　　　　　　　↓ Δ^5-不飽和化酵素
CH_3-$(CH_2)_4$-CH=CH-CH_2-CH=CH-CH_2-CH=CH-CH_2-CH=CH-$(CH_2)_3$-COOH　アラキドン酸

n-3 系列脂肪酸

CH_3-CH_2-CH=CH-CH_2-CH=CH-CH_2CH=CH-$(CH_2)_7$-COOH　α-リノレン酸
　　　　　　　↓ Δ^6-不飽和化酵素
CH_3-CH_2-CH=CH-CH_2-CH=CH-CH_2-CH=CH-CH_2-CH=CH-$(CH_2)_4$-COOH
　　　　　　　↓ 2炭素鎖延長　　　　　6,9,12,15-オクタデカテトラエン酸
CH_3-CH_2-CH=CH-CH_2-CH=CH-CH_2-CH=CH-CH_2-CH=CH-$(CH_2)_6$-COOH
　　　　　　　↓ Δ^5-不飽和化酵素　　　8,11,14,17-イコサテトラエン酸
CH_3-CH_2-CH=CH-CH_2-CH=CH-CH_2-CH=CH-CH_2-CH=CH-CH_2-CH=CH-$(CH_2)_3$-COOH
　　　　　　　↓ 2炭素鎖延長　　　　　5,8,11,14,17-イコサペンタエン酸(EPA)
CH_3-CH_2-CH=CH-CH_2-CH=CH-CH_2-CH=CH-CH_2-CH=CH-CH_2-CH=CH-$(CH_2)_5$-COOH
　　　　　　　↓ Δ^4-不飽和化酵素　　　7,10,13,16,19-ドコサペンタエン酸(DPA)
CH_3-CH_2-CH=CH-CH_2-CH=CH-CH_2-CH=CH-CH_2-CH=CH-CH_2-CH=CH-CH_2-CH=CH-$(CH_2)_2$-COOH
　　　　　　　　　　　　　　　　　　　4,7,10,13,16,19-ドコサヘキサエン酸(DHA)

図6-6　n-9系列，n-6系列，n-3系列脂肪酸の代謝経路

っており，相互に補完することはできない．とくに，$n-6$系のリノール酸，アラキドン酸（リノール酸からの生合成能が低いため，食事から摂取する必要がある）と$n-3$系のα-リノレン酸は，必須脂肪酸として食事から摂取しないと細胞膜機能の低下，皮膚傷害，毛細血管の脆弱化など，種々の傷害や疾病を引き起こす．それゆえ，「日本人の食事摂取基準2005年版」からも，成人男女とも概ね$n-6/n-3 \fallingdotseq 4/1$の比率が望ましいと考えられる．

6.2.6　エイコサノイドの代謝

(1) プロスタグランジン

代表的なイコサノイド（C20の不飽和脂肪酸由来の生理活性物質，エイコサノイドともいう）の**プロスタグランジン**（PG；prostaglandin）の基本構造は，下記のように分子の中央に五員環をもつC20の不飽和脂肪酸であり，C-15位に生物活性を示すうえで必須のヒドロキシ基をもつが，各種プロスタグランジンはジホモ-γ-リノレン酸（C20:3），アラキドン酸（C20:4），イコサペンタエン酸（C20:5）などから生合成される．ジホモ-γ-リノレン酸（C20:3）はタイプ1の，アラキドン酸（C20:4）はタイプ2の，イコサペンタエン酸（C20:5）はタイプ3のプロスタグランジンをそれぞれ合成する原料になる．なお，タイプ1，2，3のイコサノイドの下付の数字は側鎖にある二重結合数を示す．

イコサノイドの原料になるC20不飽和脂肪酸は膜リン脂質中に蓄えられており，ホスホリパーゼA_2，あるいはホスホリパーゼCとジアシルグリセロールリパーゼの作用などによって切り出され，プロスタグランジン合成に使われる．たとえば，膜リン脂質から切り出されたアラキドン酸は，図6-7に示すように，プロスタグランジンおよびその構造類縁体であるトロンボキサンやロイコトリエンの合成原料になる．切り出されたアラキドン酸にシクロオキシゲナーゼが作用して2分子の酸素が添加されるとプロスタグランジンGになり，これはさらにプロスタグランジンヒドロペルオキシダーゼにより，プロスタグランジンHに変換される．プロスタグランジンGとHはいずれも化学的に不安定であり，37℃，pH 7.4の水溶液中の半減期は約5分といわれている．プロスタグランジンHは臓器や組織に特異的な異性化酵素，および還元酵素によりプロスタグランジンD，E，F，Iなどに変換される．

(2) トロンボキサン

プロスタグランジンG_2と**血小板**（thrombocyte）をインキュベートすると，顕著な血小板凝集作用と大動脈収縮作用をもつ物質が生成することが，1975年にスウェーデンのサムエルソンらによって見出され，**トロンボキサン**（TX；thromboxane）A_2と命名された．この物質の基本構造は下記のとおりである．

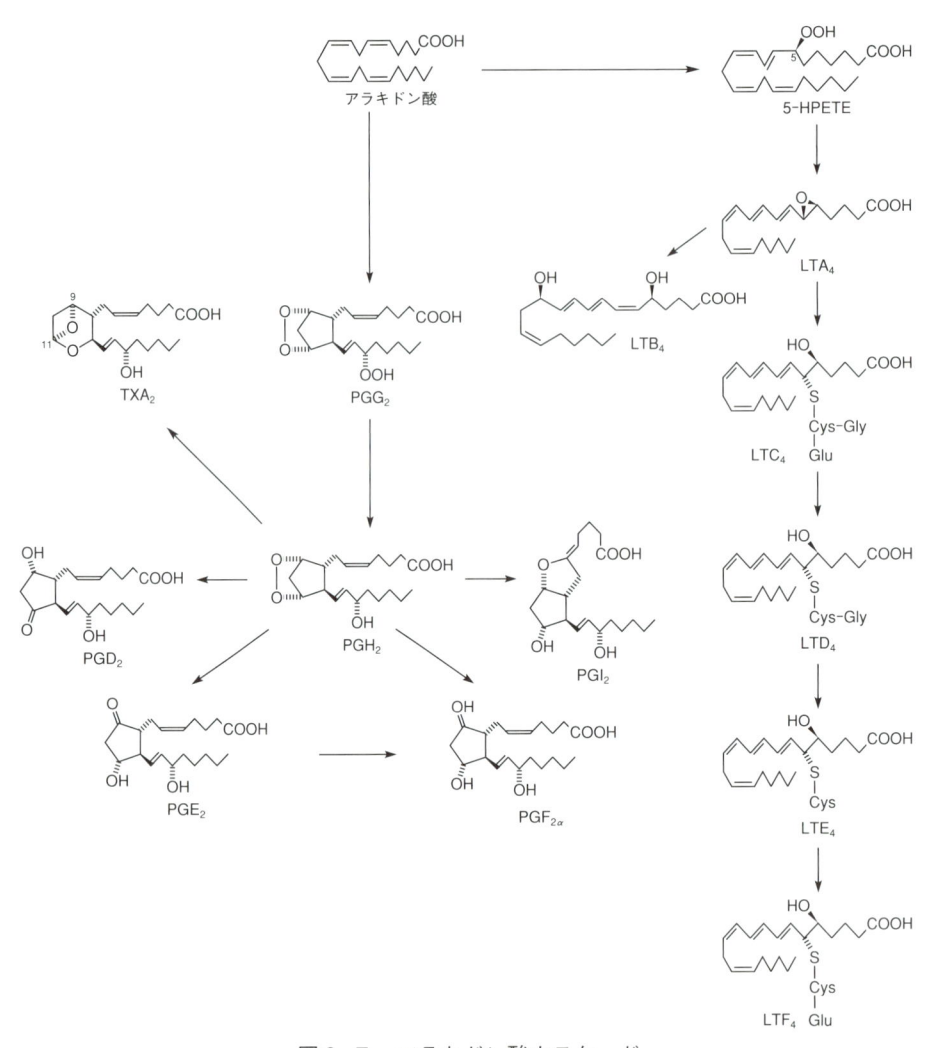

図6-7 アラキドン酸カスケード

トロンボキサン A_2 は，プロスタグランジン H_2 からトロンボキサンシンターゼの作用によってつくられる．なお，トロンボキサン A_2 の生成と並行して，マロンジアルデヒドと 12-ヒドロキシ-5,8,10-ヘプタデカトリエン酸も，プロスタグランジン H_2 から生成する．

(3) ロイコトリエン

強力な白血球活性化作用や白血球遊走作用をもつ共役トリエン構造のオキシイコサノイドに対して，ロイコトリエン（LT：leukotriene）という名称が 1979 年にサムエルソンらによって与えられた．

アラキドン酸が，5-リポキシゲナーゼによって 5-ヒドロペルオキシイコサテトラエン酸（5-HPETE）に変換された後に，ロイコトリエン A 合成酵素が作用すると脱水反応が起こり，二重結合数 4 のロイコトリエン A_4 が生成する．ロイコトリエン A_4 の C-6 位に，ロイコトリエン C 合成酵素によってグルタチオンがチオエーテル結合で導入されると，

ロイコトリエン C_4 が生成する．ロイコトリエン C_4 からグルタミン酸がはずれるとロイコトリエン D_4 になり，さらにグリシンがはずれるとロイコトリエン E_4 になる．ロイコトリエン E_4 にグルタミン酸が結合すると，ロイコトリエン F_4 が生じる．一方，ロイコトリエン A_4 がロイコトリエン A_4 分解酵素によって加水分解されると，ロイコトリエン B_4 が生成する（図6-7参照）．

6.3 ケトン体の代謝

　飢餓状態のときの代謝変化は血糖値が徐々に減少することから始まるが，これはグリコーゲンからのグルコースの放出を伴っている．すべての細胞はグリコーゲンを含んでいるが，大部分のグリコーゲンは肝細胞（約90 g/体重70 kgの人）と筋肉細胞（約350 g/体重70 kgの人）に蓄えられている．しかし，遊離グルコースとグリコーゲンはヒトのエネルギー貯蔵量の1%にすぎず，通常の活動で15～20時間（マラソンレースでは3時間）で使い果たされてしまう．

　一方，脂肪類は最も大きなエネルギー貯蔵源であるが，その燃焼には時間がかかる．脂肪組織からのエネルギーはアセチルCoA，TCA回路，電子伝達系を経て生成するが，その間にグルコースとグリコーゲンは使い果たされるので，代謝は筋肉におけるたんぱく質の開裂と，肝臓における糖新生を経るアミノ酸からのグルコース生成に代わる．飢餓の最初の数日間にたんぱく質は75 g/日の速度で使い果たされ，この間に脂質の異化作用が起こり，脂肪から誘導されたアセチルCoA分子が蓄積されるようになる．実際にはTCA回路が過負荷になるため，アセチルCoAは生成するのと同じくらい速くは分解されない．したがって，細胞内にできたアセチルCoAは3-ヒドロキシ酪酸，アセト酢酸，アセトンのようなケトン体として知られる一群の化合物に変換されるが，これらは新しい一連の代謝反応によって取り除かれる．

ケトン体：　　$CH_3CH(OH)CH_2COOH$　　CH_3COCH_2COOH　　CH_3COCH_3
　　　　　　　　3-ヒドロキシ酪酸　　　　　　アセト酢酸　　　　アセトン

　ケトン体（ketone body）が血流に入り飢餓状態が続くと，脳と他の組織はグルコースの代わりに脂肪酸の異化により生成したケトン体からアデノシン三リン酸（ATP）を50%以上生成するように切り替わる．これにより，飢餓状態が40日間続いても代謝は1日当たりたんぱく質25 gと脂肪180 gを用いることで安定する．これはグルコースとたんぱく質ができる限り多く保全される状態であるため，十分な水が補給される限り，ヒトは通常，数カ月間生存できることを示している．さらに，脂肪の蓄積が多いヒトは，より長期間生存できるといわれている．

6.4 脂肪組織における中性脂肪の合成と分解

摂取エネルギーと消費エネルギーが等しい状態をエネルギー平衡状態というが，消費エネルギーより摂取エネルギーのほうが多い場合，余ったエネルギーは脂肪またはグリコーゲンに変えられて体内に蓄えられる．消費エネルギーのほうが多い場合は，体内に蓄えられているグリコーゲン，中性脂肪，筋肉などの体たんぱく質を分解して，足りないエネルギーを補っていく．余分なエネルギーを体内に蓄える場合，脂質は中性脂肪として，糖質はグリコーゲンまたは中性脂肪として，たんぱく質はグリコーゲンまたは中性脂肪として蓄えられる．グリコーゲンと中性脂肪の貯蔵形態を比較すると，グリコーゲンは4 kcal/gしか貯蔵できないのに対して，中性脂肪は9 kcal/gを貯蔵できる．

一方，エネルギーが必要になったとき，グリコーゲンは速やかに分解してエネルギーを供給できるが，中性脂肪は分解に時間がかかるため，速やかにエネルギーを供給できない．すなわち，マラソンのような長距離走には中性脂肪がエネルギー源として利用され，短距離走にはグリコーゲンが利用される．貯蔵したグリコーゲンは24～48時間で消費されてしまうが，体脂肪としては数カ月分のエネルギーが貯蔵されている．

6.4.1 中性脂肪の合成

食物として摂取されたトリアシルグリセロールは，最終的に脂肪酸とグリセリンに分解されて吸収されるが，図6-8に示すように，グリセリンは組織に運ばれて細胞質ゾルでリン酸化され，グリセロール3-リン酸に活性化される．続いて，アシルトランスフェラーゼによってホスファチジン酸に変換された後，ジアシルグリセロールを経てトリアシルグリセロール（中性脂肪）が合成される．

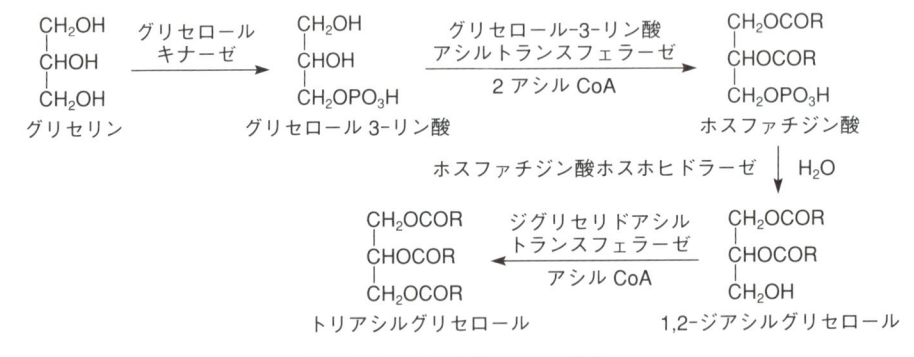

図6-8 中性脂肪の合成経路

6.4.2 中性脂肪の分解

脂肪細胞において中性脂肪が分解される際の律速酵素は，**ホルモン感受性リパーゼ**（hormone-sensitive lipase）である．ホルモン感受性リパーゼはリン酸化によって活性化され，脱リン酸化によって不活性化される．飢餓状態にあるときに分泌されるグルカゴン（低血糖時にランゲルハンス島A細胞から分泌される）やアドレナリン（副腎髄質ホルモン，

血糖上昇作用をもつ）は脂肪細胞に働いて，細胞内 cAMP（cyclic adenosine 3′,5′-monophosphate）濃度を上昇させることにより，ホルモン感受性リパーゼをリン酸化する．こうして活性化されたリパーゼが，脂肪細胞のトリアシルグリセロールを脂肪酸とグリセリンに分解して，血液中にエネルギー源となる脂肪酸を供給する．

6.5 リン脂質の合成と分解

リン脂質（phospholipid）は生体膜中の主な脂質成分であり，親水性部分を外側に，疎水性部分を内側にして脂質二重層（lipid bilayer）を形成している．化学構造の面から大別すると，sn-グリセロール 3-リン酸の誘導体であるグリセロリン脂質（glycerophospholipid）と，スフィンゴリン脂質（sphingophospholipid）がある．前者の代表例としては，ホスファチジルコリン（レシチン）やホスファチジルエタノールアミン（セファリン）があり，生体内では存在量が最も多い．ジホスファチジルグリセロール（カルジオリピン）や，グリセロールの C1 が α, β-不飽和アルコールとエーテル結合したプラズマロゲンも，グリセロリン脂質に含まれる．一方，後者は，スフィンゴシンあるいはジヒドロスフィンゴシンの N-アシル誘導体（セラミド）が，ホスホコリンやホスホエタノールアミンと結合した化学構造をもつ（図 6-9）．神経細胞膜の構造脂質としてとくに重要であり，スフィンゴミエリンがよく知られている．この節では存在量の多いグリセロリン脂質を中心に，その合成と分解について述べる．

グリセロリン脂質の生合成経路の一つは，図 6-10 のようにグリセロールがリン酸化されてグリセロール 3-リン酸になり，アシル CoA からの 2 分子のアシル基が結合したホスファチジン酸を経て，1,2-ジアシルグリセロールとなった後，ホスホコリンが結合してホスファチジルコリンになる経路がある．また，ホスファチジルエタノールアミンがメチル

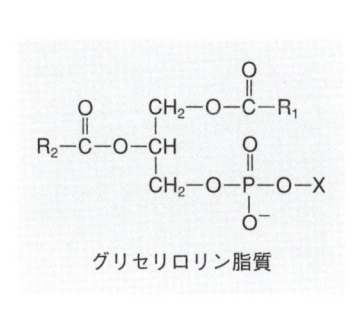

図 6-9　リン脂質の化学構造　　　　スフィンゴミエリン

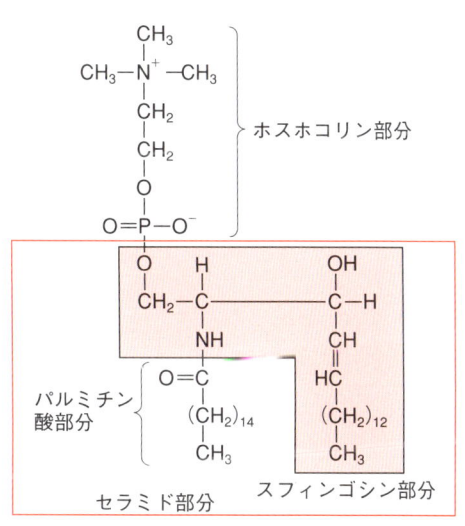

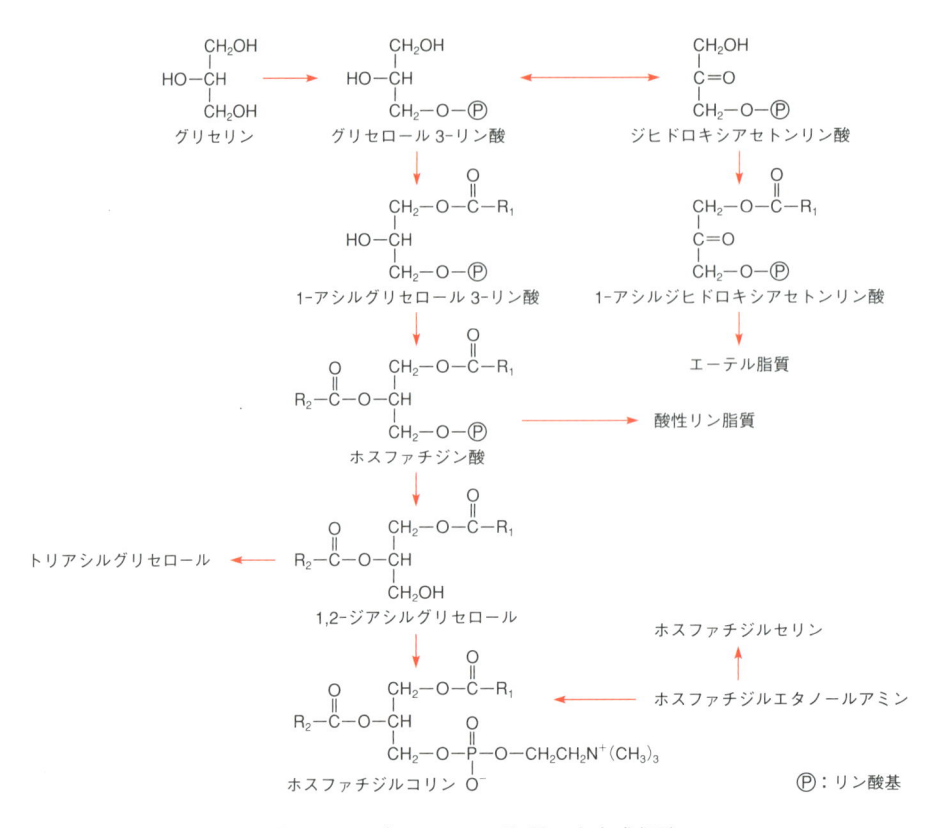

図6-10 グリセロリン脂質の生合成経路

化されてホスファチジルコリンが生成する一方，エタノールアミンがセリンと交換されてホスファチジルセリンとなる経路もある．解糖系から生じたジヒドロキシアセトンリン酸は，デヒドロゲナーゼにより上述のグリセロール3-リン酸にもなるが，アシルCoAから1分子のアシル基を得た後，エーテル脂質（プラズマロゲン）に変換される．ホスファチジン酸からは，酸性リン脂質のホスファチジルイノシトールやカルジオリピンなども生成する．また1,2-ジアシルグリセロールからはトリアシルグリセロールも合成される．

リン脂質の1位は飽和脂肪酸，2位は多価不飽和脂肪酸であることが多く，酵素によって脱アシル化，再アシル化，分解，合成が起こる．分解は，次に記すリン脂質の五つの部位に作用する**ホスホリパーゼ**（phospholipase）とよばれる分解酵素によって触媒されることが知られている．

① リン脂質の1位のアシル基を加水分解する：ホスホリパーゼ A_1
② リン脂質の2位のアシル基を加水分解する：ホスホリパーゼ A_2
③ 1-アシルリゾリン脂質の1位のアシル基を加水分解する：ホスホリパーゼB（リゾホスホリパーゼ）
④ リン脂質の3位のリン酸エステルを加水分解してグリセリドからはずす：ホスホリパーゼC

⑤ リン脂質の3位のリン酸とアルコールとの結合を加水分解する：ホスホリパーゼD

哺乳動物には①〜④がよく見出される．特殊なものとして，レシチン-コレステロールアシルトランスフェラーゼとよばれる酵素が血漿中にあり，LCAT（lecithin-cholesterol acyltrasferase）と標記される．HDL（高密度リポたんぱく質）が肝外組織より引き抜いた遊離型コレステロールに，レシチンの2位のアシル基を転移させてコレステロールエステルを生成する．基質のレシチンはリゾレシチンとなる．

このほかリン脂質に関しては，切り傷などを負った場合に膜中リン脂質の2位から切り出されたアラキドン酸が，ヘムたんぱく酵素により速やかに酸化と環化反応を受けてトロンボキサン A_2 に変換され，血管収縮が引き起こされることもよく知られている．このようにアシル基供与体であることと，3位の親水性基が，リン脂質の代謝上の特徴である．

6.6　糖脂質の代謝

糖脂質（glycolipid）には，セラミドのOH基に中性のヘキソースが一つないし複数個結合したものや，さらにシアル酸（N-アセチルノイラミン酸）が一つないし複数個結合したものがある．前者は中性糖脂質とよばれ，脳，脊髄に多量に存在するセレブロシドや，赤血球に含まれるグロボシドなどが代表例である．後者は，酸性糖脂質（ガングリオシド，ganglioside，図6-11）とよばれ，脳の全脂質の6％を占める．酸性糖脂質は60種以上知られており，生理的，医学的に大きな意味をもっている．

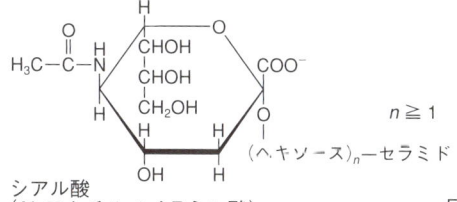

図6-11　酸性糖脂質（ガングリオシド）

6.7　コレステロールの代謝

6.7.1　ステロイド化合物

ステロイド（steroid）とは，シクロペンタノペルヒドロフェナントレン誘導体を指す（図6-12）．動物由来のものには，①コレステロールおよびその生合成中間生成物，②コール酸（胆汁酸の構成成分）類，③ステロイドホルモン（性ホルモンおよび副腎皮質ホルモ

図6-12　シクロペンタノペルヒドロフェナントレン

ンとその関連物質）などがあり，植物由来のものには，① サポゲニン（サポニン類の構成成分），② ステロイド配糖体（強心ステロイドゲニン）などがある．水に難溶あるいは不溶のものが多いが，極性基（カルボキシ基，糖など）と結合するとアルカリ溶液や水に分散可能となり，界面活性性を示す．

　動物では図6-13のように，アセチル CoA からスクアレンを経てコレステロールが生合成される．さらにコール酸に変換される経路や，副腎，精巣，卵巣でステロイドホルモンが生合成される経路がある．

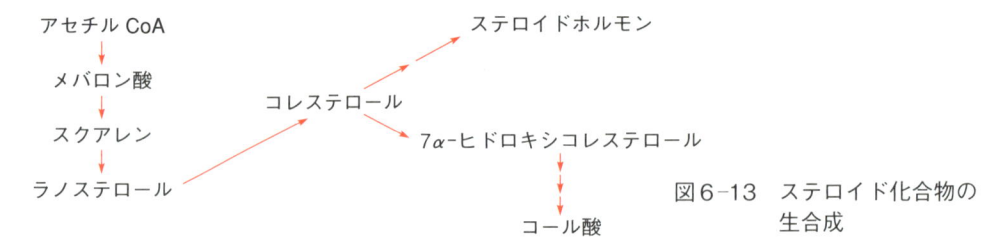

```
アセチル CoA                    ステロイドホルモン
  ↓                              ↗
メバロン酸                       
  ↓                コレステロール
スクアレン                        ↘
  ↓                              7α-ヒドロキシコレステロール
ラノステロール                              ↓
                                         コール酸
```

図6-13　ステロイド化合物の生合成

6.7.2　コレステロールの生合成

　生活習慣病において**高コレステロール血症**（hypercholesterolemia）がよく問題視されるが，血液中コレステロールとしては，正常な人体中のコレステロール 100～150 g に対して 5～6 g しか存在しない．神経組織，とくに脳に約 40 g，肝臓に約 5 g あり，残りは細胞の膜成分の構成要素として散在している．生体内のコレステロールには遊離型と脂肪酸エステル型があるが，遊離型は生理的に活性であり，エステル型は体内移送や貯蔵に用いられる．正常のヒトの血液中では前者が約 30％，後者が約 70％ の比率で存在している．血清コレステロールエステルの脂肪酸の不飽和度は高く，ヒトでは約 80％（うち 50％ はリノール酸）が，ラットでも 80％ 以上（うち 45％ はアラキドン酸）が不飽和脂肪酸である．

　ステロールは生体に不可欠の成分であるが，肝臓や肝外組織（副腎皮質，皮膚，腸管，骨髄，性腺，動脈壁など）で合成できるので，必ずしも食事から摂取する必要はない．摂食後の腸管内では，食事由来のコレステロールのほかに，脱落上皮細胞や胆汁からのコレステロール（一部はエステル型）も合流する．胆汁酸塩の乳化作用に助けられて，リパーゼやコレステロールエステラーゼがそれぞれグリセロールエステル，コレステロールエステルを加水分解する．それによって生成されたモノアシルグリセロール，脂肪酸，遊離型コレステロールが胆汁酸などと混合ミセルを形成し，腸粘膜細胞に取り込まれる．吸収されたコレステロールの大部分は，コレステロールエステラーゼによりエステル化され，他の脂質と**キロミクロン**（chylomicron）を形成し，キロミクロンの表層には遊離型コレステロールとリン脂質が配置されている．

　ヒトは食事から 1 日に約 0.4 g のコレステロールしか吸収しないため，ヒトのコレステロール貯蔵量は，短期間には食事の影響をあまり受けない．体内では 1～1.5 g/日合成されるが，アセチル CoA から出発した場合，20 数反応を経て最終のコレステロールが生合成されると報告されている．すなわち図 6-14 に示したように，アセチル CoA からメバ

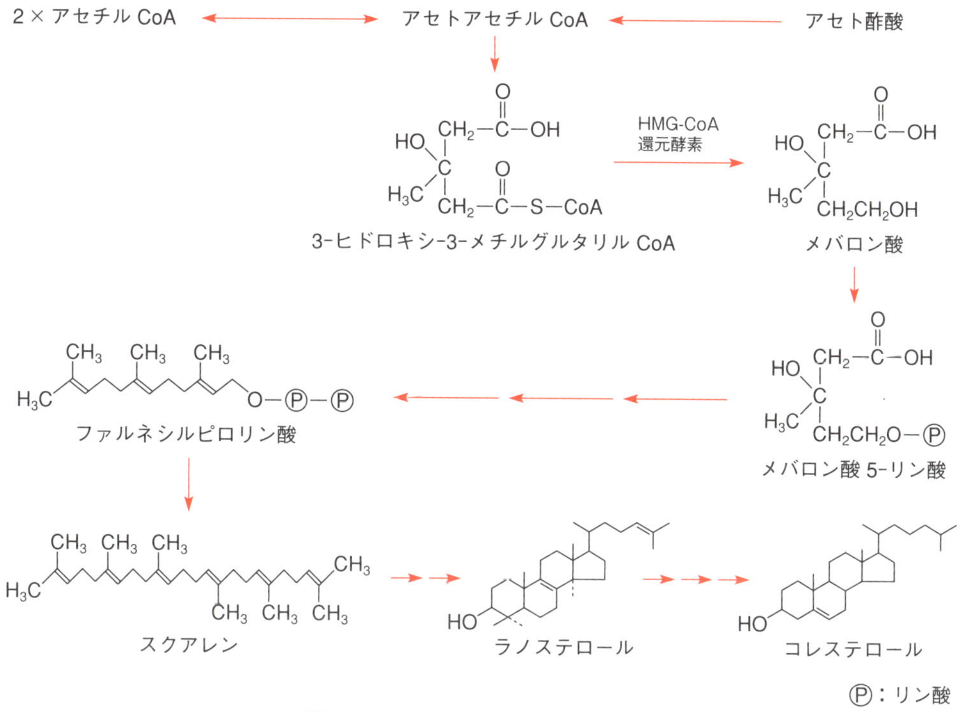

図6-14 コレステロールの生合成

ロン酸が生成した後，スクアレン，ラノステロールを経由してコレステロールとなる．

コレステロールがさらにエステル化されるとき，部位により触媒する酵素は異なり，**アシル CoA：コレステロールアシルトランスフェラーゼ**（acyl-CoA：cholesterol acyltransferase；ACAT），レシチン-コレステロールアシルトランスフェラーゼ（LCAT），コレステロールエステラーゼの三つがよく知られている．とくに肝臓や小腸，副腎皮質からの細胞内ミクロソーム画分に活性の高い ACAT は，内因性のコレステロールをアシル CoA によりエステル化する．

膜機能を維持するには，細胞内の遊離型コレステロールの濃度を一定にし，過剰分はエステル化して貯蔵したり，あるいは細胞外に移動させたりする必要がある．LCAT は血漿中の遊離型コレステロールをレシチンのアシル基と結合させる酵素で，主に肝臓で生成される．細胞膜中の遊離型コレステロールを HDL が取り込み，その表面上でコレステロールが LCAT によりエステル化されると，大半は肝臓に運ばれるが，一部は**コレステロール転送たんぱく質**（CETP；cholesterol ester transfer protein）により，トリグリセリドの割合が高い他のリポたんぱく質（VLDL，IDL，LDL）に転送される．

コレステロールエステラーゼは膵で合成され，小腸上皮細胞表面で食餌中のコレステロールエステルを，遊離型コレステロールと脂肪酸に加水分解する．小腸上皮細胞内に取り込まれた大半のコレステロールは，コレステロールエステラーゼあるいは ACAT により，再び長鎖脂肪酸エステルとなる．また，肝臓やステロイドホルモン産生細胞に存在するコ

6・7 コレステロールの代謝

レステロールエステラーゼは，貯蔵されたコレステロールエステルの分解を触媒する．

6.7.3 胆汁酸の生合成

　胆汁酸塩は，摂取された食餌中の脂肪を懸濁し，リパーゼを作用しやすくする重要な役割をもっている．**胆汁酸**（bile acid）は，肝臓で遊離型コレステロールから合成（0.5 g/日）されて胆嚢に貯蔵され，食物が消化管に到達すると，胆嚢は胆汁（胆汁酸，コレステロール，ビリルビン酸の混合物）を十二指腸に分泌する．

　肝臓でコレステロールから直接生成する胆汁酸は，**コール酸**（cholic acid）と**ケノデオキシコール酸**（chenodeoxycholic acid）である．その合成経路としては，まずコレステロールの7α位がヒドロキシ化（律速段階）され，ついで3β位のヒドロキシ基がケト基に変換，そして5位の二重結合が4位へ転移する．この後，12α位のヒドロキシ化と26位の酸化および側鎖末端の3個の炭素鎖の切り離しを経てコール酸となる経路と，12α位のヒドロキシ化が起こらずに26位の酸化と切り離しだけが起きてケノデオキシコール酸となる経路がある（図6-15）．これら二つの胆汁酸は一次胆汁酸とよばれている．胆汁酸そのものは細胞毒性をもつため，大半は肝臓でグリシン，タウリンあるいは硫酸，グルクロン酸で抱合され，さらにナトリウム塩となって存在している．一次胆汁酸は十二指腸に分泌されると，腸内細菌により脱抱合・変換され，二次胆汁酸となる．コール酸はデオキシコール酸に，ケノデオキシコール酸はリトコール酸になる．また，ケノデオキシコール酸には，7-ケトリトコール酸を経てウルソデオキシコール酸に変換される経路もある（図6-16）．

　腸管内のほとんどの胆汁酸は，回腸末側で吸収されて門脈を経て肝臓に戻り，再び胆汁に合流する．これを**腸肝循環**（enterohepatic circulation）とよぶ．しかし数％の胆汁酸は，食物の残渣とともに排泄される．またこれらは，上述のように抱合体のナトリウム塩であるので，親水性が高く，尿に溶解して容易に排泄される．

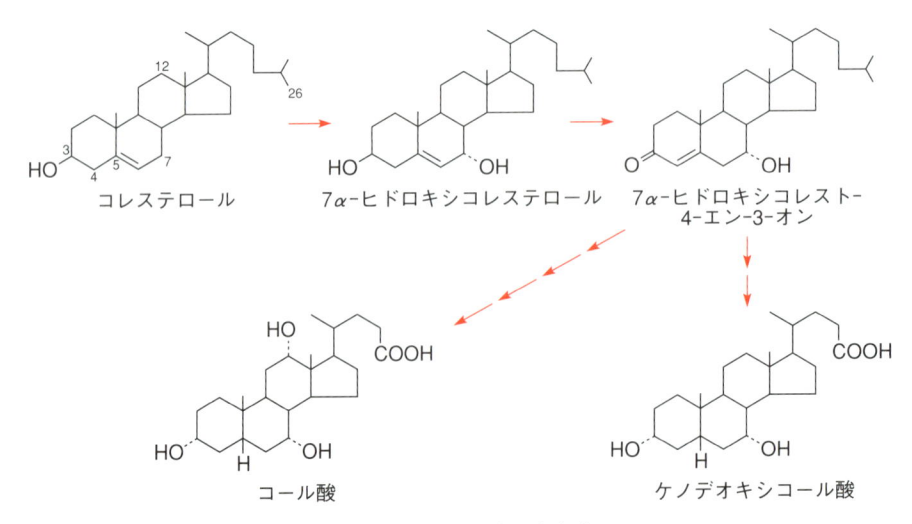

図6-15　胆汁酸の生合成

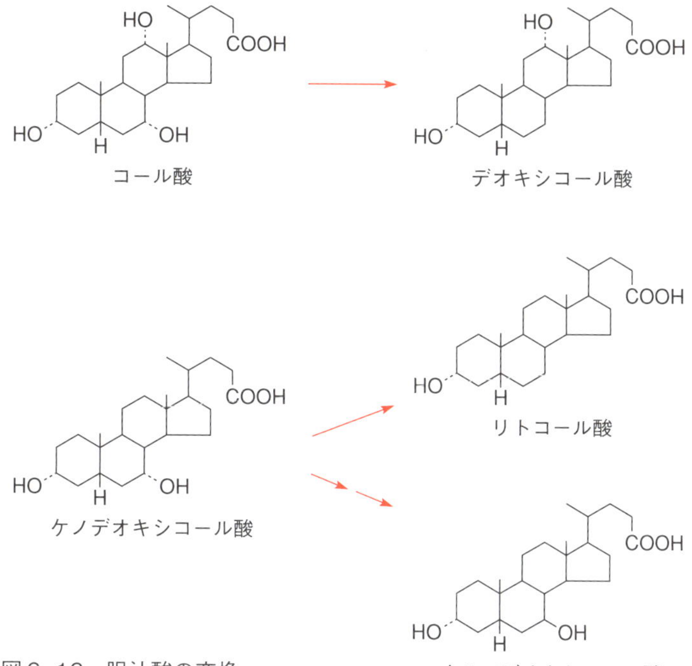

図 6-16 胆汁酸の変換

6.7.4 ステロイドホルモンの生合成

　肝臓で胆汁酸に変換されるコレステロール量と比較すると，**ステロイドホルモン**（steroid hormone）に使用されるコレステロール量は少量である．血漿中のコレステロールは，副腎，精巣，卵巣（ホルモン産生細胞）で次の五つのステロイドホルモンに変換される．

① 黄体ホルモン（プロゲスチン）

② 糖質コルチコイド（グルココルチコイド）

③ 鉱質コルチコイド（ミネラルコルチコイド）

④ 男性ホルモン（アンドロゲン）

⑤ 発情ホルモン（エストロゲン）

　生成したホルモンは，血流に乗り，標的細胞の膜を透過して細胞質に入る．ついで細胞質レセプターと結合し，核に移動して DNA に作用する結果，たんぱく質が合成されて細胞質内でホルモン効果が現れる．このホルモンは，代謝後グルクロン酸抱合されて尿中に入り，排泄される．

　ステロイドホルモンの生合成経路は，図 6-17 のように，まずコレステロールの 20 位と 22 位の間の炭素結合が開裂し，20 位がカルボニルに変換されてプレグネノロンとなる．ついで黄体ホルモンの一つ，プロゲステロンを経て，① ミネラルコルチコイドのアルドステロンになる経路，② アンドロゲンであるテストステロンとなり，さらにエストロゲンのエストラジオールになる経路，③ グルココルチコイドであるコルチゾールが生成する経路がある．

6・7　コレステロールの代謝

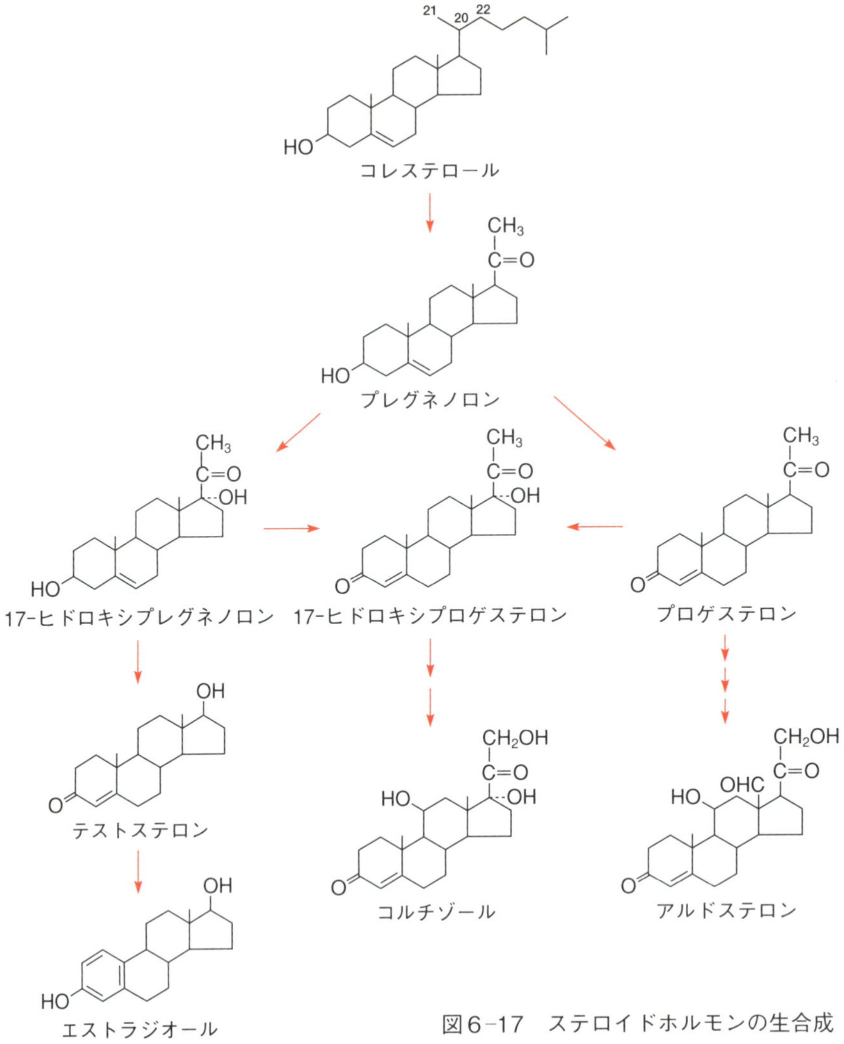

図6-17 ステロイドホルモンの生合成

6.8 リポたんぱく質の機能

　代謝系に入るトリアシルグリセロールと脂肪酸は，① 食物，② 貯蔵脂肪，③ 肝臓で合成されたもののいずれかが供給源になる．いずれからのトリアシルグリセロールや脂肪酸も，水溶性たんぱく質と会合して可溶化される必要がある．食物に含まれるトリアシルグリセロールを主成分とする脂質（外因性脂質）は，リポたんぱく質の一種であるキロミクロンに組み込まれて輸送されるが，代謝系で生産される内因性脂質は，他の形態のリポたんぱく質に組み込まれて輸送される．

　リポたんぱく質の一般的な構造は，トリアシルグリセロールとコレステロール脂肪酸エステルが球体を形成し，それを親水性の部位が外側を向くようにして，リン脂質の一重層が取り囲んでいる．脂質はたんぱく質よりも密度が低いので，リポたんぱく質の密度は脂

表 6-1 リポたんぱく質の密度と組成

リポたんぱく質	密度 (g/mL)	組成 (w/w%)			
		たんぱく質	トリアシルグリセロール	コレステロール	リン脂質
キロミクロン	< 0.94	1〜2	88	3〜4	3〜8
VLDL	0.94〜1.006	10〜13	55〜60	13〜20	13〜20
LDL	1.006〜1.063	20〜24	8〜10	50〜60	20〜25
HDL	1.063〜1.210	45〜55	3〜6	17〜23	30〜40

質とたんぱく質の比率に支配される．リポたんぱく質を組成と密度で分類すると表 6-1 のようになる．

（1）キロミクロン（chylomicron）

リンパ系を通って血中にトリアシルグリセロールを運ぶ役割を担っている．脂質／たんぱく質の比率が最も高く，90% 以上を占めるため，リポたんぱく質のなかでもとくに密度が低い．

（2）超低密度リポたんぱく質（VLDL；very low density lipoprotein）

VLDL は，肝臓でたんぱく質と炭水化物から合成されるトリアシルグリセロールを末梢組織に運ぶ役割を担う．トリアシルグリセロールは，末梢組織で貯蔵やエネルギー生産に使用される．

（3）低密度リポたんぱく質（LDL；low density lipoprotein）

LDL はコレステロールを肝臓から末梢組織に輸送する役割を担う．コレステロールはそこで，細胞膜やステロイド合成に使用される．

（4）高密度リポたんぱく質（HDL；high density lipoprotein）

HDL は死亡あるいは死亡しそうな細胞から，肝臓にコレステロールを輸送する役割を担う．コレステロールはそこで胆汁酸に変換されて消化に使われるが，過剰なときは分泌される．

6.9 グルコース脂肪酸サイクル

食事から摂取した余分なエネルギーはグリコーゲンとして貯蔵されるが，一定量以上のグルコースはトリアシルグリセロールに変換される．すなわち，血液中のトリアシルグリセロールを脂肪組織に貯蔵するのは食事中の脂肪系の基本的な経路であり，現代の日本人の平均的な食事ではカロリーの約 25% をトリアシルグリセロールからとっている．

図 6-18 に示すように，トリアシルグリセロールは腸管で脂肪酸とモノアシルグリセロールに加水分解された後，小腸上皮細胞内に吸収され，そこでトリアシルグリセロールに再合成されてキロミクロンに組み込まれる．キロミクロンはいったんリンパに放出されるが，すぐに血液中に入る．キロミクロンのトリアシルグリセロールは心臓，骨格筋などの組織に取り込まれて直ちに酸化されるか，あるいはそのまま脂肪組織に貯蔵される．この

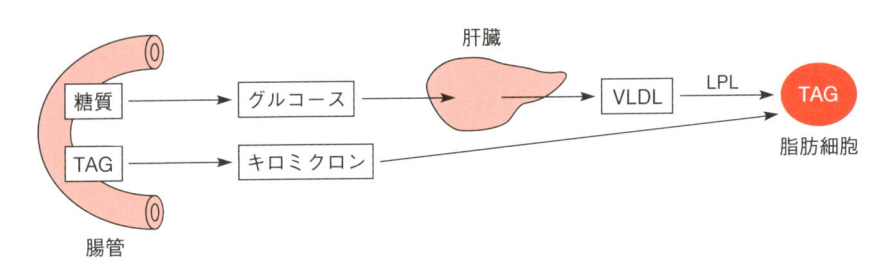

図6-18 トリアシルグリセロールとグルコースの脂肪組織への貯蔵
TAG：トリアシルグリセロール，VLDL：超低密度リポたんぱく質，LPL：リポたんぱく質リパーゼ．

際，インスリン濃度が高いとグリコーゲンとしての蓄積が促進される．食事中は食物の糖質（グルコース）がATPを直ちに再生したり，肝臓や筋肉のグリコーゲン量が過剰になることがあり，余分なグルコースは肝臓ですべてトリアシルグリセロールに変換された後，超低密度リポたんぱく質（VLDL）として血液中に運ばれ，脂肪組織に貯蔵される．一般にグルコースの摂取によりインスリン濃度が上昇するため，トリアシルグリセロールの脂肪組織への貯蔵は，肝臓においてグルコースから生合成された分も含めて，インスリン濃度の上昇によって促進される．

なお，グルコースから脂肪酸への変換は3段階で起こる．第1段階はミトコンドリアにおけるアセチルCoAの産生，第2段階はアセチル基の細胞質ゾルへの輸送，第3段階はアセチル基の長鎖脂肪酸への重合である．

予想問題

1 脂質の代謝に関する記述である．正しいものの組合せはどれか．
  a．脂肪酸のβ酸化は，メチル基側から炭素原子が2個ずつ脱離していく反応である．
  b．ケトン体は肝臓で合成され，肝臓において有用なエネルギー源として利用される．
  c．脂肪酸の合成は，細胞質においてβ酸化を逆行させることによって行われる．
  d．長鎖脂肪酸由来のアシルCoAのアシル基はカルニチンに転移され，アシルカルニチンとしてミトコンドリア内膜を通過する．
  e．ヒトは不飽和化酵素によって，飽和脂肪酸から不飽和脂肪酸を合成できる．
  　(1) aとb　　(2) aとe　　(3) bとc　　(4) cとd　　(5) dとe

2 人体での不飽和脂肪酸の代謝に関する記述である．正しいものの組合せはどれか．
  a．リノール酸はオレイン酸から生合成される．
  b．α-リノレン酸はリノール酸から生合成される．
  c．アラキドン酸はγ-リノレン酸から生合成される．
  d．イコサペンタエン酸（EPA）はα-リノレン酸から生合成される．
  e．ドコサヘキサエン酸（DHA）はアラキドン酸から生合成される．

(1) a と b　　(2) a と e　　(3) b と c　　(4) c と d　　(5) d と e

3 脂肪酸の酸化に関する記述である．正しいものの組合せはどれか．
a．α酸化は，動植物一般に見られる偶数脂肪酸の合成経路である．
b．生体内の酸化反応には，α酸化，β酸化，ω酸化の3経路がある．
c．β酸化は，β位の炭素がカルボキシ基に酸化され，α位の炭素と元のカルボキシ基がアセチル基として切り離される反応である．
d．哺乳動物に見られるγ酸化は，奇数脂肪酸やヒドロキシ脂肪酸の合成経路である．
e．ω酸化は，不飽和脂肪酸の二重結合を酸化分解する反応である．
(1) a と b　　(2) a と e　　(3) b と c　　(4) c と d　　(5) d と e

4 イコサノイドに関する記述である．正しいものの組合せはどれか．
a．代表的なイコサノイドおよびその構造類縁体には，プロスタグランジン（PG）類，ロイコトリエン（LT）類，トロンボキサン（TX）類がある．
b．代表的なイコサノイドであるプロスタグランジン類は，シクロプロパン環をもつC20の環状脂肪酸を基本構造としている．
c．イコサノイドは，リノール酸やα-リノレン酸のようなC18高度不飽和脂肪酸の酸化によって生合成される生理活性脂質の総称である．
d．ロイコトリエン A_4 は，アラキドン酸にシクロオキシゲナーゼが作用して生合成される．
e．トロンボキサンは，プロスタグランジンH（PGH）から5-リポキシゲナーゼの作用によってつくられる．
(1) a と b　　(2) a と e　　(3) b と c　　(4) c と d　　(5) d と e

5 複合脂質に関する記述である．正しいものの組合せはどれか．
a．複合脂質は，グリセリンまたはスフィンゴシンに脂肪酸，リン酸，窒素化合物，糖などが結合した脂質である．
b．グリセロリン脂質とトリアシルグリセロールの生合成経路には共通点がない．
c．ガラクトセレブロシドはほとんどすべての細胞膜に見られる糖脂質であるが，動物での含量は少ない．
d．グリコシルトランスフェラーゼの作用によって，グリセロ糖脂質はモノアシルグリセロールに，スフィンゴ糖脂質はセラミドに糖が組み込まれて合成される．
e．リン脂質を水に懸濁すると，リン酸とエステル結合している疎水性の脂肪酸部分が内側を向いて球状のミセルを形成する．
(1) a と b　　(2) a と e　　(3) b と c　　(4) c と d　　(5) d と e

6 脂質の輸送と蓄積に関する記述である．正しいものの組合せはどれか．
a．脂質はそのままでは血液に溶けないために，たんぱく質や糖質と複合体を形成して血液中を運搬される．
b．リポたんぱく質は主にキロミクロン，超低密度リポたんぱく質（VLDL），低密度リポたんぱく質（LDL），高密度リポたんぱく質（HDL）に分類される．
c．HDLは，肝臓で合成されたコレステロールを末梢組織へ運ぶ運搬体として働く．
d．LDLはコレステロールを肝臓から末梢組織に輸送する役割を担い，運ばれたコレステロールは細胞膜やステロイドの合成に使用される．

e．血液中の HDL の主体であるトリアシルグリセロール（TAG）にリポたんぱく質リパーゼが作用すると，TAG は加水分解されて脂肪酸を生成するが，エネルギーの供給が十分な場合は，脂肪酸は TAG に再変換されて脂肪組織に貯蔵される．

 (1) a と c　　(2) a と d　　(3) b と d　　(4) b と e　　(5) c と e

7 コレステロールに関する記述である．正しいものの組合せはどれか．

a．ステロイドホルモンには副腎皮質ホルモンと性ホルモンがあり，テストステロン，エストラジオール，コルチゾール，アルドステロンの4種類に大別される．

b．生体内の多くのコレステロールは遊離型で細胞質ゾルに存在しており，副腎皮質ホルモンや cAMP の情報で活性化されたエステラーゼによってエステル型になる．

c．エステル型コレステロールはコレステロールの 3β-OH 基が脂肪酸とエステル結合したものであり，コレステロールの含量やエステル型の比率は組織によって異なる．

d．リポたんぱく質の内部はトリアシルグリセロールとコレステロールを含むため疎水性であり，外部表面は両親媒性のリン脂質，アポリポたんぱく質，コレステロールエステルを含むため親水性である．

e．コレステロールは脳血管疾患や心疾患などの循環器系疾患の原因になるが，生体膜の成分としては膜の流動性を調節するだけでなく，ステロイドホルモンや胆汁酸合成の原料になる重要な物質である．

 (1) a と c　　(2) a と d　　(3) b と d　　(4) b と e　　(5) c と e

8 脂質の構造に関する記述である．正しいものの組合せはどれか．

a．ホスファチジルイノシトールは，糖脂質である．

b．スフィンゴミエリンとガラクトセレブロシドは，セラミド部分が共通である．

c．酸性糖脂質には，シアル酸が結合している．

d．レシチンに窒素原子は含まれない．

e．プラズマロゲンは中性脂質である．

 (1) a と b　　(2) a と c　　(3) a と e　　(4) b と c　　(5) c と d

9 コレステロールに関する記述である．正しいものの組合せはどれか．

a．血液中のコレステロールの量は，人体中のコレステロール量の約半分である．

b．脂肪酸のエステル型は，体内移送や貯蔵に適している．

c．正常のヒトの血液中では，遊離型のほうが脂肪酸エステルより多い．

d．正常のヒトのコレステロール生合成量は，食事から吸収する量より少ない．

e．末梢組織から回収されたコレステロールの大半は，肝臓に運ばれる．

 (1) a と b　　(2) a と c　　(3) a と d　　(4) b と e　　(5) c と d

10 ステロイドに関する記述である．正しいものの組合せはどれか．

a．アセチル CoA からステロイドが生合成されるとき，コール酸を経由する．

b．胆汁酸は細胞毒性をもたない．

c．腸内細菌により二次胆汁酸が合成される．

d．ステロイドホルモンは肝臓で合成される．

e．ステロイドホルモンにより，たんぱく質が合成される．

 (1) a と b　　(2) a と c　　(3) b と c　　(4) b と d　　(5) c と e

7章 たんぱく質の代謝

7.1 非必須アミノ酸の分解と生合成

7.1.1 アミノ基転移酵素

アミノ基転移酵素（aminotransferase）とは，あるアミノ酸のアミノ基を2-オキソ酸に移して異なるアミノ酸を生成し，もとのアミノ酸は2-オキソ酸に変わる反応を触媒する酵素である．その酵素には**アスパラギン酸アミノトランスフェラーゼ**（AST；aspartate aminotransferase，慣用名グルタミン酸オキサロ酢酸アミノ基転移酵素；GOT）と**アラニンアミノトランスフェラーゼ**（ALT；alanine aminotransferase，慣用名グルタミン酸ピルビン酸アミノ基転移酵素；GPT）があり，ピリドキサールリン酸が補酵素である．この反応は主要なアミノ酸代謝反応であり，余剰のアミノ酸の分解と非必須アミノ酸の合成がこの酵素反応で行われる．一方，不要なアミノ酸はアミノ基がはずれて2-オキソ酸になり，エネルギー源として利用される（図7-1）．

図7-1 アミノ基転移酵素（AST，ALT）の反応
PLPはピリドキサール 5′-リン酸．

7.1.2 酸化的脱アミノ反応

アミノ基転移反応により生成したグルタミン酸は，$NADP^+$ を補酵素とするグルタミン酸デヒドロゲナーゼによって脱アミノ化反応を受け，2-オキソグルタル酸とアンモニアを生成する．

$$HOOC(CH_2)_2CH\text{-}NH_2COOH \longrightarrow HOOC(CH_2)_2CO\text{-}COOH + NH_3$$

7.1.3 脱炭酸反応

アミノ酸のカルボキシル基を放出してアミンとなる反応で，PLP（ピリドキサール 5'-リン酸）が補酵素である．

$$R\text{-}CHNH_2COOH \longrightarrow R\text{-}CH_2NH_2 + CO_2$$

ヒスタミン，セロトニン，カテコールアミン，γ-アミノ酪酸などは，重要な生理活性をもち，この反応で生成される．

7.2 必須アミノ酸の代謝

成長したヒトでは，ロイシン，イソロイシン，バリン，リシン，トリプトファン，トレオニン，ヒスチジン，フェニルアラニン，メチオニンが必要で，**必須アミノ酸**（essential amino acid）となっている．

ロイシン，イソロイシン，バリンは分枝アミノ酸（**分岐鎖アミノ酸** branched chain amino acid）とよばれ，共通なアミノ基転移酵素の触媒を受けて，それぞれに対応した 2-オキソ酸になる．ついで，酸化的脱炭酸酵素によりアシル CoA となり，さらに何段階かの反応を受けて，ロイシンはアセチル CoA とアセト酢酸に，イソロイシンはスクシニル CoA とアセチル CoA に，バリンはスクシニル CoA になる．

リシンの代謝反応は遅いのが特徴で，複雑な経路の後，アセトアセチル CoA になる．

トリプトファンの代謝系は複雑で，多数の経路が存在する．主経路はアラニンを分離して進み，リシンと同様にアセトアセチル CoA になる．トリプトファンは，神経作用物質であるセロトニンや，B 群ビタミンの一つであるニコチン酸の原料となる．

トレオニンはアミノ基転移反応を受けないアミノ酸で，アセトアルデヒドを離してグリシンになる．グリシンはセリンと炭素 1 原子をやりとりして相互に変換する．セリンからアンモニアが取れ，ピルビン酸になる．

ヒスチジンの代謝速度は非常に遅く，まずアンモニアが取れ，ウロカニン酸になる．次に，ウロカニン酸はグルタミン酸へ代謝され，アミノ基転移反応によりアミノ基を失って，TCA 回路の中間代謝物である 2-オキソグルタル酸になる．

アルギニンは成長期では必須アミノ酸であり，オルニチン回路を通り，グルタミン酸を経て代謝される．

フェニルアラニンは，フェニルアラニンヒドロキシダーゼという酵素の触媒によりチロシンになる．フェニルケトン尿症はこの酵素の先天的な欠損が原因である．チロシンはホ

モゲンチジン酸を経て，アセト酢酸およびTCA回路の中間代謝物であるフマル酸になる．

メチオニンは硫黄を含んだ含硫アミノ酸で，体内の硫黄化合物の原料となる．メチオニンの代謝はメチル基を離してホモシステインとなり，ついで硫黄をセリンに与え，自らは2-オキソ酪酸を経てスクシニルCoAとなる．

7.3 尿素回路

有機窒素化合物の合成における必要量以上のNH_3は，哺乳類では尿素に変えられて尿中に排泄される．

尿素回路（urea cycle）では，まず，NH_3の窒素とCO_2の炭素をもつカルバモイルリン酸が，オルニチンカルバモイルトランスフェラーゼの作用でシトルリンを生じる．この酵素は補因子を必要とせず，基質特異性が高い．

次は，シトルリンからアルギニンができる反応である．まず，アルギニノスクシネートシンテターゼの働きで，シトルリンとアスパラギン酸からアルギニノコハク酸が合成される．この反応にはATPとMg^{2+}が必要である．

アルギニノコハク酸はアルギニノスクシネートリアーゼにより，アルギニンとフマル酸に分解される．

アルギナーゼは，アルギニンをオルニチンと尿素に不可逆的に加水分解する酵素である．したがって尿素回路は，尿素生成の向きにだけ進行する（図7-2）．

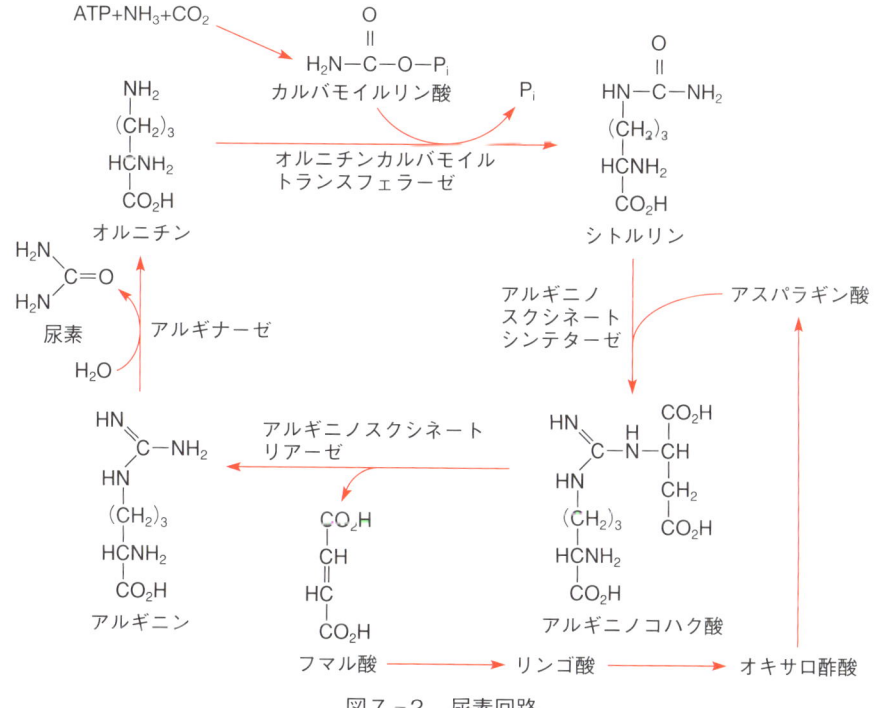

図7-2 尿素回路

たんぱく質の摂取量の変動に対して，生体はアンモニア処理系の酵素量を変動させて対応している．高たんぱく食，および低たんぱく・低エネルギー食においては，いずれの場合にもアンモニア生成が増大する．すなわち，高たんぱく食において過剰のアミノ酸は分解されて脱アミノ反応を受け，アンモニアが増加するとともに，生じたオキソ酸は脂質合成に回される．一方，低たんぱく食のときには血糖値維持を目的として，肝臓における糖新生の基質を供給するために，体たんぱく質の分解に続き，アミノ基転移酵素やセリン脱水酵素などのアミノ酸異化に関与する酵素が増加する．その結果，促進した脱アミノ反応よりアンモニア生成が増大し，その処理のための合目的的な反応として，尿素回路の酵素群が増加する．

アミノ酸の代謝に関して注目すべきことの一つは，臓器間におけるアミノ酸の交換と輸送である．アミノ酸の異化によって生じるアンモニアの処理系の尿素回路は肝臓にしか分布しないため，他の臓器で生成したアンモニアは肝臓まで輸送された後に尿素回路で処理される．ただし，アンモニアは強い細胞毒性を示すため，毒性を減じた化合物のかたちで肝臓へ輸送する必要がある．すなわち，骨格筋で生成したアンモニアは，アラニンのかたちで血中に出されて肝臓へ送られる．一方，脳神経系で生じたアンモニアは，グルタミン酸に結合してグルタミンとなり，肝臓へ送られる（図7-3）．その結果，血中においてこの二つは最も高濃度に存在するアミノ酸となる．

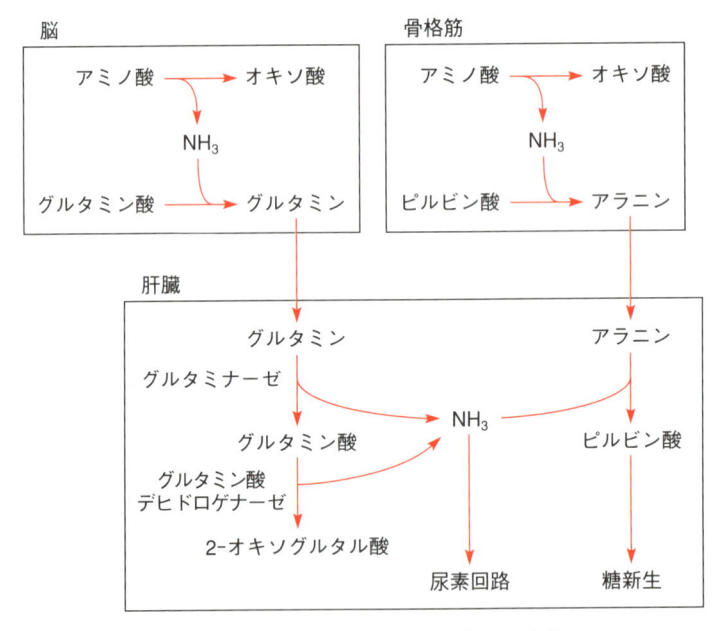

図7-3 臓器間のアミノ酸の輸送，交換

7.4 アミノ酸の炭素骨格の代謝

アミノ酸のうちの炭素骨格は，酸化的脱アミノ反応により2-オキソ酸となってTCA回

路に入り，代謝されてエネルギーとなる．アミノ酸の代謝は酸化的に脱アミノ反応が起こることによって開始され，各アミノ酸は解糖系の中間体であるピルビン酸，アセチルCoA，アセトアセチルCoA，TCA回路中間体のオキサロ酢酸，フマル酸，スクシニルCoA，2-オキソグルタル酸，クエン酸に変換され，TCA回路を経て水，二酸化炭素とATPを生成する（図7-4）．またアミノ酸には，TCA回路や解糖系の中間体に変換されて糖代謝の経路に入るものや，アセチルCoAに変換されて脂質代謝の経路に入るものがあり，糖質や脂質の合成にも関係する．糖代謝経路に入り，グルコースやグリコーゲンに変換される可能性のあるアミノ酸を**糖原性アミノ酸**（glycogenic amino acid）とよび，また，アセチルCoAから脂質代謝の経路に入り，ケトン合成に進むアミノ酸を**ケト原性アミノ酸**（ketogenic amino acid）とよぶ．

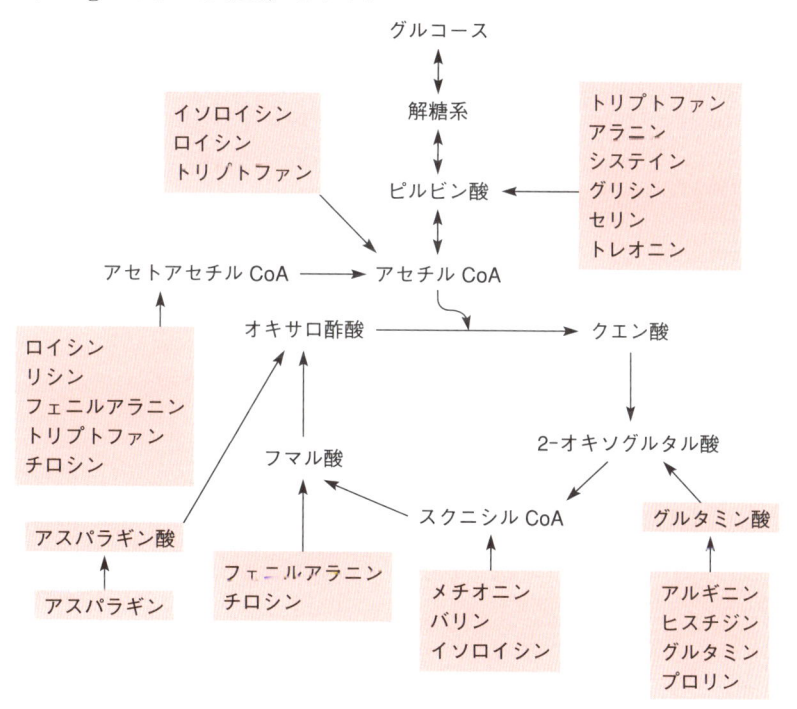

図7-4　アミノ酸の酸化

7.5　アミノ酸からの特殊生体成分の合成

7.5.1　生理活性アミン，ホルモン

副腎髄質ホルモンである**アドレナリン**（adrenaline）は，フェニルアラニン，チロシンより，フェニルアラニン→チロシン→ドーパ→ドーパミン→ノルアドレナリン→アドレナリンの経路で生合成され，各生合成段階に，フェニルアラニンヒドロキシラーゼ，チロシンヒドロキシラーゼ，ドーパデカルボキシラーゼ，ドーパミンヒドロキシラーゼ，メチルトランスフェラーゼの5種の酵素が必要である（図7-5）．

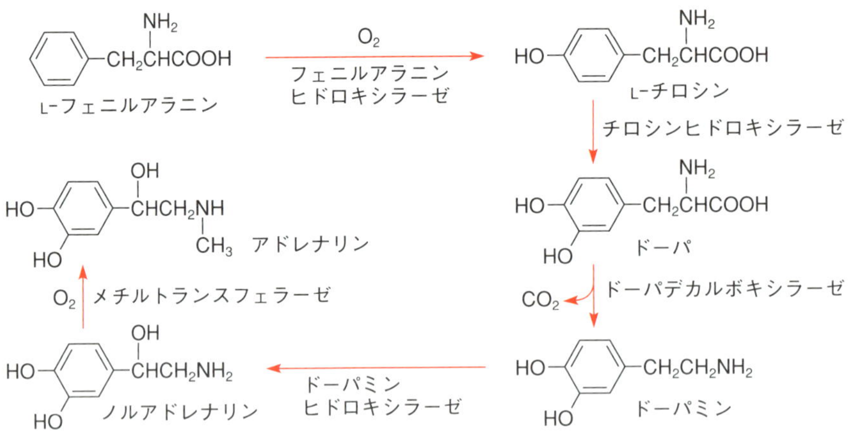

図7-5 フェニルアラニン，チロシンの代謝

7.5.2 ポルフィリン

ポルフィリン（porphyrin）とは，ヘムたんぱく（カタラーゼ，シトクロム，ヘモグロビン，ペルオキシダーゼ，ミオグロビン，レグヘモグロビン）とクロロフィルがもつ環状テトラピロール構造の化合物である．ポルフィリンの生合成は，グリシンとスクシニルCoAが5-アミノレブリネートシンターゼの作用で縮合し，2-アミノ-3-オキソアジピン酸になる．これが酵素に結合したまま脱炭酸され，5-アミノレブリン酸（ALA）となる．次にポルホビリゲンシンターゼの作用で2分子のALAが脱水縮合し，ポルホビリノーゲ

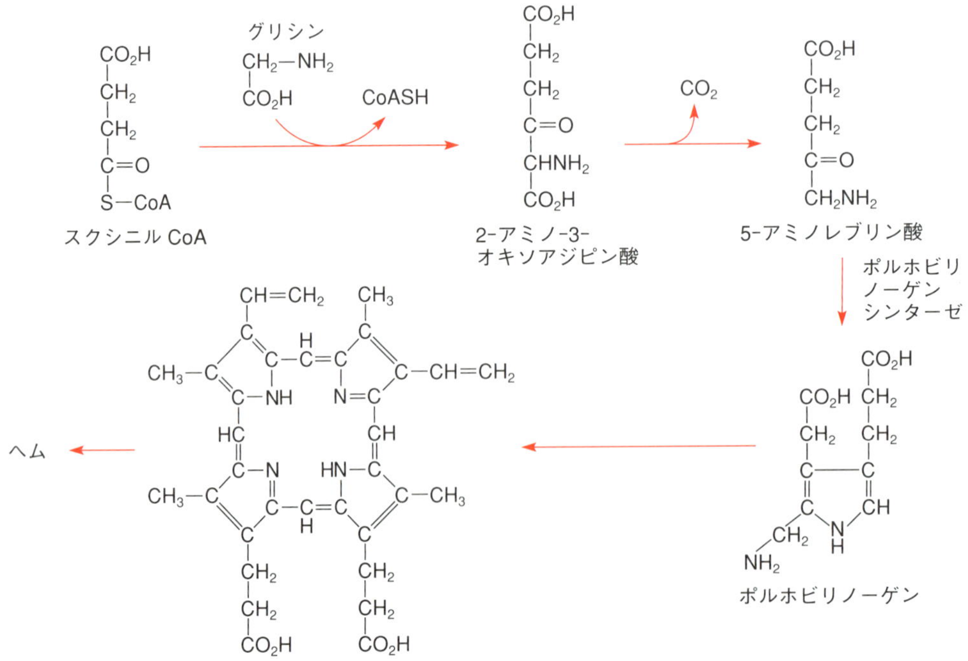

図7-6 ポルフィリンの生合成

ンを生じる．さらに図7-6のように何段階かの酵素反応で，4分子のポルホビリノーゲンから環状テトラピロール構造ができる．

7.5.3 胆汁色素

胆汁色素（bile pigment）の主成分は青緑色のビリベルジンと赤褐色のビリルビンであり，ともにヘムの代謝分解過程で生成する．ビリベルジンはヘムの代謝分解過程で最初に生成する胆汁色素で，ヘムオキシゲナーゼの作用によりポルフィリンの5-メチル橋が切れて開環すると生成する．ビリルビンはビリベルジンが還元されて生成される（図7-7）．

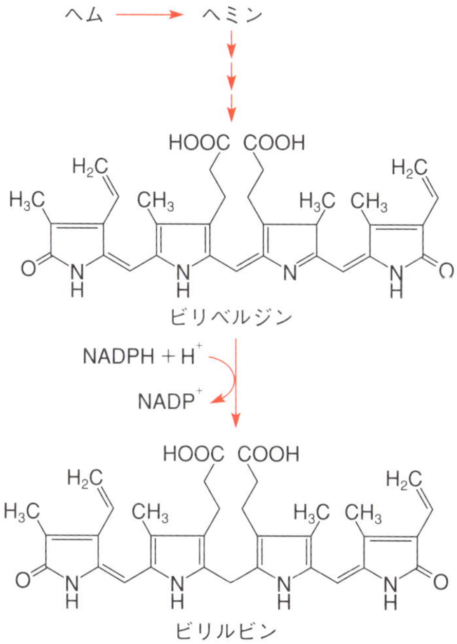

図7-7　胆汁色素の生成

7.5.4 クレアチニン

クレアチニン（creatinine）は，クレアチン経路で生成したクレアチンが脱水，環化したものである．クレアチン経路は，アルギニンがグリシンアミジノトランスフェラーゼによりグリシンからオルニチンを生成し，自身はグアニジノ酢酸になり，さらにグアジニノ酢酸メチルトランスフェラーゼにより，S-アデノシルメチオニンからメチル基を受けてクレアチンになる．クレアチンがクレアチンキナーゼにより，ATPからリン酸を受け，ホスホクレアチンが生成される．ホスホクレアチンは筋肉のような急激に多量のエネルギーを消費する細胞で，エネルギーを貯蔵する役割を果たし，運動などによってクレアチンに戻るか，または非酵素的反応によってクレアチニンとなり，尿中に排泄される（図7-8）．

7.5.5 一酸化窒素（NO）

損傷のない内皮細胞は平滑筋細胞を弛緩させる物質（内皮細胞由来弛緩因子；EDRF：endothelium-derived relaxing factor）を放出させるとの研究がNO発見の端緒となった．NOは簡単な化学構造をもつ分子であるが，フリーラジカルの性質をもつ反応性の高い気体で，脂溶性のため細胞膜を自由に通過して細胞情報伝達因子として血管拡張，免疫防御，

図7-8 クレアチンの代謝

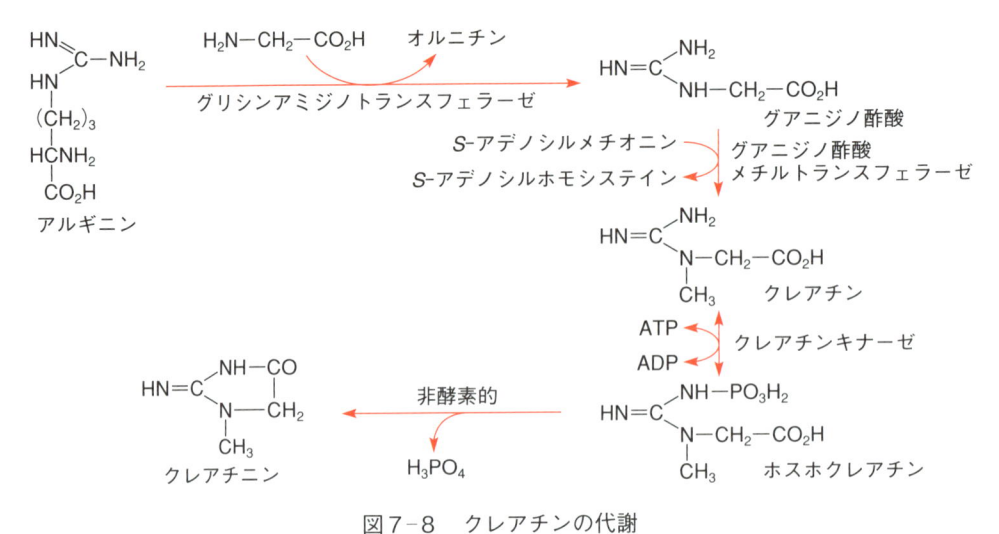

神経伝達などの働きをもっている．

● NO合成酵素（NOシンターゼ；NOS）

NOを合成する **NO合成酵素** は，NADPHとO_2の存在下L-アルギニンからL-ヒドロキシアルギニン中間体を経由して，NOとL-シトルリンを合成する（図7-9）．

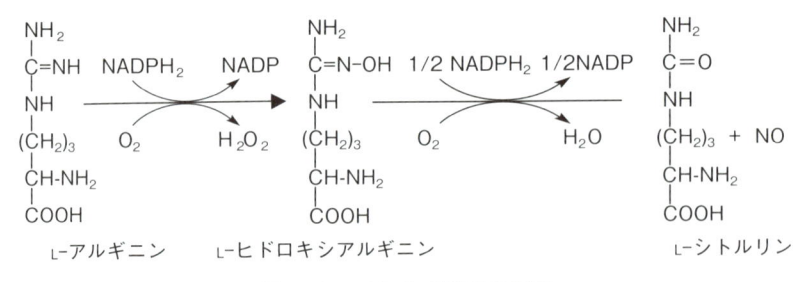

図7-9 NO合成酵素の反応

NOSには，**神経型NOS**（nNOS），**血管内皮型NOS**（eNOS），**誘導型NOS**（iNOS）の3種がある．nNOSとeNOSは細胞内に常に発現している構成型の酵素で，Ca^{2+}とカルモジュリンで活性化される．

nNOS は小脳や嗅球などのニューロンに存在し，NOは，神経伝達物質として作用する．

eNOS は，血管に対するずり応力が働くと刺激されNOを生成する．NOは平滑筋細胞に入り，グアニル酸シクラーゼを活性化してcGMP濃度を上昇させ，細胞内から細胞外にCa^{2+}が流出し，平滑筋が弛緩して血管が拡張する．心臓に血液を供給する冠動脈が収縮して生じる狭心症のときにニトログリセリンを投与すると一酸化窒素が生成され，同じメカニズムで冠動脈が拡張し，狭心症の症状を和らげる．

iNOS はカルモジュリンとは関係なく，マクロファージ，好中球，内皮細胞，平滑筋細胞で誘導される．細胞の細菌感染により細菌壁リポ多糖類（LPS）やサイトカインなどに

7章 たんぱく質の代謝

$$\begin{array}{l}\text{CH}_2\text{-ONO}_2\\|\\\text{CH -ONO}_2\\|\\\text{CH}_2\text{-ONO}_2\end{array}$$

ニトログリセリン

刺激されると刺激を受け，活性化されたマクロファージは大量の NO を産生し，その殺菌作用によって生体防御を行う．

予想問題

1 アミノ酸代謝に関する記述である．正しいものの組合せはどれか．
  a．アルギニンは尿素回路の一員であり，分解されるとオルニチンと尿素になる．
  b．グルタミン酸が 2-オキソグルタル酸になる反応は酸化的脱アミノ反応である．
  c．アミノ基転移反応はアミノ基転移酵素によって起こり，補酵素として $NADP^+$ が必要である．
  d．アミノ酸からはずれたアミノ基は，他のアミノ酸に使われることなくオルニチン回路で尿素に合成される．
  e．オルニチン回路は尿素の合成経路であり，アンモニア 2 分子と二酸化炭素 1 分子から尿素 1 分子が生じる．
    (1) a と b (2) a と e (3) b と c (4) c と d (5) d と e

2 アミノ酸代謝に関する記述である．正しいものの組合せはどれか．
  a．ポルフィリンは，スクシニル CoA とアラニンの縮合反応を経て合成される．
  b．ビリルビンは，赤血球に含まれるヘモグロビンの分解により生成される．
  c．クレアチンは，アルギニンとグリシンおよびメチオニンから合成される
  d．ホスホクレアチンは，筋肉の直接のエネルギー源として重要な働きをしている．
  e．クレアチニンは筋肉中で ATP から高エネルギーリン酸を受け取り，ホスホクレアチンとなってエネルギー貯蔵の役目を担っている．
    (1) a と b (2) a と e (3) b と c (4) c と d (5) d と e

3 アミノ酸代謝に関する記述である．正しいものの組合せはどれか．
  a．フェニルアラニンから脱炭酸反応によりセロトニンが生じる．
  b．トリプトファンから副腎髄質ホルモンのアドレナリンが合成される過程には，アミノ酸脱炭酸反応が含まれている．
  c．ヒスタミンは，アミノ酸脱炭酸酵素の働きでヒスチジンから産生される．
  d．分岐鎖必須アミノ酸であるメチオニンは，メチル基の供与体として重要な役割を担っている．
  e．尿素回路ではオルニチン，シトルリン，アルギニン，グルタミン酸などのアミノ酸が関与している．
    (1) a と b (2) a と e (3) b と c (4) c と d (5) d と e

8章
ヌクレオチドの代謝

8.1 ヌクレオチドの生合成

　細胞内の遊離ヌクレオチド濃度は，そのポリマーとして存在するDNA，RNAの構成ヌクレオチド濃度に比較してきわめて低いため，常に合成する必要がある．とくに増殖期の細胞では，細胞の生命維持のためにヌクレオチド合成が大幅に上昇している．したがって，がん細胞などの増殖を止める最も有効な方法の一つとして，ヌクレオチド合成の阻害があげられる．多くの制がん剤，化学療法の標的にヌクレオチド合成系の阻害が選択される理由である．

　ヌクレオチド合成系の特徴として，*de novo*（新規）の合成とサルベージ経路（salvage pathway，再利用系）の2経路が存在することがある．異化反応によって生じた代謝中間体をそのまま排泄することなく，再利用してヌクレオチドに合成する代謝経路の存在は，ヌクレオチド濃度の維持の重要性を示している．*de novo* 合成においては，プリン，ピリミジンヌクレオチドのいずれも塩基部分が先に合成されるのではなく，ヌクレオチドとして合成され，分解過程において塩基を生じ，サルベージ経路により再びヌクレオチドに戻る経路が基本である．

　プリン，ピリミジン環合成の基本物質は，リボース5-リン酸，アミノ酸としてグルタミン，グリシン，アスパラギン酸，さらに炭素1単位から構成される（図8-1）．

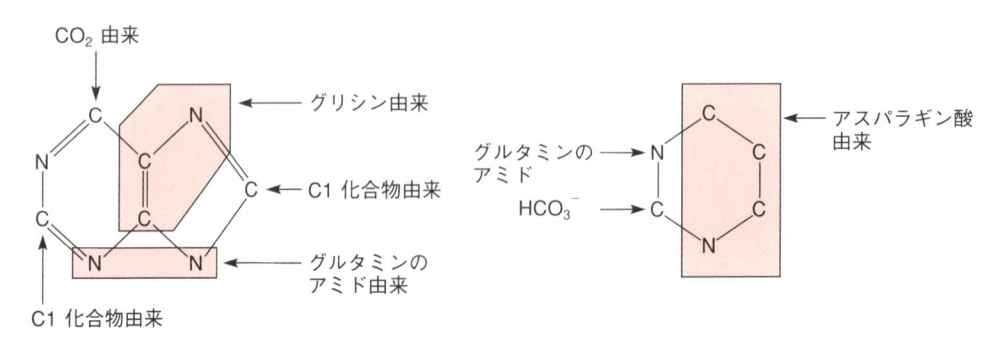

（a）プリン環の合成の素材　　　　（b）ピリミジン環の合成の素材

図8-1　プリン環とピリミジン環を構成する元素の起源

8.1.1 プリンヌクレオチド合成

出発物質はリボース 5-リン酸であり，ATP からピロリン酸を受けて生じるホスホリボシルピロリン酸（PRPP）が，**プリンヌクレオチド**（purine nucleotide）のみならず，ピリミジンヌクレオチド合成において中心的な役割を演じる．PRPP からホスホリボシルアミン（phosphoribosylamine）を生成するアミドトランスフェラーゼが，プリン合成経路の調節段階を構成する．この酵素はグルタミンのアミド基を PRPP に転移する酵素であるが，プリンヌクレオチド合成経路の終末生成物の IMP，AMP，GMP によって，フィードバック阻害を受ける．ホスホリボシルアミンに順次，グリシン，ギ酸（活性 C1 単位），グルタミン，アスパラギン酸が結合して，プリン環の共通の前駆体である IMP（イノシン酸）が合成される（図 8-2）．

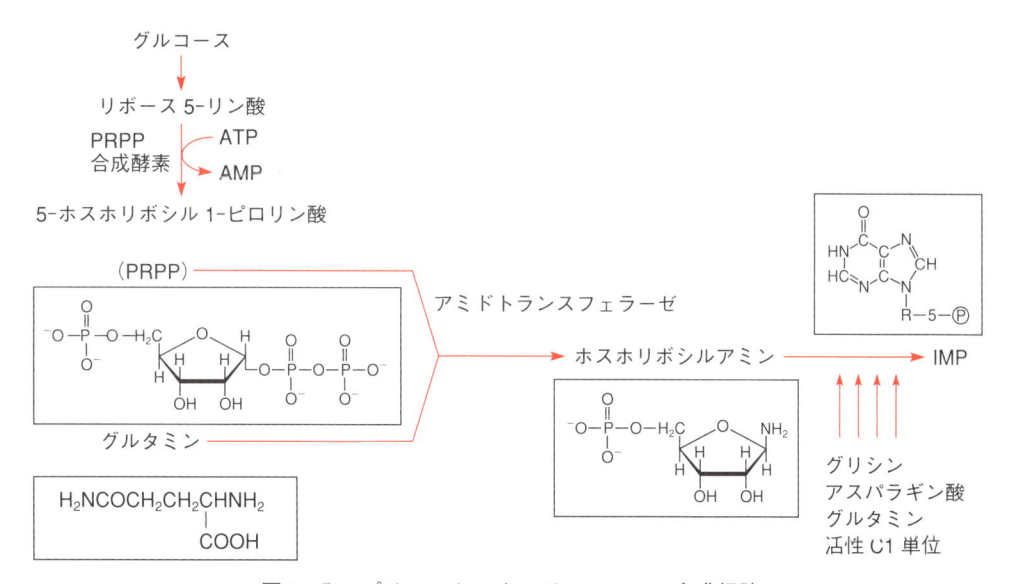

図 8-2 プリンヌクレオチドの *de novo* 合成経路

プリンヌクレオチドの相互変換経路を図 8-3 に示す．IMP は AMP をつくる経路と GMP になる経路に分かれる．AMP 合成経路の最初はアスパラギン酸と結合してアデニロコハク酸を形成し，ついでフマル酸を遊離して AMP となる．さらに AMP は脱アミノされて IMP に戻る．この経路を**プリンヌクレオチド回路**という．一方，IMP が酸化されて XMP を生じ，次にグルタミンのアミド基が導入されて GMP となる．

8.1.2 ピリミジンヌクレオチド合成

グルタミンと CO_2 から合成されるカルバモイルリン酸が出発物質である．カルバモイルリン酸をつくるカルバモイルリン酸合成酵素 II は細胞質ゾルに分布し，尿素回路の入口に位置するミトコンドリアのカルバモイルリン酸合成酵素 I（CPS I）が，基質の一つとしてアンモニアを利用する性質をもつことと対照的である．カルバモイルリン酸とアスパラギン酸が，アスパラギン酸カルバモイルトランスフェラーゼ（ATC アーゼ）によっ

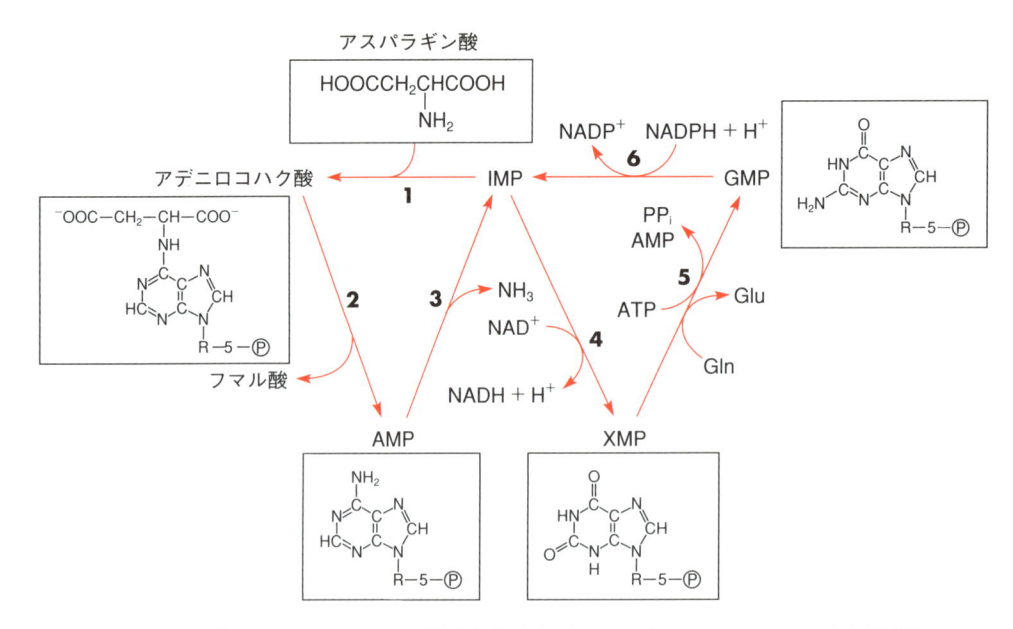

図8-3 プリンヌクレオチドの相互変換経路（IMPからAMP，GMPの合成経路）

1. アデニロコハク酸シンテターゼ
2. アデニロコハク酸リアーゼ
3. AMPデアミナーゼ
4. IMPデヒドロゲナーゼ
5. GMPシンテターゼ
6. GMPレダクターゼ

てカルバモイルアスパラギン酸を生じ，ついでジヒドロオロターゼにより閉環してジヒドロオロト酸がつくられる．さらに還元されてできたオロト酸にPRPPが反応して，ヌクレオチド骨格のオロチジル酸ができあがる．オロチジル酸が脱炭酸されてUMPができ，リン酸化されてUTPとなる．UTPがグルタミンのアミド基を受けてCTPとなり，ピリミジンヌクレオチド（pirimidine nucleotide）が完成する．

ピリミジン合成系の調節は真核生物と細菌では異なっており，前者では最初の三つの酵素，すなわちカルバモイルリン酸合成酵素Ⅱ，アスパラギン酸トランスカルバモイラーゼ，ジヒドロオロターゼは単一3機能たんぱく質であり，CADの名でよばれている．CADのなかのCPS Ⅱは，CTPによってフィードバック阻害を受ける．一方，細菌ではカルバモイルアスパラギン酸をつくるアスパラギン酸カルバモイラーゼが調節酵素であり，CTPによるフィードバック阻害を受ける．いずれも最終生成物であるCTPによって，*de novo* の合成が調節されている（図8-4）．

8.2　ヌクレオチドの分解とサルベージ経路

8.2.1　プリンヌクレオチドの分解

プリンヌクレオチドの分解経路では，最も量的に多いAMPが脱アミノされてIMPとなってから脱リン酸され，ヌクレオシドのイノシンとなる．ヌクレオシドは真核細胞では

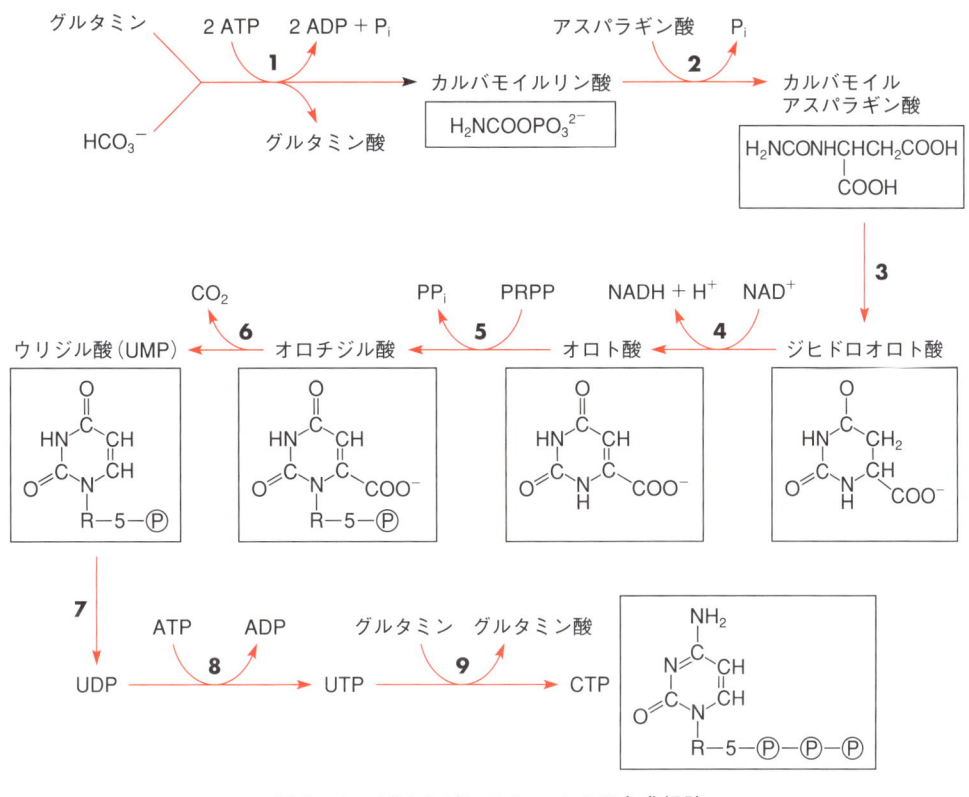

図8-4 ピリミジンヌクレオチド合成経路

1. カルバモイルリン酸合成酵素II
2. アスパラギン酸トランスカルバモイラーゼ
3. ジヒドロオロターゼ
4. ジヒドロオロト酸デヒドロゲナーゼ
5. オロト酸ホスホリボシルトランスフェラーゼ
6. オロチジル酸デカルボキシラーゼ
7. ヌクレオシド一リン酸キナーゼ
8. ヌクレオシド二リン酸キナーゼ
9. シチジル酸シンテターゼ

8・2 ヌクレオチドの分解とサルベージ経路

〈図8-5〉

(a)
1. AMPデアミナーゼ
2. 5'-ヌクレオチダーゼ
3. アデノシンデアミナーゼ
4. プリンヌクレオシドホスホリラーゼ
5. キサンチンオキシダーゼ
6. グアニンデアミナーゼ
7. ヒポキサンチン-グアニンホスホリボシルトランスフェラーゼ
8. アデニンホスホリボシルトランスフェラーゼ
 ……… サルベージ系酵素 (7, 8)
 ──── 分解系酵素 (1～6)

(b)
1. 5'-ヌクレオチダーゼ
2. シチジンデアミナーゼ
3. シトシンデアミナーゼ
4. ピリミジンヌクレオシドホスホリラーゼ
5. シチジン-ウリジンキナーゼ
6. チミジンキナーゼ
7. ウラシルホスホリボシルトランスフェラーゼ
 ……… サルベージ系酵素 (5～7)
 ──── 分解系酵素 (1～4)

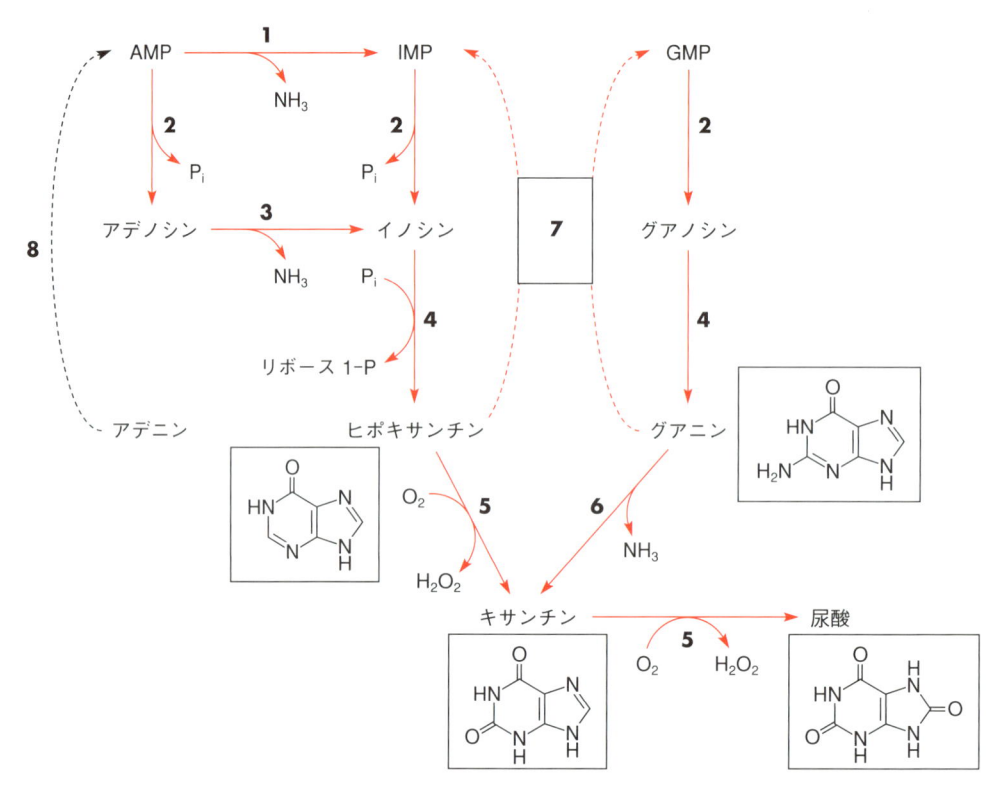

(a) プリンヌクレオチド

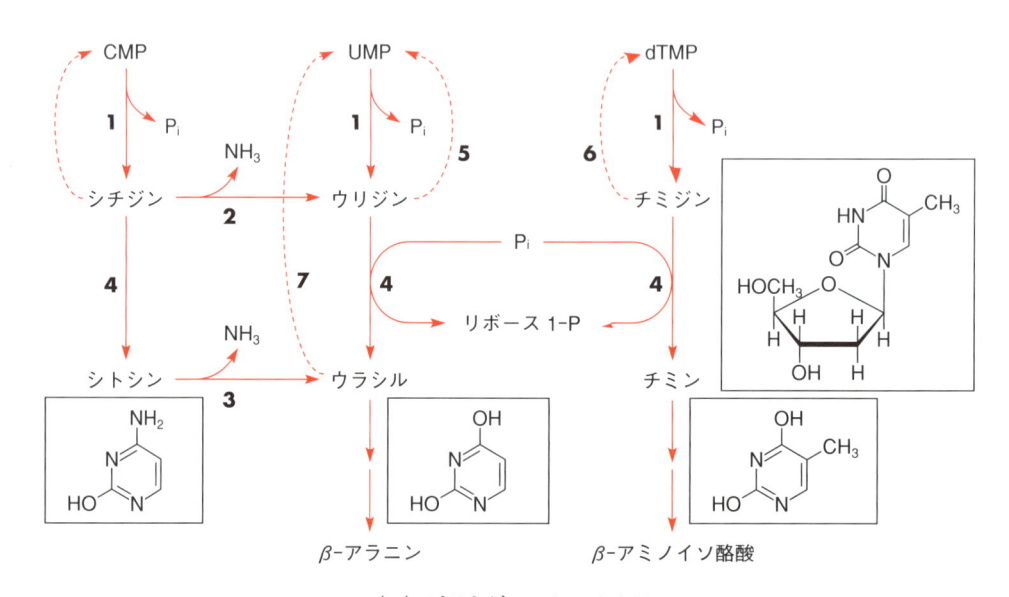

(b) ピリミジンヌクレオチド

図8-5 ヌクレオチド分解系とサルベージ経路

プリンヌクレオシドホスホリラーゼによって加リン酸分解を受け，塩基のヒポキサンチンとなる．ヒポキサンチンはキサンチンオキシダーゼおよびキサンチンデヒドロゲナーゼによって尿酸に変えられ，ヒト，霊長類ではそのまま排泄されるが，他の哺乳類ではさらにアラントインに酸化されてから排泄される．キサンチンオキシダーゼが働く前のステップのヒポキサンチン，キサンチンに PRPP を結合させて IMP および XMP をつくるヒポキサンチン-グアニンホスホリボシルトランスフェラーゼ（HGPRT）が，**サルベージ（再利用）経路**である．レッシュ・ナイハン（Lesch–Nyhan）症候群は，この酵素の欠損による精神薄弱，脳性麻痺，自傷行為，高尿酸血症を特徴とする．痛風の一部もこの酵素の部分欠損，活性低下に由来する．HGPRT の欠損はヒポキサンチンのサルベージを抑制して，IMP の減少をきたすため，プリン合成系の初発酵素のアミドトランスフェラーゼの IMP による阻害が解除され，*de novo* の合成がさらに促進し，尿酸レベルが一層上昇する結果を招く（図 8-5）．

8.2.2 ピリミジンヌクレオチドの分解

図 8-5 に示すように，CMP, UMP のいずれもヌクレオチダーゼによって脱リン酸され，ヌクレオシドとなった後，プリン分解の場合と同様にヌクレオシドホスホリラーゼによって塩基のシトシン，ウラシルに分解される．シチジン，シトシンはそれぞれヌクレオシド，塩基レベルで脱アミノされて，最終的にウラシルの代謝に合流する．ウラシルは還元された後，β-アラニンとなり，チミンも同様の経路を経て β-アミノイソ酪酸となる．いずれも最終的に窒素が尿素として排泄される．

8.3　デオキシリボヌクレオチドの合成

DNA の原料となる**デオキシリボヌクレオチド**（deoxyribonucleotide）は，リボヌクレオチドをリボヌクレオチド還元酵素によって還元することにより合成されるが，真核生物を含めて大部分の細胞ではヌクレオシド三リン酸を基質とする．乳酸菌ではヌクレオシド三リン酸を基質とする例がある．この還元反応は還元力としてチオレドキシンを必要とす

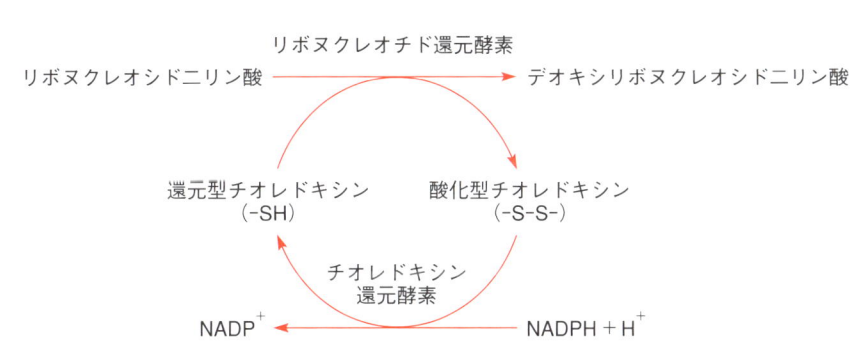

図 8-6　デオキシリボヌクレオチド合成系（リボヌクレオチド還元酵素の反応）

るが，リボヌクレオチドの還元によって酸化型となったチオレドキシンは，チオレドキシン還元酵素によって再び還元型チオレドキシンに戻る．チオレドキシン還元酵素は還元力としてNADPHを要求する（図8-6）．

　リボヌクレオチド還元酵素は，さまざまなヌクレオチドによって活性化あるいは阻害を受け，DNA合成の重要な調節段階に位置する．とくに，dATPによってすべてのリボヌクレオシドの還元が阻害されることは，dATPがヌクレオチドのなかで最も多く存在するATPから合成されるため，フィードバック阻害を示している．また，DNAにのみ存在する塩基のdTTPによって活性化されることは，最も少ないヌクレオチドのdTTPによってDNA合成が促進されるという合目的性を示している．

　DNAに特異的な塩基であるチミンは，dUMPのメチル化によって合成される．dUMPの起源は，第一にUDPの還元によって生成したdUDPの脱リン酸によるもの，第二にdCTPあるいはdCMPの脱アミノによるものがある．さらにヌクレオシドのレベルでデオキシシチジンが脱アミノされてデオキシウリジンとなり，リン酸化されてdUMPとなる経路も存在する（図8-7）．dUMPはチミジル酸合成酵素によってメチル化されて，dTMPが合成される．このメチル基の供与体として重要な働きをする補酵素がメチレンテトラヒドロ葉酸であり，ビタミンの葉酸から合成される．メチレンテトラヒドロ葉酸は

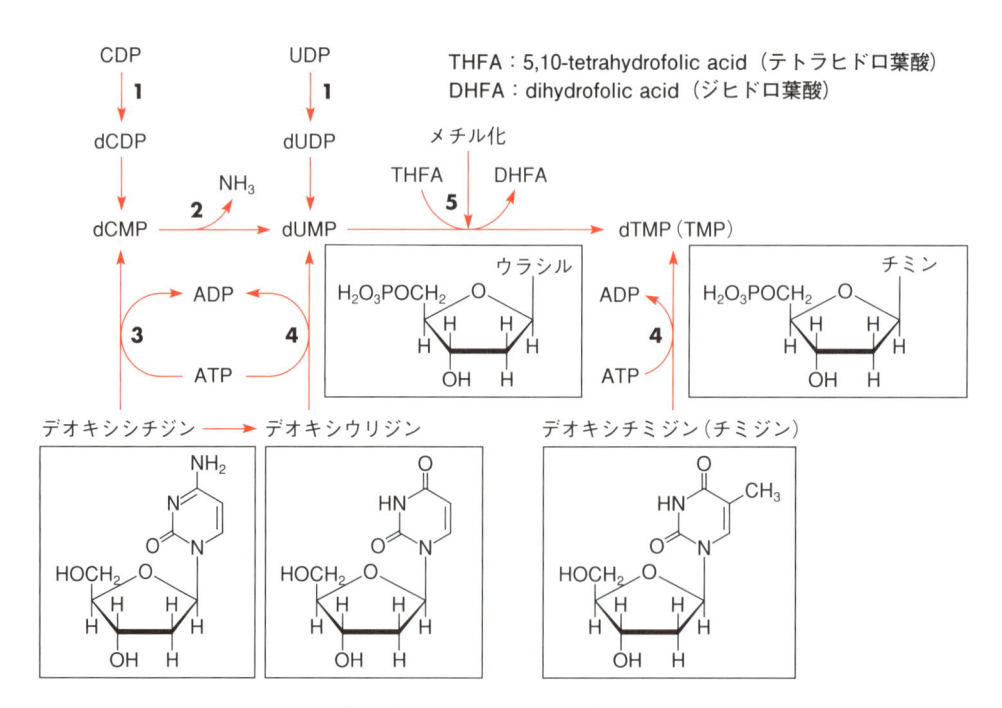

図8-7　チミン塩基合成系とチミジル酸合成酵素（メチル基供与反応）

1. リボヌクレオチドレダクターゼ
2. dCMPデアミナーゼ
3. デオキシシチジンキナーゼ
4. デオキシチミジン-デオキシウリジンキナーゼ
5. TMPシンテターゼ（チミジル酸シンテターゼ）

dUMPにメチル基を与えてジヒドロ葉酸に変化するが，再びメチレンテトラヒドロ葉酸に再生されて利用される（図8-7）．したがって，チミジル酸合成酵素を直接阻害する物質，およびジヒドロ葉酸還元酵素の阻害剤はdTMP合成を止め，結果としてDNA合成を阻害するため，制がん剤や化学療法剤として用いられている．制がん剤として知られているフルオロウラシル（5-FU）は，それ自身は阻害作用をもたないが，体内でサルベージ経路（ウラシルホスホリボシルトランスフェラーゼ）によりフルオロUMPとなる（図8-5 b参照），ついでリン酸化されて生成したフルオロUDPからリボヌクレオチド還元酵素の作用によってフルオロdUDPとなり（図8-6参照），続いてフルオロdUMPに変化してチミジル酸合成酵素を阻害する．さらに，同様に制がん剤として用いられているアメトプテリンは，ジヒドロ葉酸還元酵素を阻害してdUMPへのメチル基の供与を抑制することで説明される．

予想問題

1 ヌクレオチドの *de novo* 合成経路において最初に生成するヌクレオチドの正しい組合せはどれか．
 a．AMP（アデノシン 5′—リン酸）
 b．GMP（グアノシン 5′—リン酸）
 c．IMP（イノシン 5′—リン酸）
 d．UMP（ウリジン 5′—リン酸）
 e．CMP（シチジン 5′—リン酸）
  (1) a と b　 (2) a と e　 (3) b と c　 (4) c と d　 (5) d と e

2 ヒトにおける ATP 分解経路の産物として正しい組合せはどれか．
 a．尿酸
 b．尿素
 c．乳酸
 d．アンモニア
 e．キサンチン
  (1) a と b　 (2) a と e　 (3) b と c　 (4) c と d　 (5) d と e

3 動物細胞におけるデオキシヌクレオチドの合成経路について正しい組合せはどれか．
 a．還元力としてチオレドキシンを必要とする．
 b．リボヌクレオシドレベルで還元される．
 c．リボヌクレオシド一リン酸レベルで還元される．
 d．リボヌクレオシド二リン酸レベルで還元される．
 e．リボヌクレオシド三リン酸レベルで還元される．
  (1) a と b　 (2) a と d　 (3) b と c　 (4) c と e　 (5) d と e

9章 生体酸化

9.1 生体における酸素の働き

　好気性生物は，空気中の酸素を常に呼吸により体内に取り込んで，生命を維持している．したがって酸素は生体にとって必要不可欠な物質であるが，同時に生体に酸化ストレスを与える物質でもある．生体における酸素の働きは，エネルギーを産生したり生理活性物質を生成したりするための制御された酵素的な生理的酸化反応と，活性酸素やフリーラジカルによって引き起こされる無制御な病理的酸化反応に二分される．

　本章においては，エネルギー産出のための酸化反応に関連する酸化還元酵素について概説するとともに，活性酸素やフリーラジカルによる酸化反応について解説する．各栄養素の代謝や生理活性物質の生成をもたらす酸化反応については，5〜8章を参照されたい．

9.1.1 酸化還元酵素

（1）酸化還元反応

　ヒトは食物から生命活動に必要なエネルギーを得ているが，このエネルギーの産生反応は，摂取した糖質，脂質，たんぱく質が生体内で酸化分解されることに基づいている．

　酸化反応（oxidation）とは，一般には酸素と化合する反応，すなわち物質が酸素と直接反応して燃焼する反応（例：$C + O_2 \longrightarrow CO_2$）であるが，さらに，物質から水素が奪われる脱水素反応（例：アスコルビン酸 $\longrightarrow$ デヒドロアスコルビン酸 + 水素，乳酸 $\longrightarrow$ ピルビン酸 + 水素）や原子，分子およびイオンなどが電子を放出する反応（$Fe \longrightarrow Fe^{2+} + 2e^-$）も含まれる．

　一方，**還元反応**（reduction）とは，広くは物質から酸素が奪われる反応（例：$H_2O_2 \longrightarrow H_2O + O$）や水素と結合する反応（例：$NAD^+ + H_2 \longrightarrow NADH + H^+$）を示すが，さらに原子，分子およびイオンなどが電子を受け取る反応（例：$Fe^{3+} + e^- \longrightarrow Fe^{2+}$）も含まれる．

　これらの酸化反応および還元反応のなかで，生体内では主に水素あるいは電子が奪われる，あるいは付加される反応が中心となる．

$$\text{酸化体（oxidant）} + n\,e^- \rightleftharpoons \text{還元体（reductant）}$$

ある物質が酸化反応を起こすためには，一方で他の物質は還元反応を起こすことになる．

つまり生体内において，酸化反応により遊離された水素イオンや電子はそのままの状態では存在できないため，同時に電子を受け取る還元反応により消費される．このように酸化反応と還元反応は同じ場所で同時に起こるので，酸化還元反応（oxidation-reduction reaction）とよばれる．

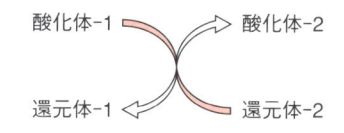

```
酸化体-1  →  酸化体-2
還元体-1  ←  還元体-2
```

（2）酸化還元電位

物質の酸化反応または還元反応の起こりやすさを示す尺度が，酸化還元電位である．酸化還元電位は，標準水素電極を基準として測定された標準酸化還元電位（$E°$；standard oxidation-reduction potential）で示される．表9-1に主な酸化還元系の標準酸化還元電位を示したが，値が大きいほど酸化体の酸化力が大きく，小さいほど還元体の還元力が大きいことを意味する．

表9-1 主な酸化還元系の標準酸化還元電位

標準酸化還元電位	$E°$	標準酸化還元電位	$E°$
O_2 / H_2O	0.82	$FAD / FADH_2$	-0.12
シトクロム a：Fe^{3+} / Fe^{2+}	0.29	オキサロ酢酸／リンゴ酸	-0.17
シトクロム c：Fe^{3+} / Fe^{2+}	0.26	ピルビン酸／乳酸	-0.19
シトクロム c_1：Fe^{3+} / Fe^{2+}	0.22	アセトアルデヒド／β-ヒドロキシ酢酸	-0.27
フマル酸／コハク酸	0.03	$NAD / NADH_2$	-0.32
補酵素Q／還元型補酵素Q	0.01	コハク酸／2-オキソグルタル酸	-0.67
シトクロム b：Fe^{3+} / Fe^{2+}	-0.07		

（3）酸化還元酵素

生体内におけるさまざまな酸化還元反応を，温度37℃，pH中性の穏和な条件下で効率よく行うためには，触媒として作用する酵素が必要である．生体物質の酸化還元反応を触媒する酵素を総称して，酸化還元酵素（oxidoreductase, oxidation-reduction enzyme）とよぶ．酸化還元酵素は，その反応形式，性質，供与体や受容体の種類により，表9-2に示したように分類される．

なお，酸化還元反応においては，電子（水素）供与体となる物質（酸化体）と受容体となる物質（還元体）が必要であるが，生体内反応では，いずれかは比較的限定された物質である．

（4）エネルギーの産出（ATPの生成）

生体内のさまざまな活動には，いろいろな種類のエネルギーが必要となる．すなわち，たんぱく質，脂質など生体構成物質の合成に必要な化学エネルギー，筋肉の収縮，神経伝達，物質の吸収などに必要な機械エネルギー，そして体温の維持に必要な熱エネルギーである．これらはすべて，高エネルギー化合物であるATPがADPに加水分解する際に生じる．このATPは，食品中の栄養素である糖質，脂質，たんぱく質の代謝（酸化）反応過

9・1 生体における酸素の働き

表9-2 各種酸化還元酵素の反応形式

酵素	反応形式	供与体 受容体	酵素の例
デヒドロゲナーゼ (dehydrogenase)	脱水素反応 $AH_2 + B \rightleftarrows A + BH_2$	NAD(H) NADP(H)	アルコールデヒドロゲナーゼ 乳酸デヒドロゲナーゼ
レダクターゼ (reductase)	還元反応 $A + BH_2 \rightleftarrows AH_2 + B$	ジスルフィド化合物	グルタチオンレダクターゼ
オキシダーゼ (oxidase)	酸化反応 $2 AH_2 + O_2 \rightleftarrows 2A + 2H_2O$	酸素	シトクロム c オキシダーゼ アスコルビン酸オキシダーゼ
オキシゲナーゼ (oxygenase)	酸素添加反応 $AH_2 + B + O_2 \rightleftarrows A + BO + H_2O$ $A + O_2 \rightleftarrows AO_2$		シトクロム P-450
ペルオキシダーゼ (peroxidase)	過酸化物分解反応 $AH_2 + H_2O_2 \rightleftarrows A + 2H_2O$	過酸化水素	カタラーゼ ペルオキシダーゼ

程において遊離された自由エネルギーの一部を利用して ADP から産生されるため,結果としてこれらの栄養素が生体内のエネルギー源となる.

9.1.2 活性酸素

酸素分子は無色無臭の気体である.沸点は $-182.97\,℃$,融点は $-218.9\,℃$ であり,8個の電子をもつ酸素原子が2個結合している.空気中に 20% 存在する通常の酸素分子は,基底状態の**三重項酸素**($^3O_2$;triplet oxygen)として安定に存在している.さらに三重項酸素のほかに,表9-3に示したように,反応性に富み,さまざまな生体内反応に関与す

表9-3 酸化反応に関与する酸素の種類と性質

酸素の種類		電子配置	性質
	三重項酸素($^3O_2$)	:Ö Ö:	基底状態の酸素分子で安定に大気中に存在する.不対電子を2個もつビラジカルである.
活性酸素	一重項酸素($^1O_2$)	:Ö Ö:	電子励起状態の酸素分子で三重項酸素($^3O_2$)より 22.5 kcal/mol 高いエネルギーをもつため,反応性が高い.二重結合と速やかに反応する.
	ヒドロキシルラジカル(OH・)	H:Ö:	活性酸素種のなかで最も攻撃性が高い.酸化反応,水素引き抜き反応,二重結合への付加反応において拡散律速に近い速度で反応する.
	スーパーオキシド(O_2^-)	:Ö Ö:	酸素の1電子還元体で,1個の不対電子をもつアニオンラジカルである.ラジカルとしての反応性は小さいが,ハロゲン化合物に対して高い反応性をもつ.
	過酸化水素(H_2O_2)	H:Ö:Ö:H	酸素の2電子還元状態.生体内に常に微量存在する.酸化力は強くないが,他の活性酸素種を産生する化合物として重要である.
	脂質過酸化物 ヒドロペルオキシド(LOOH) ペルオキシラジカル(LOO・) アルコキシラジカル(LO・) 脂質ラジカル(L・)		不飽和脂肪酸の過酸化反応により生じる.脂質過酸化物の生成に伴い,細胞膜の破壊や酵素の不活性化が起こり,さまざまな老化現象や疾病と関連する.

る活性酸素（active oxygen）と総称される酸素種が存在する．

　活性酸素は，呼吸により取り込まれた三重項酸素分子が生体内の電子受容体として還元されていく過程における1電子還元種であるスーパーオキシド（O_2^-；superoxide anion），2電子還元種である過酸化水素（H_2O_2；hydrogen peroxide），4電子還元反応中に生成されるヒドロキシルラジカル（OH·；hydroxyl radical），および励起状態にある一重項酸素（$^1O_2$；singlet oxygen）などに代表される．さらに広義には，活性酸素種と生体の脂質成分との反応により生成したペルオキシラジカル（LOO·；peroxy radical）やアルコキシラジカル（LO·；alkoxy radical），ヒドロペルオキシド（LOOH；hydroperoxide）など，生体内で過酸化反応に関与する分子種が含まれる．このように活性酸素には，ラジカル反応をもたらすフリーラジカル（OH·，LO·，LOO·）群と，H_2O_2，$^1O_2$のような非ラジカル群とが存在しており，活性酸素の反応形式が異なる．

9.2　活性酸素と生体酸化

　生体内ではさまざまな活性酸素および活性な窒素酸化物が発生し，これらが通常の状態より多く産生した場合に酸化的ストレスをもたらすことになる．酸化反応により最も攻撃を受けやすいのは細胞膜中やリポたんぱく質に存在する高度不飽和脂質（highly unsaturated lipid）であり，これらがたんぱく質やDNAを活性酸素の攻撃から防御していると考えられている．不飽和脂質を構成する不飽和脂肪酸（polyunsaturated fatty acid）部分（アシル基）において生じる酸化反応は，非酵素的反応のラジカル反応（radical reaction）と非ラジカル反応，および酵素的反応に分類することができる．

9.2.1　非酵素的ラジカル連鎖酸化反応

　分子中に2個以上の二重結合をもつ高度不飽和脂肪酸は，二重結合にはさまれた活性メチレン基の水素（二重アリル水素ともいう）の反応性が高いため，ラジカル連鎖反応機構に基づき空気中の酸素分子と反応して酸化される．その反応は，以下の3段階から成っている．

（1）　開始反応：LH ⟶ L· + H·
（2）　成長反応：L· + O_2 ⟶ LOO·
　　　　　　　　LOO· + LH ⟶ LOOH + L·
（3）　停止反応：2 L· ⟶ L−L
　　　　　　　　L· + LOO· ⟶ LOOL
　　　　　　　　LOO· + LOO· ⟶ LOOL + O_2

（1）開始反応（chain initiation）

　光，熱，金属，過酸化物，ラジカルにより高度不飽和脂質（LH）から水素ラジカル（H·）が引き抜かれ，脂質ラジカル（L·）が生成する．

　なお，不飽和脂質におけるラジカル連鎖酸化反応の難易度を表9−4に示した．反応は，

表9-4 不飽和脂質におけるラジカル連鎖酸化反応の難易度

不飽和脂質	活性メチレン基の水素数	ラジカル連鎖酸化反応の難易度 $[k_p/(2k_t)^{1/2}]$	水素原子1個あたりの水素引き抜きの速度定数 (k_{-H})
オレイン酸メチル (9cis-オクタデセン酸メチル)	0	8.9×10^{-4}	0.22
リノール酸メチル (9cis,12cis-オクタデカジエン酸メチル)	2	2.1×10^{-2}	31
α-リノレン酸メチル (9cis,12cis,15cis-オクタデカトリエン酸メチル)	4	2.9×10^{-2}	59

不飽和脂質の二重結合にはさまれた活性メチレン基の水素数により決定される．この表から明らかなように，活性メチレン基をもたないオレイン酸はラジカル連鎖酸化反応を受けにくく，二重結合数，すなわち活性メチレン基の水素の数が増えるに伴って酸化されやすくなる．

非共役ジエン酸であるリノール酸のラジカル連鎖酸化反応を，図9-1に示す．カルボキシ基から数えて11番目の炭素，すなわち活性メチレン基から水素ラジカルが引き抜かれ，生成した脂質ラジカルが移動して**共役二重結合**（conjugated double bond）型となった後，速やかに酸素分子と反応してペルオキシラジカルを与え，さらにヒドロペルオキシドとなる．

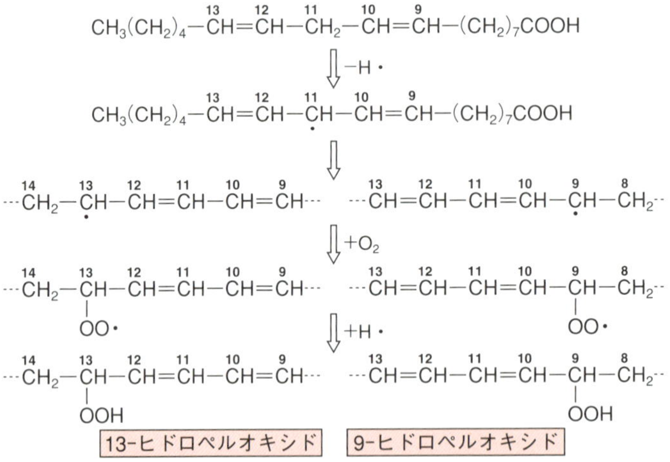

図9-1 リノール酸のラジカル連鎖酸化反応

また，表9-5に各種活性酸素のラジカル連鎖開始誘導能を示す．ラジカル連鎖開始反応において，ヒドロキシルラジカル（OH・）は非常に強いラジカル連鎖開始誘導能を示し，また脂質アルコキシラジカル（LO・）や脂質ペルオキシラジカル（LOO・）も，ラジカル連鎖反応を開始する能力をもつ．しかし，スーパーオキシド（O_2^-），過酸化水素（H_2O_2），

表9-5　各種活性酸素のラジカル連鎖開始誘導能

活性酸素	不飽和脂肪酸から活性水素を引き抜く反応速度の推定値（$M^{-1}s^{-1}$）
ヒドロキシルラジカル（OH・）	10^9
脂質アルコキシラジカル（LO・）	10^5
ヒドロペルオキシラジカル（HOO・）	10^2
脂質ペルオキシラジカル（LOO・）	10^2
スーパーオキシド（O_2^-）	0
過酸化水素（H_2O_2）	0
脂質ヒドロペルオキシド（LOOH）	0
一重項酸素（$^1O_2$）	0

脂質ヒドロペルオキシド（LOOH）および一重項酸素（$^1O_2$）はラジカル連鎖反応を開始せず，活性酸素種により誘導能が大きく異なることがわかる．

(2) 成長反応（chain propagation）

　生成した脂質ラジカル（L・）は，速やかに空気中の酸素分子と反応して脂質ペルオキシラジカル（LOO・）を生成し，さらに別の脂質（LH）から水素ラジカルを引き抜き，脂質ヒドロペルオキシド（LOOH）を生成する．同時に生成された脂質ラジカル（L・）から同じ反応が連鎖的に繰り返され，脂質ヒドロペルオキシド（LOOH）が蓄積する．

(3) 停止反応（chain termination）

　生成した脂質ペルオキシラジカル（LOO・）同士の二分子反応や酸化防止剤によるラジカル捕捉反応により，酸化反応は停止する．

　これらの(1)開始反応，(2)成長反応，(3)停止反応から成るラジカル連鎖酸化反応により，図9-2に示したように脂質ヒドロペルオキシド（LOOH）が蓄積していく．さらに，生成した脂質ヒドロペルオキシド（LOOH）は金属，熱，光などにより酸素-酸素結合が開裂して，脂質アルコキシラジカル（LO・）となり，水素引き抜き反応によりアルコールを，β開裂反応によりアルデヒドを，分子内付加反応によりエポキシドなどを酸化二次生成物として生成する．

　このようにラジカル連鎖反応は，図9-3に示したように，酸化一次生成物である脂質

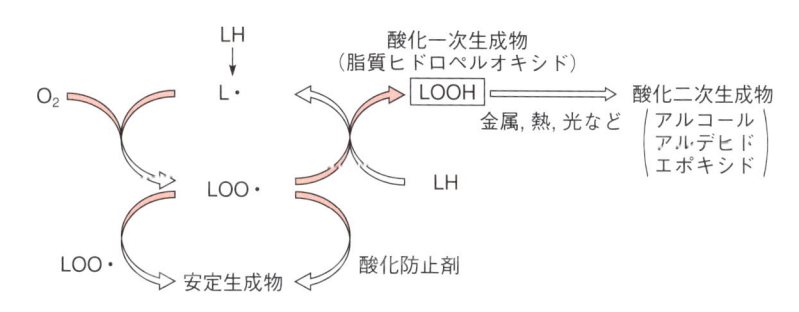

9・2　活性酸素と生体酸化

図9-2　ラジカル連鎖酸化反応による過酸化脂質の生成

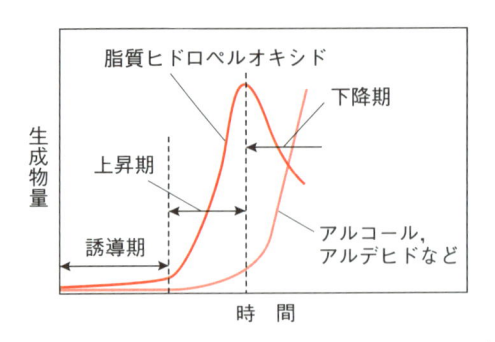

図9-3　不飽和脂質のラジカル連鎖酸化反応生成物量の経時変化

ヒドロペルオキシド（LOOH）に加え，酸化二次生成物としてアルコール，アルデヒド，エポキシドなどを蓄積していくため，過酸化脂質は複雑な多成分系となる．

脂質の酸化状態は，脂質ヒドロペルオキシド（LOOH）量の増加が開始するまでの誘導期，急激に増加する上昇期，および生成反応より分解反応が優先してアルコールやアルデヒド量が急激に増加する下降期に区分できる．

9.2.2　非酵素的非ラジカル酸化反応

不飽和脂質は一重項酸素やオゾンにより，非ラジカル反応で酸化される．この反応ではラジカル反応と異なり，活性酸素1分子から過酸化物1分子が生成する．一重項酸素の反応は図9-4に示したように，①二重結合への付加反応（エン反応）によるヒドロペルオキシドの生成，②二重結合への付加による環状ペルオキシドであるジオキセタンの生成，③共役ジエンへの1,4-付加によるエンドペルオキシドの生成に分類される．

各活性酸素の二重結合への付加反応性を表9-6に示す．表9-5に示したラジカル酸化反応の反応性と比較すると，活性酸素により両者の反応性が，かなり異なることが明らかである．とくに，一重項酸素は二重結合への付加反応性が高いため，オレイン酸のような二重結合を一つもつ脂肪酸（モノエン酸）も速やかに酸化されるのが特徴である．また，二重結合を開裂した後，アルデヒドやケトンを生成するオゾンによる酸化反応も，オゾノリシス反応として知られている．

① $-CH_2-CH=CH-CH_2- + {}^1O_2 \rightarrow -CH=CH-CH-CH_2-$
　　　　　　　　　　　　　　　　　　　　　　　　　　　　|
　　　　　　　　　　　　　　　　　　　　　　　　　　　OOH
　　　　　　　　　　　　　　　　　　　　　　　　　ヒドロペルオキシド

② $-CH_2-CH=CH-CH_2- + {}^1O_2 \rightarrow -CH_2-CH-CH-CH_2-$
　　　　　　　　　　　　　　　　　　　　　　　　　　　| |
　　　　　　　　　　　　　　　　　　　　　　　　　　O O
　　　　　　　　　　　　　　　　　　　　　　　　　ジオキセタン

③ $-CH=CH-CH=CH- + {}^1O_2 \rightarrow -CH-CH=CH-CH-$
　　　　　　　　　　　　　　　　　　　　　　　　　|　　　　　|
　　　　　　　　　　　　　　　　　　　　　　　　　O――――O
　　　　　　　　　　　　　　　　　　　　　　　　　エンドペルオキシド

図9-4　一重項酸素による不飽和脂質の酸化反応

表9-6 活性酸素種の二重結合への付加反応性

活性酸素	反応速度定数 k (M^{-1}s^{-1})
ヒドロキシルラジカル（OH・）	10^9
脂質アルコキシラジカル（LO・）	10^6
ヒドロペルオキシラジカル（HOO・）	10
脂質ペルオキシラジカル（LOO・）	10
スーパーオキシド（O_2^-）	0
過酸化水素（H_2O_2）	遅い
脂質ヒドロペルオキシド（LOOH）	遅い
一重項酸素（$^1O_2$）	10^5
オゾン（O_3）	10^5

9.2.3 酵素的酸化反応

酸化還元酵素の一種として，酸素分子を直接基質に添加する酸素添加酵素（オキシゲナーゼ）がある．1原子の酸素を添加するモノオキシゲナーゼ，2原子の酸素を添加するジオキシゲナーゼに大別され，脂質の代表的な酸化酵素であるリポキシゲナーゼや脂肪酸シクロオキシゲナーゼは後者に含まれる．リポキシゲナーゼは，アラキドン酸のような不飽和脂肪酸の特定の炭素に立体特異的に酸素添加して，生理活性物質の前駆体である過酸化脂質を生成する．また脂肪酸シクロオキシゲナーゼは，プロスタグランジンの生合成を開始する酵素として知られている．

9.2.4 過酸化脂質の分析

不飽和脂質はラジカル連鎖反応，非ラジカル反応および酵素反応により酸化するが，これらの酸化反応はそれぞれが独立して進行するのではなく，相互に関連して進行するため，結果として生成される**過酸化脂質**（lipid peroxide）は，非常に複雑な多成分の混合物となる．脂質過酸化反応を追跡するためには，その反応機構をよく理解したうえで，適切な方法を用いて過酸化脂質量を測定することが大切である．

測定の対象となる過酸化脂質は，① 酸化一次生成物（脂質ヒドロペルオキシド），② 酸化二次生成物（アルデヒド，アルコール，炭化水素，低級脂肪酸，重合物など），③ たんぱく質などとの反応生成物に大別できる．各対象物質に対する測定法を表9-7に示す．測定の際には，試料に応じて測定対象が異なる2種以上の分析法を選択することが望ましい．

表9-7 脂質過酸化反応の代表的な測定法

過酸化脂質	測定方法
① 酸化一次生成物	過酸化物価，メチレンブルー・ヘモグロビン法，HPLC化学発光法，共役ジエン法
② 酸化二次生成物	酸価，カルボニル価，TBA法，GLC法
③ たんぱく質との反応生成物	蛍光法，2-(9オキソノナイル) PC抗体法

9.3 活性酸素とフリーラジカル

9.3.1 活性酸素とフリーラジカルの生成

　生体に酸化障害をもたらすさまざまな活性酸素は，生体において表9-8に示したように生成することが知られている．

　このように金属，薬物，虚血―再かん流，ストレス，大気汚染，喫煙などにより生成した活性酸素やフリーラジカルは，脂質や糖質を攻撃して酸化反応を起こし，過酸化物をはじめとするさまざまな酸化一次および二次生成物を生成すると同時に，たんぱく質を変性し，酵素を失活させ，さらにDNAの主鎖を切断したり塩基を修飾したりするため，生体膜や遺伝子は障害を受け，各種疾病，発がん，および老化現象がもたらされると考えられている．

表9-8　活性酸素とフリーラジカルの生成反応

生成反応	生成する活性酸素
酸素分子の4電子還元 　（ミトコンドリア呼吸系のシトクロム酸化酵素）	O_2^-, HOO・, H_2O_2, OH・
酸素分子の2電子還元（2電子還元酸化酵素）	H_2O_2
酸素分子の1電子還元 　（食細胞，シトクロムP-450，酸化酵素，自動酸化）	O_2^-
過酸化水素，ヒドロペルオキシドの金属イオンによる分解	HO・, HOO・, LO・, LOO・
過酸化水素のペルオキシダーゼやカタラーゼによる分解 光，放射線照射 金属錯体，金属-酸素複合体による基質の攻撃 大気汚染物質，たばこの煙，タールなどの取り込み	OH・, $^1O_2$

9.3.2 活性酸素とフリーラジカルの消去

　生命の維持に必要な酸素を呼吸により取り込んでいる生体は，活性酸素やフリーラジカルの攻撃に常に曝されている．しかし，生体はこれらの攻撃に対して，下記のように優れた4段階の防御機能を構築している．これらの防御機能が単独あるいは同時に作用することにより，生体を活性酸素やフリーラジカルによる酸化障害から守っている．健常の状態ではこれらの機能が十分に働いているが，加齢や疾病などの何らかの原因によって生体内防御システムに異常が生じた場合に，生体に対する活性酸素やフリーラジカルの障害が生じることになる．

（1）活性酸素やフリーラジカルの生成抑制

　生体内には，活性酸素やフリーラジカルの生成を防止する作用をもつ予防的酸化防止剤が存在している．表9-9に示したように，カタラーゼやグルタチオンペルオキシダーゼは，過酸化水素（H_2O_2）や脂質ヒドロペルオキシド（LOOH）を速やかに，水やアルコールに還元する．トランスフェリンやアルブミンなどは，鉄イオンや銅イオンなどの金属イオンを不活性化する作用をもつ．また，スーパーオキシドジスムターゼ（SOD）は，

表9-9 活性酸素,フリーラジカルの生成を抑制する防御系

防御系	存在	作 用
① ヒドロペルオキシド,過酸化水素の分解作用		
カタラーゼ	ヘム酵素	$2H_2O_2 \longrightarrow 2H_2O + O_2$
グルタチオン ペルオキシダーゼ	細胞質 血漿	$LOOH + 2GSH \longrightarrow LOH + H_2O + GSSG$ $H_2O_2 + 2GSH \longrightarrow 2H_2O + GSSG$
ペルオキシダーゼ		$LOOH + AH_2 \longrightarrow LOH + H_2O + A$ $H_2O_2 + AH_2 \longrightarrow 2H_2O + A$
② 金属イオンの不活性化作用		
トランスフェリン,ラクトフェリン	血漿	鉄イオンの安定化
ハプトグロビン	血漿	ヘモグロビンの安定化
ヘモペキシン	血漿	ヘムの安定化
セルロプラスミン,アルブミン	血漿	銅イオンの安定化
③ 活性酸素の消去,不均化作用		
スーパーオキシドジスムターゼ(SOD)		$2O_2^{\cdot -} + 2H^+ \longrightarrow H_2O_2 + O_2$
カロテノイド		一重項酸素の消去

表9-10 ラジカルの捕捉作用をもつ防御系

防御系	作 用
① 水溶性物質 ビタミンC(アスコルビン酸) 尿酸 ビリルビン アルブミン	水溶性ラジカルの捕捉 脂溶性ラジカル捕捉型酸化防止剤の再生 → 連鎖開始反応の抑制
② 脂溶性物質 ビタミンE(トコフェロール) ユビキノール カロテノイド	脂溶性ラジカルの捕捉 水溶性ラジカルの捕捉 → 連鎖開始反応,成長反応の抑制

スーパーオキシドを不均化する作用を示す.

(2) ラジカルの捕捉と安定化

生体内で生成したラジカルや生体外から取り込まれたラジカルを捕捉して連鎖開始反応を抑制するとともに,生体内で発生したペルオキシラジカル(LOO·)を捕捉して連鎖成長反応を抑える防御系がある.表9-10に示したように,ビタミンC(アスコルビン酸),尿酸,ビリルビン,アルブミンなどの水溶性物質,およびビタミンE(トコフェロール),ユビキノール,カロテノイドなどの脂溶性物質が存在する.

(3) 損傷の修復,再生

前述の(1),(2)の防御機能にもかかわらず,活性酸素やフリーラジカルにより生体に損傷が生じた場合には,生体のみがもつ障害の修復および再生機能が作用する.これらは主としてホスホリパーゼ,プロテアーゼ,DNA修復酵素などにより,損傷した膜脂質,

たんぱく質，遺伝子が修復される．また，アシルトランスフェラーゼなどによる再生も行われる．

（4）防御機能の誘導

さらに，生体における活性酸素の産生に伴って，各種酸化防止酵素などが必要に応じて誘導合成され，必要な場に送られる適応機能を好気性生物はもっている．大腸菌では，SOD，カタラーゼ，あるいはDNA修復酵素が活性酸素誘導性であることが知られている．この防御機能により，生体内の活性酸素の生成と消去のバランスが保たれている．

9.4　活性酸素と細胞障害

生体内においてさまざまな反応により発生した活性酸素やフリーラジカルの攻撃から，健常時には本章3.2項の優れた4段階の機能により，生体は効率よく防御されていると考えられる．しかし，何らかの要因によりこれらの防御システムの機能が衰えたり，作用しなくなったりすると，生体内の酸化反応と酸化防止反応におけるバランスが崩れる．その結果，望ましくない酸化反応が進行することにより，生体に障害を与える状態となる．そしてそれらの障害により，がん，各種炎症，虚血性臓器障害，および動脈硬化などのさまざまな疾病や老化現象が生じる．

このように，活性酸素やフリーラジカルによる酸化ストレスがヒトの健康にとって重要な要因であることが明らかになるに伴い，精力的に研究が進められている．その結果，酸化ストレスは基本的には，① 生体内でのラジカルの発生，② 発生したラジカルによる活性酸素種の生成，③ 活性酸素種による脂質，糖質，たんぱく質，DNAへの攻撃の3段階にまとめられている．たんぱく質ではチオール基（-SH基）が酸化されて酵素が失活し，代謝系，輸送系に障害をもたらす．DNAが酸化的に切断されると遺伝子障害や突然変異，腫瘍原生を誘導する．糖質ではヒアルロン酸の粘度低下による機能障害も報告されている．

このように，酸化ストレスは生体を構成するさまざまな物質にさまざまの障害をもたらすが，とくに活性酸素種の標的となるのは，細胞膜を形成しているリン脂質やコレステロールエステルなどの脂質である．酸素は膜の疎水的環境に高い親和性を示し，これらの脂質を構成するリノール酸やアラキドン酸などの高度不飽和脂肪酸を攻撃する．また，ミトコンドリアやミクロソームでは酸化酵素や脱水素酵素などの酸化還元酵素が存在しているため，結果的に活性酸素種が発生しやすい．

活性酸素やフリーラジカルに基づく酸化ストレスと，各種疾病および老化との関連については現在活発に研究が行われ，生体内における各種防御系の重要性に対する認識も高まっている．生体に対する酸化ストレスの詳細はまだ不明な点も多いが，医学，薬学，生理学，化学，栄養学など多角的な分野の研究者の英知を集めることにより，さまざまな作用機序が明らかにされ，酸化ストレスの克服が可能になるだろう．

予想問題

1 酸化還元反応に関する記述である．正しいものの組合せはどれか．
 a．酸化反応とは物質から酸素が奪われる反応である．
 b．酸化反応とは物質が電子を放出する反応である．
 c．酸化反応とは物質が水素を受け取る反応である．
 d．酸化反応は通常還元反応と同時に起こる．
 e．還元反応は生体内では酵素的には起こらない．
 (1) a と b　(2) a と d　(3) a と e　(4) b と d　(5) c と e

2 酸化還元酵素に関する記述である．正しいものの組合せはどれか．
 a．デヒドロゲナーゼは脱水素酵素である．
 b．レダクターゼは酸化酵素である．
 c．オキシダーゼは酸素添加酵素である．
 d．ペルオキシゲナーゼは過酸化物を分解する酵素である．
 e．リパーゼはオキシゲナーゼの一種である．
 (1) a と c　(2) a と d　(3) b と c　(4) b と d　(5) d と e

3 活性酸素に関する記述である．正しいものの組合せはどれか．
 a．大気中に存在している三重項酸素は活性酸素である．
 b．活性酸素は生体内で産生される．
 c．一重項酸素は励起状態の酸素である．
 d．スーパーオキシドは酸素の2電子還元体である．
 e．ヒドロキシラジカルの攻撃力は活性酸素のなかで最も弱い．
 (1) a と c　(2) a と d　(3) b と c　(4) c と e　(5) d と e

4 脂質過酸化反応に関する記述である．正しいものの組合せはどれか．
 a．脂質過酸化反応の酸化一次生成物はアルコールである．
 b．ラジカル連鎖反応は，活性メチレン基からの水素ラジカルの引き抜きで開始される．
 c．ラジカル連鎖反応は，二重結合の少ない脂肪酸のほうが起こりやすい．
 d．脂質ヒドロペルオキシドは，分解して酸化二次生成物となる．
 e．低温ほどラジカル連鎖反応は進行しやすい．
 (1) a と c　(2) a と e　(3) b と d　(4) c と e　(5) d と e

5 生体内酸化反応に関する記述である．正しいものの組合せはどれか．
 a．生体内で起こる酸化反応は，すべて生体にとって有害である．
 b．生体内酸化反応により最も攻撃されやすいのは脂質である．
 c．生体内酸化反応は，すべて酸化還元酵素によって起こる．
 d．生体内酸化反応に対する防御システムはない．
 e．生体内酸化反応は，老化やある種の疾病と関連をもつ．
 (1) a と b　(2) b と d　(3) b と e　(4) c と d　(5) c と e

6 生体内における酸化防止作用に関する記述である．正しいものの組合せはどれか．
 a．トコフェロールは脂溶性の酸化防止剤である．

b．カロテノイドは一重項酸素の消去作用をもつ．
c．トランスフェリンは過酸化水素を分解する．
d．カタラーゼは金属イオンを不活性化する．
e．SODは脂質ヒドロペルオキシドを分解する作用をもつ．
　(1) aとb　　(2) aとc　　(3) bとc　　(4) cとd　　(5) dとe

10章 遺伝子と生体情報

10.1 遺伝情報伝達物質

　親から子へ，生物としての形態や性質の情報が伝達されることを**遺伝**（inheritance）といい，伝達される因子を**遺伝子**（gene）という．1869年にはミーシャーが膿中の白血球から核酸を抽出することに成功していたが，遺伝子を構成する物質の本体が何なのかは，1940年代になるまで明らかにされなかった．その後，1944年のエイブリーらによる肺炎双球菌の形質転換の実験や，1952年のハーシーとチェイスのバクテリオファージに関する実験などを通して，遺伝を担う物質はたんぱく質ではなく核酸，すなわち**DNA**（deoxyribonucleic acid）であるとの認識が徐々に深まっていった．そして1953年，DNAのX線回折の解析データや，DNAのA：TとC：Gの比率がともに1：1であることなどをもとに，ワトソンとクリックが**DNAの二重らせんモデル**（double helix model of DNA）を発表すると，それ以降，遺伝物質としてのDNAの働きが急速に理解されるようになった．

10.2 DNAと遺伝子

　現在，ヒトゲノム（10.4節参照）のDNAは約32億塩基対のヌクレオチドから成っており，3～4万個の遺伝子を含むと推定されている．その大部分はたんぱく質の遺伝子で，一部は**rRNA**（ribosomal RNA）や**tRNA**（transfer RNA）の遺伝子である．たんぱく質のアミノ酸配列は，ヌクレオチドのA，G，C，Tという4種類の塩基の配列として遺伝暗号化（コード）されている．DNAの二本鎖のうちで，実際にたんぱく質合成のために転写されるほうを**アンチセンス鎖**（antisense strand），転写されないほうを**センス鎖**（sense strand）とよぶ．

　アミノ酸配列をコードする塩基配列は，ほとんどの場合，遺伝子内のいくつかの領域に分断されて存在している（図10-1）．アミノ酸配列に対応する領域を**エキソン**（exon），エキソンの間にあるアミノ酸配列と対応しない領域を**イントロン**（intron）という．両者を合わせて構造遺伝子とよび，狭い意味ではこれが遺伝子にあたる．エキソンとイントロ

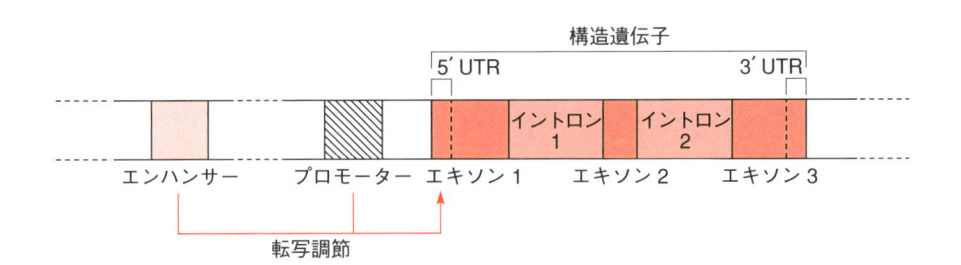

図10-1　遺伝子の構造

たんぱく質をコードする遺伝子の構造を模式的に示した．rRNA や tRNA の遺伝子も基本的には同様の構造をもつ．両端のエキソンにはアミノ酸配列に対応しない（＝翻訳されない）領域（UTR；untranslated region）が含まれているが，効率的なたんぱく質の合成に UTR は必須である．イントロンの機能はまだよくわかっていないが，遺伝子の転写を調節したり，進化のなかで新しい遺伝子を生み出したりしていると考えられる．構造遺伝子の 5′ 上流には，遺伝子の転写の効率にかかわるプロモーター領域やエンハンサー領域，サイレンサー領域がある（図にはプロモーターとエンハンサー領域のみを示した）．

ンは一緒に RNA に転写されるが，その後の **mRNA**（messenger RNA）への成熟過程でイントロンは除かれ，エキソンだけがつなぎ合わされる（11 章参照）．

　構造遺伝子の 5′ 上流には，TATA ボックスや GC ボックス，CAAT ボックスとよばれる配列を含んだ**プロモーター**（promoter）という領域がある．プロモーターには，RNA ポリメラーゼをはじめ，転写の開始と伸展にかかわる多くの分子（転写因子）が結合する．さらにその上流には，遺伝子の転写効率を上げたり下げたりする分子（転写調節因子）が結合する DNA の領域があって，それぞれ**エンハンサー**（enhancer）や**サイレンサー**（silencer）とよばれている．これらの転写にかかわる領域と構造遺伝子を合わせて，遺伝子とよぶこともある．

10.3　染色体

　本来は細胞分裂の際にクロマチンが凝集してできた構造を**染色体**〔chromosome，図 10-2（a），図 2-32 参照〕とよぶが，最近では細胞周期とは無関係に，「細胞内の DNA を含む構造体」の意味でもよく用いられる．

10.3.1　染色体の数

　ヒトは 2 種類の配偶子（精子と卵子）を介して両親からそれぞれ 1 セットずつ，計 2 セットの染色体を受け取る．このような生物の細胞は **2 倍体**（diploid）とよばれ，$2n$ と表記される．一つの体細胞に含まれる染色体の数は，22 対の**常染色体**（autosome，1～22 番×2 本）と 1 対の**性染色体**（sex chromosome，男性は XY，女性は XX）の合計 46 本である〔図 10-2（b）〕．

10.3.2　染色体の構造

　染色体がくびれたように細くなっている領域を**セントロメア**（centromere）という．

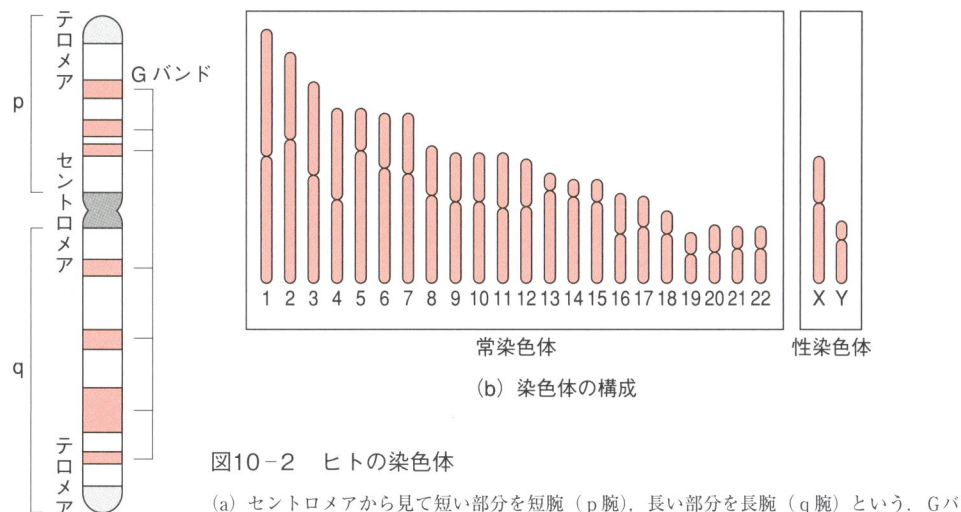

図10-2 ヒトの染色体
(a) セントロメアから見て短い部分を短腕（p腕），長い部分を長腕（q腕）という．Gバンドはギムザ染色によって濃く染まる部分で，このようなバンドによって，染色体の各部分がさらに細かく区分けされる．
(b) 性染色体以外は1n．

細胞分裂の際には，ここに中心小体から伸びた紡錘糸が付着し，染色体を引っ張って二つの娘細胞に分配する．**テロメア**（telomere）は染色体の両末端にある特殊な構造で，染色体の安定性を保つ役割がある．テロメアには特殊な塩基配列が繰り返し現れるDNA領域（**反復配列**，repeated sequence）があって，染色体が複製されるたびにそれが少しずつ短くなっていく．この反復配列の短縮には限界があるため，普通の細胞では細胞分裂できる回数に上限がある．これが細胞の老化をもたらす一つの原因であると考えられている．

10.3.3 染色体構造と遺伝子の転写

クロマチンの大部分はほぐれた状態で核内に分散しているが，細胞周期全体を通して強く凝縮したままの部分（ヘテロクロマチン）もある．ヘテロクロマチンに存在する遺伝子は，ほとんど転写されない．一方，ヒストンがアセチル化されると，クロマチンは遺伝子の転写に適した，より緩やかな構造に変わる．

DNAの"CG"という塩基配列のC（シトシン）がメチル化されると，遺伝子の転写は抑制される．逆に，メチル化されていない"CG"が集まったDNA領域（CGアイランド）では，遺伝子の転写が活発に行われていることが多い．

10.4 ゲノム

10.4.1 ゲノムと遺伝子

一つの配偶子に含まれる1セットの遺伝子をまとめて**ゲノム**（genome）とよぶ．ただし，漠然と細胞の全遺伝情報を指してゲノムとよぶことも多い．前述のように，ヒトゲノムには3〜4万個の遺伝子があると推定されているが，この数はシロイヌナズナの約2.6万個，

線虫の約1.8万個，ショウジョウバエの約1.3万個に比べてもそれほど多くない．生物の形態や機能の複雑さは，単に遺伝子の数の多さだけで決まるのではないと考えられる．おそらくそれ以外の機構，たとえば選択的スプライシングによって一つの遺伝子から数種類のたんぱく質をつくったり，多数の転写調節因子を操って，遺伝子の転写を巧妙に調節したりすることも寄与しているのであろう．

10.4.2 遺伝子ファミリー

塩基配列のよく似た複数の遺伝子をまとめて**遺伝子ファミリー**（multigene family）とよぶ．ヒトゲノムでは，グロビン遺伝子ファミリーや免疫グロブリン遺伝子ファミリーなどの，多くの遺伝子ファミリーが報告されている．遺伝子ファミリーを構成する遺伝子群は，ゲノムの比較的狭い領域に集中して存在していることが多い．これを遺伝子クラスターという〔図10-3(a)〕．

10.4.3 ゲノムの非遺伝子領域

ヒトゲノムの全塩基配列のうち，遺伝子が占める割合は約25%に過ぎない〔図10-3(b)〕．それ以外の約75%は，機能がよくわかっていないさまざまな反復配列や，ランダムな塩基配列で占められている．約300 bpの*Alu*配列が代表的な反復配列としてよく知られており，その数はゲノム内に50万個以上あるといわれている．ほかにもサテライト遺伝子とよばれる短い反復配列があって，ゲノム内での遺伝子の位置を調べるための目印としてよく利用されている．

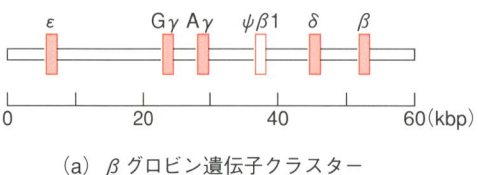

図10-3　ヒトゲノム

(a) 遺伝子ファミリーの一例として，βグロビン遺伝子クラスターを示す．11番染色体に約50 kbpの範囲にわたって6個の遺伝子（ε，Gγ，Aγ，ψβ1，δ，β）が存在する．このうち，ψβ1は遺伝子としての機能がない偽遺伝子といわれるものである．
(b) ヒトゲノムの構成を模式的に示す．

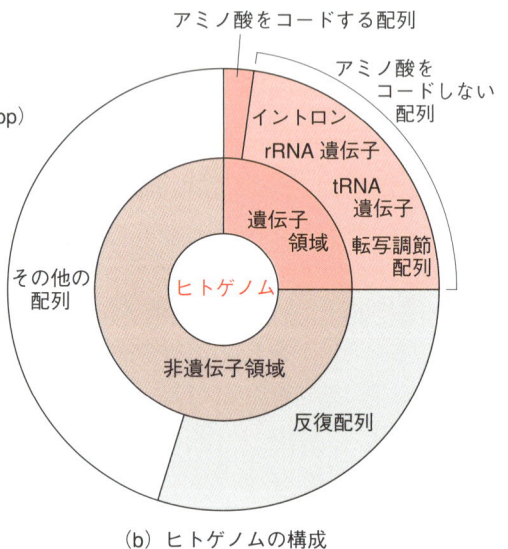

(a) βグロビン遺伝子クラスター

(b) ヒトゲノムの構成

10.5 遺伝するDNA

10.5.1 細胞分裂

細胞が分裂して増殖するサイクルを**細胞周期**（図10-4）という．細胞周期は，細胞が分裂する**分裂期**（**M期**）とそれ以外の**間期**から成る．間期には，DNAが複製される**S期**，M期からS期までのG_1**期**，S期からM期までのG_2**期**がある．

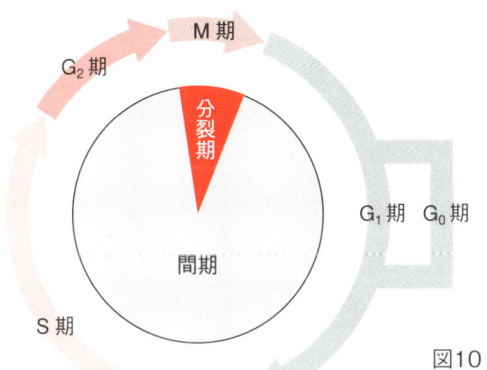

図10-4 細胞周期

細胞周期は，細胞が分裂する分裂期（M期）と間期から成る．分裂しない細胞は，細胞周期を外れてG_0期にとどまっている．

細胞分裂に際して，体細胞（$2n$）はS期でDNAを複製して$4n$の細胞になる（図10-5左）．M期に入ると核膜が消失し，細胞の赤道面に各染色体が並ぶ．やがて，染色体は中心小体から伸びた紡錘糸に引っ張られて分裂する．その後，新たに核膜が形成され，細胞質がくびれて2個の娘細胞（$2n$）ができる．このような細胞分裂を**有糸分裂**（mitosis）という．

一方，生殖細胞では，DNAを複製して$4n$となった後，父方および母方由来の同じ種類の染色体（**相同染色体**，homologous chromosome）が対合する（図10-5右）．その際，相同染色体間で生じる相同組換えによって，父方と母方の遺伝情報が混ざり合った染色体が形成される．これは，さまざまな遺伝子の組合せによって新しい形質を獲得するために重要な機構である．この後，$4n$の細胞は第一分裂によって$2n$の細胞となり，続けて第二分裂を行って$1n$の精子あるいは卵子となる．

10.5.2 DNA複製

DNA複製は，複製起点とよばれる特定のいくつかの点から始まる．まずヘリカーゼという酵素によってDNA鎖の二本鎖がほどかれると，そこに酵素プライマーゼが10塩基前後の小さなRNA（**プライマー**，primer）を合成する（図10-6）．ついで，酵素DNAポリメラーゼがデオキシリボヌクレオチド三リン酸（dATP，dCTP，dGTP，dTTP）を基質に使い，プライマーを足がかりにして5′から3′の方向にヌクレオチドを伸ばしてい

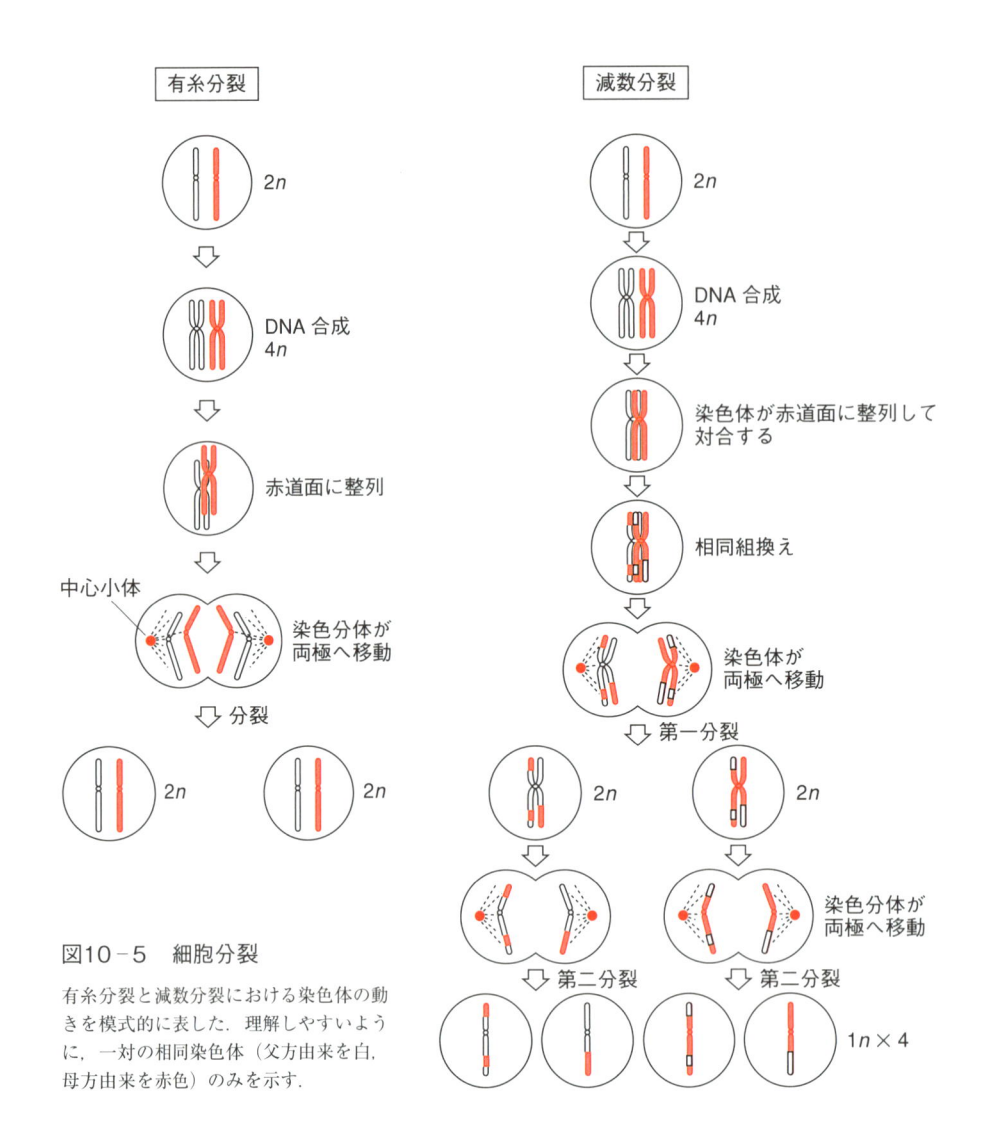

図10-5 細胞分裂
有糸分裂と減数分裂における染色体の動きを模式的に表した．理解しやすいように，一対の相同染色体（父方由来を白，母方由来を赤色）のみを示す．

く．このとき，新しいDNA鎖は，鋳型となるDNA鎖の相補的な塩基配列として合成される．

複製が進行している領域を**複製フォーク**（replication fork）という．片方の鎖では複製フォークの移動方向とDNAポリメラーゼによるDNA合成の方向（5′側から3′側）が一致するので，複製フォークの移動に合わせて連続的にDNA鎖を合成できる（**リーディング鎖**，leading strand）．しかし，もう一方の鎖では複製フォークの移動方向とDNA合成の方向が逆になるため，複製フォークが少し移動するたびに小さなDNA断片が合成されることになる（**ラギング鎖**，lagging strand）．この無数に合成される小さなDNA断片を**岡崎フラグメント**（Okazaki fragment）とよぶ．岡崎フラグメントは，酵素DNAリガーゼによって最終的に1本のDNA鎖につなげられる．

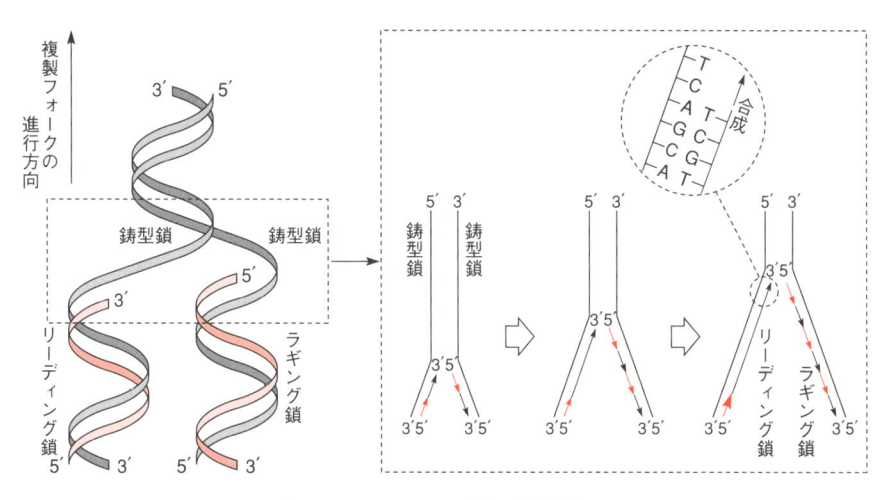

図10-6　DNAの半保存的複製

ほどかれて一本鎖となったDNAが鋳型となり，新しいDNA鎖（図中の赤）が合成される．点線の中はリーディング鎖とラギング鎖が相補的に合成されるようすについて，プライマーを赤の矢印，新しく合成されるDNA鎖を黒の矢印で示した．プライマーは最終的にDNAに置き換えられる．

10.6　遺伝子の多様性

　DNAが放射線や反応性の高い化学物質にさらされると，その塩基配列に遺伝的な変化（突然変異，mutation）が生じることがある．DNAポリメラーゼが誤ってDNAを複製した場合にも，突然変異は生じる．これらの変異によって塩基対が新たに加わったり（挿入，insertion），削除されたり（欠失，deletion），別の塩基対に置き換わったり（置換，substitution）すると，塩基配列の途中に停止コドンが導入されたり（ナンセンス変異），コドンの読み枠がずれたり（フレームシフト変異），アミノ酸配列に置換が生じたり（ミスセンス変異）して，その遺伝子の機能が損なわれてしまう場合がある（図10-7）．もちろん，結果的に遺伝子の機能に対して何ら影響を及ぼさないような突然変異もある．

　ある個体に生じた変異が重要な遺伝子の機能を損なうものであれば，その個体は正常に発生できなかったり，遺伝性の病気によって早期に死亡したりして集団から排除される．しかし，生命の維持や生殖活動に影響を及ぼすものでなかった場合，その変異は子孫に伝達され，世代を重ねながら徐々に集団内に広がっていく可能性がある．集団内に1％以上の頻度で含まれ，かつ遺伝子の機能にそれほど大きな差をもたらさない変異は，DNA多型（DNA polymorphism）とよばれる．

　ヒトゲノムの解析が進むなかで，1個の塩基が異なる一塩基多型（SNPs；single nucleotide polymorphism）が数多く報告されるようになってきた．SNPsの頻度は非常に高く，DNAの1000〜2000塩基に1個の割合で存在するという．一つ一つの多型の影響は，決して大きくはない．しかし，これまで"体質"や"個人差"とよばれてきたもののほと

正常												
DNA配列	ATG	GTG	CAC	CTG	ACT	CCT	GAG	GAG	AAG	TCT	GCG	GTT ACT
アミノ酸配列	Met	Val	His	Leu	Thr	Pro	Glu	Glu	Lys	Ser	Ala	Val Thr

挿入（↓T）

DNA配列	ATG	GTG	CAC	CTG	ACT	CCT	TGA	GGA	GAA	GTC	TGC	GGTTAC
アミノ酸配列	Met	Val	His	Leu	Thr	Pro	停止					（ナンセンス変異）

欠失（↑G）

DNA配列	ATG	GTG	CAC	CTG	ACT	CCT	GAG	GAA	TCT	GCG	GTT	ACTG
アミノ酸配列	Met	Val	His	Leu	Thr	Pro	Glu	Glu	Asn	Leu	Arg	Leu Leu

（フレームシフト変異）

置換（G↔）

DNA配列	ATG	GTG	CAC	CTG	ACT	CCT	GAC	GAG	AAG	TCT	GCG	GTT ACT
アミノ酸配列	Met	Val	His	Leu	Thr	Pro	Asp	Glu	Lys	Ser	Ala	Val Thr

（ミスセンス変異）

図10-7　突然変異の例
いくつかの小規模な突然変異（点突然変異）の例を図に示す（塩基配列はセンス鎖のみ）．実際には複数塩基の挿入や欠失，染色体の構造異常のような大規模な変異が生じることもある．突然変異の積み重ねが生物の進化をもたらすことは事実であるが，ほとんどの変異は遺伝子の機能にとって有害である．

んどは，多くの多型の影響が集積したものであると考えられる．糖尿病，高血圧，がんなどの生活習慣病に対するかかりやすさや，薬物の効果，および副作用の大きさも，おそらく複数の多型によって規定されているだろう．いま，個人のゲノム情報をもとにその人に最も適した医療を提供しようという**オーダーメイド医療**（tailor-made medicine）が提唱されている．

10.7　ミトコンドリアの遺伝子

　ミトコンドリアは固有の環状DNA（**mtDNA**；mitochondrial DNA）をもっていて，独自にたんぱく質合成を行っている．mtDNAにはイントロンのない37個の遺伝子が存在しているが，ミトコンドリアに必要なたんぱく質の多くは核の遺伝子をもとに細胞質で合成され，ミトコンドリアに輸送されてくる．ミトコンドリアが細菌程度の大きさであることや，mtDNAの構造が細菌のDNAに似ていることなどから，ミトコンドリアの由来は，太古に細胞内に取り込まれて共生するようになった好気性細菌と考えられている．

　受精の際に精子がもっていたミトコンドリアは，受精卵には引き継がれない．子は卵子由来のミトコンドリアのみを受け継ぐため，mtDNAは母系遺伝に特有の家系パターンを示す．また，mtDNAは核DNAより突然変異が生じやすいので，比較的容易に多型を検

出できる．これらのことから，mtDNAは血縁関係，種の近縁関係，および生物進化の調査の材料としてよく利用されている．

10.8　アポトーシスとDNA

　細胞が死んでいく形態には，ネクローシス（necrosis；壊死）とアポトーシス（apoptosis）がある（図10-8）．ネクローシスは，物理的な損傷や化学物質による傷害などで生じる，非生理的な細胞死でよく見られる．細胞内小器官の膨張と破壊が生じ，さらに細胞溶解によって細胞内容物が流出して，周囲の組織に炎症が引き起こされる．

　一方，アポトーシスはクロマチンの凝縮，DNAの断片化，細胞の縮小と断片（アポトーシス小体）化，食細胞によるアポトーシス小体の貪食という経過をたどる．特殊な酵素によってDNAがヌクレオソーム単位で切断されるため，細胞から抽出したDNAをアガロースゲル電気泳動にかけると，約180 bpの整数倍という特徴的なはしご状の泳動パターンが見られる．アポトーシスは，細胞が生理的に自ら死んでいくような場合によく見られ，ネクローシスと違って周囲の組織に炎症を引き起こさない．胎児の発生過程では，細胞がアポトーシスで規則正しく死んでいくことによって，しだいにヒトの形態がつくられていく．

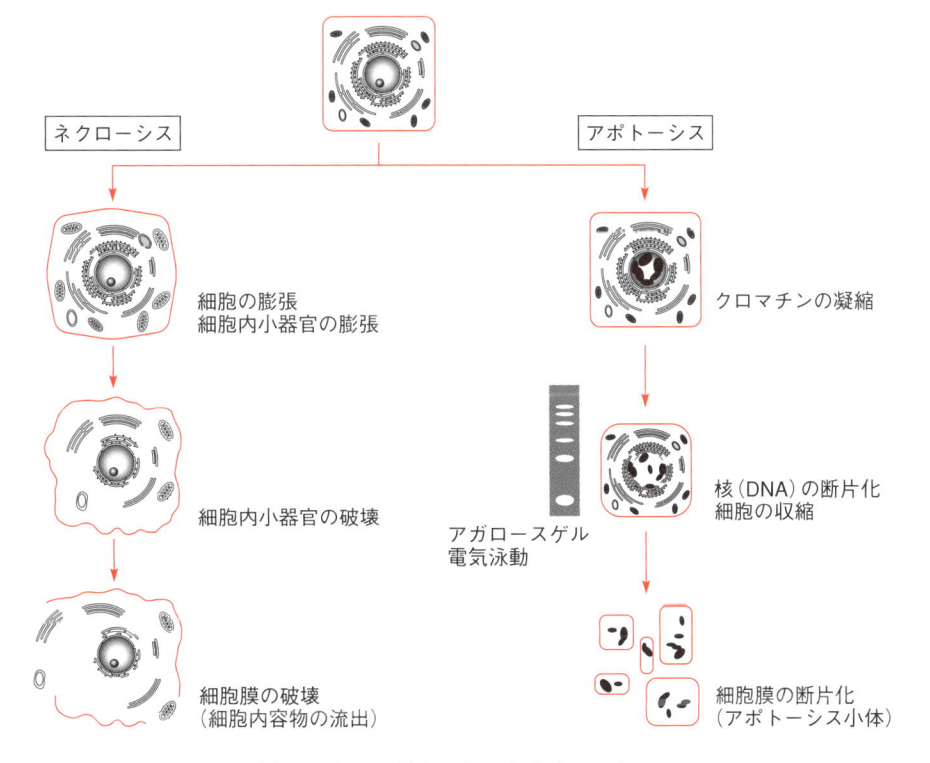

図10-8　アポトーシスとネクローシス
細胞死の過程を，それぞれ模式的に示した．

10.9 DNAの損傷と修復

DNAは，以下のようなさまざまな要因から損傷を受けることがある．
① プリン塩基とデオキシリボースの結合が自然にはずれる．
② DNA中のシトシンが脱アミノ化されてウラシルになる．
③ アルキル化剤などの化学物質が塩基と共有結合する．
④ 細胞内で発生した活性酸素が塩基の環状構造を破壊する．
⑤ 紫外線がピリミジン塩基同士を架橋して，二量体（ピリミジンダイマー）に変える．
⑥ 電離放射線がDNA鎖を切断する．

　DNAの損傷によって，生殖細胞では致命的な遺伝子の突然変異が引き起こされる可能性があり，体細胞では細胞分裂を制御する遺伝子に障害が生じてがん化する可能性がある．DNAの損傷は，損傷を受けた領域の除去と再合成によって早急に修復されねばならない．ヒトにおける代表的なDNAの修復方法には，塩基の除去修復〔図10-9（a）〕やヌクレオチドの除去修復〔図10-9（b）〕，直接修復，複製後（組換え）修復などがある．

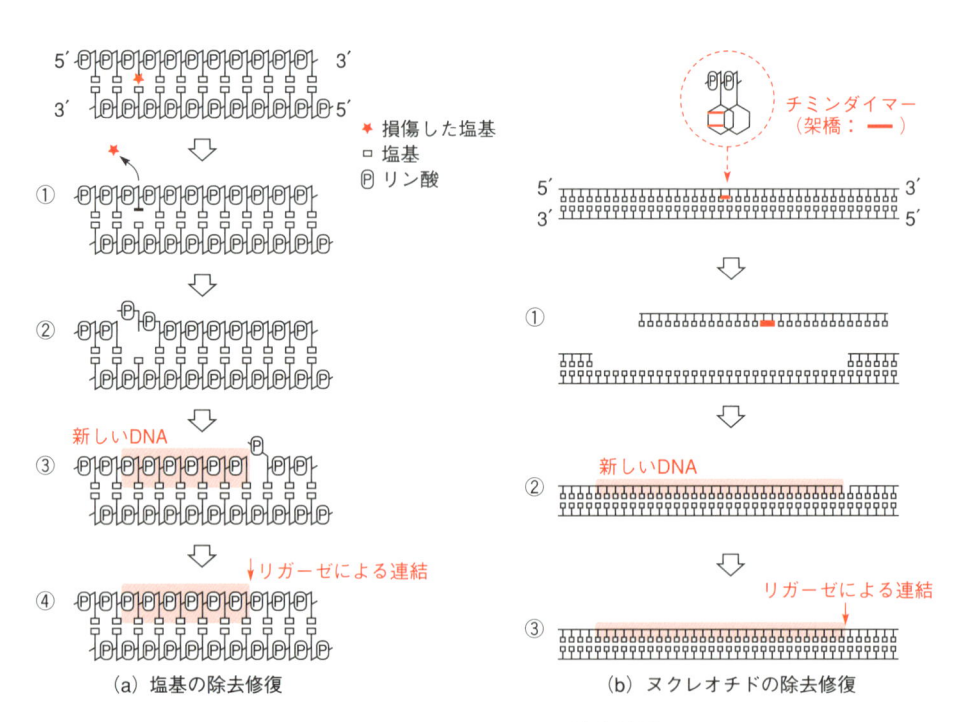

図10-9　代表的な DNA 修復機構

〈図10-9の説明〉
(a) 塩基の除去修復
① 酵素DNAグリコシラーゼが，損傷を受けた塩基とデオキシリボースの間を切断し，塩基を欠いたAPサイトをつくる．
② 酵素APエンドヌクレアーゼが，APサイトでデオキシリボースとリン酸の結合を切断し，ニック（切れ目）を入れる．
③ 酵素DNAポリメラーゼは，損傷をもつDNA鎖を除去しつつ新しいDNAを合成していく．
④ 残っているニックはDNAリガーゼによって連結される．
(b) ヌクレオチドの除去修復
紫外線を浴びることによって生じたピリミジンダイマー（図中ではチミンダイマー）が，この方法で取り除かれる．色素性乾皮症（XP：xeroderma pigmentosum）の患者はこの修復機構に遺伝的欠損があるため，太陽光（紫外線照射）を浴びると皮膚がんが高頻度に発生する．
① ヘリカーゼとして働くたんぱく質複合体が，損傷したDNAに結合して一本鎖にほぐす．その後，ヌクレアーゼが損傷した部位の両端を切断して除去する．
② DNAポリメラーゼが，隙間を埋めるように新しいDNAを合成する．
③ DNAリガーゼがニックを連結する．

予想問題

1 遺伝子に関する記述である．正しいものの組合せはどれか．
a．遺伝子内のアミノ酸配列に対応した領域をエキソンという．
b．エンハンサーとよばれる領域には，遺伝子の転写を終結させる転写調節因子が結合する．
c．遺伝子のプロモーター領域には，転写の開始と伸展にかかわる多くの転写因子が結合する．
d．ヒトの全塩基配列のうち，遺伝子が占める割合は約75%である．
e．ミトコンドリア内で働くすべてのたんぱく質は，ミトコンドリア固有の環状DNAの遺伝情報をもとに合成される．
　(1) aとb　　(2) aとc　　(3) bとd　　(4) bとe　　(5) cとd

2 染色体に関する記述である．正しいものの組合せはどれか．
a．ヒトの体細胞に含まれる染色体の総数は44本である．
b．テロメアは特殊な塩基配列が繰り返し現れるDNA領域で，染色体の中央に存在する．
c．染色体構造の変化が遺伝子の転写効率に影響を及ぼす場合がある．
d．減数分裂に際し，相同染色体間で相同組換えが生じる．
e．有糸分裂に際してM期に入った細胞では，各染色体が細胞膜直下に整列することがある．
　(1) aとb　　(2) aとe　　(3) bとc　　(4) bとd　　(5) cとd

3 DNAに関する記述である．正しいものの組合せはどれか．
a．酵素DNAポリメラーゼは3′から5′の方向にヌクレオチドを相補的に合成していく．
b．複製フォークの移動に合わせて連続的に合成されるDNA鎖をリーディング鎖とよぶ．
c．ヒトは，精子と卵子を介して両親から1セットずつのミトコンドリアDNAを受け取る．
d．細胞内で発生した活性酸素によって，DNAが損傷を受けることがある．
e．複製フォークが移動するたびに合成される小さなRNA断片を，岡崎フラグメントとよぶ．
　(1) aとb　　(2) aとc　　(3) bとc　　(4) bとd　　(5) cとe

11章 DNAとたんぱく質の合成

11.1 遺伝子発現

遺伝子発現（gene expression）とは，DNAに刻まれた遺伝子の情報が，生物の形質として現れることをいう．DNA上に一次元的な塩基の配列として記録されている情報は，RNA分子に写し取られる（転写）．これらのRNAのうち，tRNAやrRNAはそれぞれ細胞内で，アミノ酸の運び屋あるいはたんぱく質合成の場として機能するが，mRNAとよばれるRNA分子に写し取られた情報は，アミノ酸鎖（ポリペプチド鎖）へと翻訳される．一次元的な塩基配列が，アミノ酸の配列を規定していることによって，細胞内外のさまざまなたんぱく質分子の一次構造が決められている．DNAからRNA，RNAからたんぱく質へという一方向性の流れは**セントラルドグマ**（central dogma）とよばれ（図11-1），たんぱく質を構成するアミノ酸配列の情報から，DNAやRNAといった核酸がつくられることはない．

このようにしてつくられたたんぱく質は，酵素として生体の反応を触媒するのみならず，細胞や組織を形成することになる．しかし，細胞はすべての遺伝子を常に発現させている

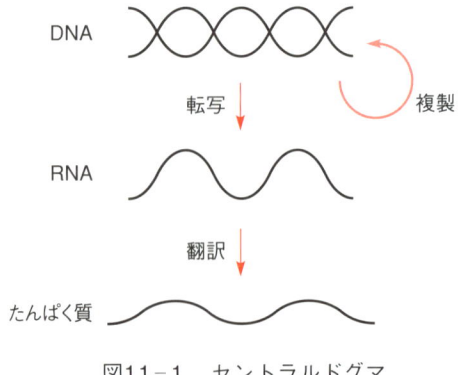

図11-1 セントラルドグマ

生物の生命活動は，遺伝子情報を担うDNAと遺伝情報が発現したたんぱく質により維持されている．DNAの情報は複製（replication）されて，親から子へ，あるいは細胞から細胞へと伝えられる一方，細胞内ではDNA上の特定の遺伝子がRNAに転写され，RNAからたんぱく質に翻訳される．この情報の一方向の流れをセントラルドグマとよぶ．

わけではなく，必要なときに必要な遺伝子のみを発現させている．私たちのような多細胞生物の場合，それぞれの細胞の種類により，どの遺伝子を発現させるかが厳密に制御されている．この制御は，転写段階，mRNA の安定性での段階，翻訳段階，翻訳後のたんぱく質の修飾段階など多くの段階で行われているが，このうち，とくに転写段階の制御は，遺伝子発現に際して働く最も主要な調節機構である．

11.1.1　DNA から RNA への転写

　遺伝情報の発現というのは，DNA 上に記された遺伝情報をもとにたんぱく質を合成することで，その第一段階の遺伝情報が RNA へ写し取られる過程を**転写**（transcription）という．転写の開始は，**RNA ポリメラーゼ**（RNA polymerase）が DNA の上の**プロモーター**（promoter）とよばれる特定の塩基配列を認識して結合することにより始まる．プロモーター配列に RNA ポリメラーゼが結合するとき，プロモーターの塩基配列によって結合する向きが決まり，プロモーター上に結合した RNA ポリメラーゼは，DNA の二重らせんを部分的に開裂させ，鋳型となる塩基配列を露出させながら DNA の分子に沿って移動し，新しい RNA 分子を 5′ から 3′ 方向に向かってつくる（図11−2）．そして，ストップシグナルという特定の塩基配列まで合成が進むと，RNA ポリメラーゼは合成した RNA 鎖を完全に離すとともに，RNA ポリメラーゼも DNA から解離する．

　このようにして転写された RNA には，たんぱく質に翻訳される **mRNA**（messenger RNA），リボゾームの構成成分となる **rRNA**（ribosomal RNA），たんぱく質合成の際，アミノ酸の運搬を担う **tRNA**（transfer RNA）の 3 種類がある．

図11−2　二本鎖 DNA 上遺伝子の転写方向
遺伝子 1，2 については遺伝情報がセンス鎖側にコードされている．また，遺伝子 3 はアンチセンス鎖側に遺伝子がコードされている．そのため転写方向は，←で示した方向となる．

11.1.2　mRNA 鎖の修飾

　RNA ポリメラーゼⅡ（mRNA の合成に関与する）により合成された mRNA の 5′ 末端には，メチル化されたグアノシンが付加される．これを **5′ キャップ構造**とよび，mRNA のリボゾームへの結合に関与している．また，mRNA の 3′ 末端には，複数のアデニル酸が付加され，この構造を**ポリ A 構造**とよび，mRNA の安定性に関与している．

11.1.3　RNA の成熟

　DNA の塩基配列によって記録されているたんぱく質の一次構造，つまりアミノ酸配列に関する情報は，真核細胞の DNA 上では連続していない．たんぱく質の一次構造を記録している塩基配列は，DNA 上では**エキソン**（exon）とよばれており，エキソンとエキソ

11・1　遺伝子発現

ンの間にはイントロン（intron）とよばれるアミノ酸配列に関する情報には無関係な塩基配列が存在している．RNAポリメラーゼによって合成され，修飾されたRNA前駆体は，このイントロン部分の塩基配列も転写されているため，たんぱく質への翻訳に際して不必要なイントロンを取り除く必要がある．このようなイントロン部分を取り除き，エキソン部分をつなぎ合わせる段階をスプライシング（splicing；つなぎ合わせ）とよぶ（図11-3）．

このようにしてつくられたRNA分子は，核を出て細胞質へと移動し，リボゾームが付着する．

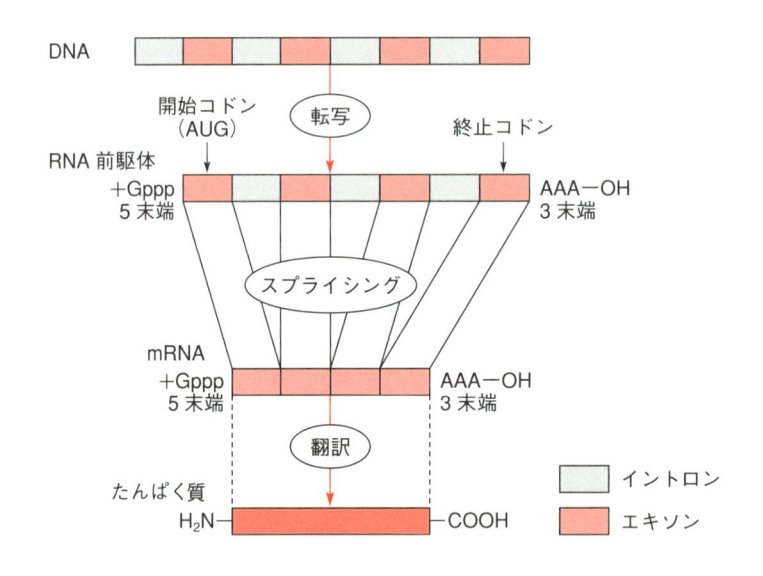

図11-3　遺伝子のスプライシング機構

DNAからmRNAに転写される際，エキソンとイントロンから成るRNA前駆体がつくられ，イントロンを取り除くイントロンスプライシング反応が行われる．

11.1.4　RNAからたんぱく質への翻訳

図11-4に示すように，成熟したRNAからたんぱく質への変換，すなわちたんぱく質への翻訳は，メチオニン（Met）と結合した翻訳開始用メチオニンtRNA（N-ホルミルメチオニンをもったtRNA）という特別なtRNA分子と，リボゾームの小サブユニット，そして開始因子と総称される複数のたんぱく質から成る複合体が，成熟したmRNAの5′末端に結合することにより始まる．その複合体はmRNA鎖に沿って移動し，mRNA上で最初に現れるMetに対応するコドン（AUG）を探し出し，開始tRNAのアンチコドンの部分で，そのAUGと相補的な塩基対を形成する．

最初のアミノ酸であるMetに対応するコドンが見つかると，開始因子が解離し，代わってリボゾームの大サブユニットが結合し活性リボゾームになる．こうして翻訳の準備が整えられる．リボゾームでは，アミノ酸2分子分（6塩基分）ずつ翻訳される．翻訳開始用メチオニンの隣の空席には，mRNAのコドンに対応するtRNAアミノ酸が結びつき，メチオニンと次のアミノ酸との間に結合（ペプチド結合）をつくる．その後，リボゾーム

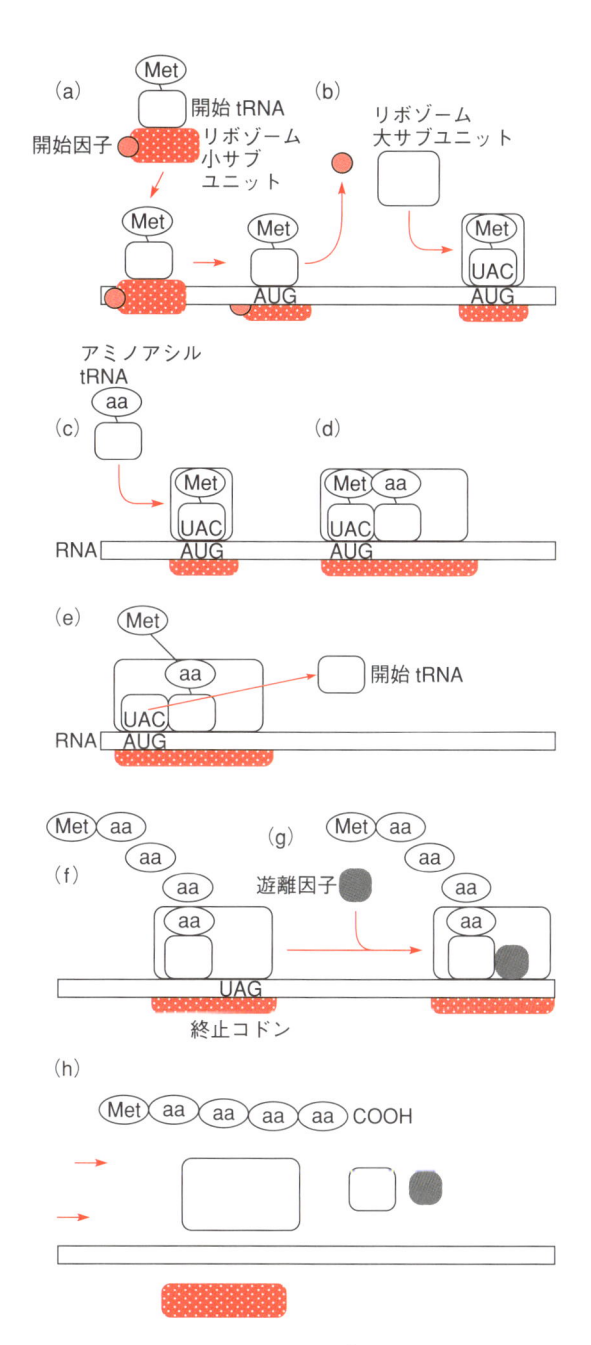

図11-4 mRNAからたんぱく質への翻訳過程

翻訳開始用メチオニン tRNA, リボゾーム小サブユニット, そして開始因子から成る複合体が, mRNA の 5′ 末端に結合し(a), Met に対応する開始コドン (AUG) を探し出し, 開始 tRNA が AUG と相補的な塩基対を形成する(b). メチオニンの隣に(c), mRNA のコドンに対応する tRNA アミノ酸が結合することによりペプチド鎖を形成し(d), 役目を終えた tRNA が離れる(e). こうした反応が繰り返されることによってペプチド鎖は伸長する(f). 終止コドンが現れると, 遊離因子が終止コドンに結合し(g), 一つ前の (最後の) アミノ酸に水分子が付加されて C 末端が形成され, ペプチド鎖が最後の tRNA から離れ, また mRNA や大小のリボゾームサブユニットなども解離する(h).

11・1 遺伝子発現

はmRNAの上をコドン一つ分（3塩基分）だけ移動し，役目を終えた開始tRNAが解離すると，2番目のアミノアシルtRNAが開始tRNAのあった部位へ移動し，この移動によってできた新しい空席には，mRNAのコドンに対応するtRNAアミノ酸が運ばれ，アミノ酸は隣のアミノ酸とペプチド結合する．こうした反応が繰り返されることによってペプチド鎖は伸長する．翻訳中のmRNAに3種の終止コドン（UAA，UAG，UGA）のいずれかが現れると，アミノアシルtRNAでなく，細胞質中の遊離因子とよばれるたんぱく質がその終止コドンに結合する．その結果，一つ前の（最後の）アミノ酸に水分子が付加されてC末端が形成されるため，ペプチド鎖が最後のtRNAから離れ，またmRNAや大小のリボゾームサブユニットなども解離する．そして，合成が完了したたんぱく質（ペプチド鎖）は細胞質中に放出され，細胞膜に組み込まれたり，リソソームの酵素となったりする．また，細胞外へ分泌されるたんぱく質の多くは，シグナルペプチドを利用した機構によって小胞体に運ばれ，その後，ゴルジ体で糖成分の付加や修飾を受ける．

このようにして合成されたポリペプチド鎖は，遺伝情報どおりのたんぱく質であり，特有の立体構造となって，酵素たんぱく質あるいは生体を構成するたんぱく質として，それぞれ特定の遺伝形質を発現させる．

11.2　転写調節による遺伝子発現の調節

遺伝子発現は，DNAからRNAを経てたんぱく質に至る経路のさまざまな段階で調節されている．私たちのような多細胞生物の場合，細胞ごとに発現する遺伝子は規定されている．では，遺伝子発現の調節はどのレベルで行われているのであろうか．DNAからたんぱく質産生に至る経路はいくつもの段階を踏んでおり，たんぱく質産生の調節はそれぞれの段階で可能である．すなわち，細胞が合成するたんぱく質の調節は，① 遺伝子の転写時期と頻度による調節（転写の調節），② 前駆体RNAのスプライシングなど，プロセシングによる調節（RNAプロセシングの調節），③ 核でつくられたmRNAの細胞質への搬出段階での調節（RNA輸送の調節），④ 細胞質のmRNAをリボゾーム上で翻訳する際の調節（翻訳の調節），⑤ 特定のmRNA分子の選択的不安定化による調節（mRNA分解の調節），そして⑥ 合成されたたんぱく質の活性化，不活性化ならびに局在化による調節（たんぱく質活性の調節）など，さまざまな段階で行われている（図11-5）．

原核細胞と比べて真核細胞は，転写調節の機構が非常に複雑である．真核細胞のRNAポリメラーゼは，単独では転写を開始することはできず，転写には**転写因子**（transcriptional factor）とよばれるたんぱく質の協力を借りる必要がある．転写因子は，**転写調節因子**（transcriptional regulatory factor）とは異なり種類は少ないが，核内に多量に存在している．また，転写調節因子が結合できるDNA上の塩基配列（調節配列）は規定されており，原核細胞の場合のようにプロモーター配列の側近でなく，何千塩基対も離れたDNA上に散在している．しかし，DNAがクロマチン構造をとっているため，DNAの広範な

```
DNA
 ↓ 転写の調節
RNA 前駆体
 ↓ RNA プロセシングの調節
mRNA
    [　　]  核膜  [　　]
 ↓ RNA 輸送の調節
mRNA
 ↓ 翻訳の調節      ↘ mRNA 分解の調節
たんぱく質         分解（不活性型）
 ↓ たんぱく質活性の調節
活性型たんぱく質
```

図11-5 遺伝子発現の調節
遺伝子発現は，転写，プロセシング，輸送，翻訳，分解，たんぱく質の活性化などさまざまな段階において調節されている．

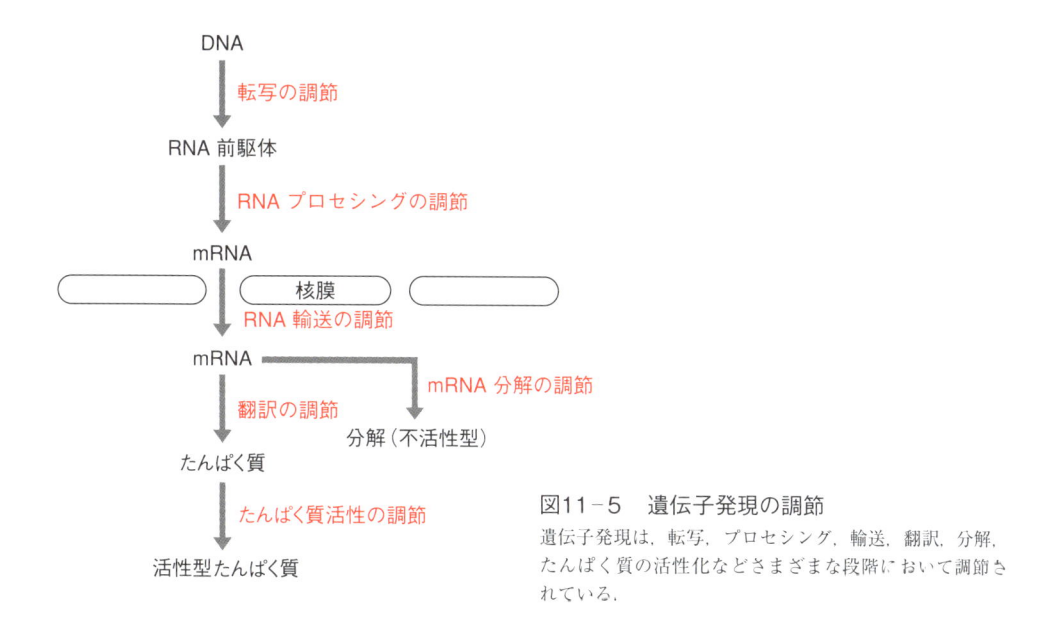

領域で遺伝子発現の調節が可能である．真核細胞では，調節遺伝子がそのプロモーターから著しく離れた場所に存在する場合がほとんどであるが，調節配列とプロモーター間のDNA がループすることにより，調節配列に結合した転写調節因子が，プロモーター部位での転写因子の会合やRNA ポリメラーゼの結合を調節することができる．また，複数の調節配列に結合する複数の転写調節因子が一つのプロモーター，すなわち真核細胞では単一の遺伝子の転写を調節することもある．

真核細胞の転写調節因子の多くは，DNA のループ形成によって転写因子やRNA ポリメラーゼに作用し，**アクチベーター**（activator）として機能することがほとんどであるが，転写を抑制・阻害する**リプレッサー**（repressor）として機能する場合もある．しかし，原核細胞の場合のようにRNAポリメラーゼのプロモーターへの結合と競合するのでなく，アクチベーターの調節配列への結合と競合したり，アクチベーターを不活化したり，さらに転写因子の会合を阻害したりするものと考えられている．

さらに真核細胞では，複数の転写調節因子が複合体を形成して作用することがある．複合体を構成する個々の因子の組合せにより，アクチベーターとしても働くか，あるいはリプレッサーとして働くかが決められる．

細胞内の転写調節因子の多くは不活性型として存在しているが，細胞内にリン酸化のような何らかのシグナルが伝えられることによって，活性化される．真核細胞では，ホルモンや成長因子あるいはサイトカインのように，他の細胞からの物質が直接，あるいは細胞内のシグナル伝達系を介して間接的にシグナルとして働く場合が多い．また，なかには通常の状態では細胞質内に留まり，何らかのシグナルを受けた場合のみ核内へ移行し，転写調節因子として機能する分子もある．

11・2 転写調節による遺伝子発現の調節

11.3　遺伝子解析の現状

　21世紀に入って，生命科学を研究している人たち，そして社会全体にも大きな影響を与える発見があった．それが**ヒトゲノムプロジェクト**（Human Genome Project）によるヒトゲノムの全塩基配列の解読である．当時のアメリカ大統領クリントンが「人類が月に到達したのに匹敵する偉業」と称えたこの大事業は，遺伝子解読技術の進歩と研究者たちのエネルギーの集中によって，予想よりはるかに早く達成された．

　現在では，**ポストゲノム**（Post Genome）とよばれる「解読された動植物の遺伝情報をどのように有効に利用していくか」に社会の関心は集中している．

　この節では「遺伝子解析の現状」と題して，基本的に遺伝子がどのように扱えるようになっているか，どのように利用されているかについて解説する．

11.3.1　遺伝子組換え

　遺伝子は基本的にはその生物固有のもので，他の個体や種から簡単には受け渡ししたりしない．例外は生殖のときで，これは生物が一番簡単に遺伝子をやりとりする方法の一つである．また，ウイルスは細胞に感染することで，宿主にウイルスの遺伝子を組み込むことができる．これら自然界では種々の制約から簡単には起こらない**遺伝子組換え**（genetic recombination）を，遺伝子工学や分子生物学的な研究分野では人為的に行えるようになった．細胞の染色体外あるいは染色体上で，遺伝子を組み換えたり改変したりできるようになったわけである．

　最も単純な遺伝子組換えは，大腸菌を用いて行われる．大腸菌は染色体外に**プラスミド**（plasmid）とよばれる環状の遺伝子を保持することができ，菌の増殖に伴ってプラスミドもコピーされる．プラスミドは簡単に抽出でき，遺伝子を組み換えることもできるので，たとえばインターロイキン6を大量に手に入れたい場合は，大腸菌においてたんぱく質を高発現するように工夫したプラスミドベクターとヒトインターロイキン6のcDNA，DNAを特定の塩基配列で切り出す〝はさみ〟の役割の制限酵素，そしてDNAをつなぐ〝のり〟の役割を果たすリガーゼとよばれる酵素を用意する．これだけの材料がそろえば，あたかも遺伝子を切り貼りするかのようにして，ヒトインターロイキン6の遺伝子を大腸菌のプラスミドに組換えることができる．このプラスミドをDNAを容易に取り込むように処理した大腸菌に加えると，大腸菌はプラスミドを取り込み，ヒトインターロイキン6たんぱく質を発現するようになる（図11–6）．このように染色体外に存在する遺伝子の組換えは，大腸菌ではごく簡単に行え，その増殖速度の速さから〝生きたたんぱく質製造工場〟として利用されることが多い．

　近年の遺伝子工学技術の進歩によって，遺伝子組換えは哺乳類や植物においても行えるようになった．これは，染色体に特定の遺伝子を導入したり，**相同的組換え**（homologous recombination）を用いて特定の遺伝子を欠損させたりすることが，巧妙にコントロールできるようになったからである．「遺伝子組換え食品」という言葉を聞いたことがあるだ

```
           GGATCC  ヒトインターロイキン6 cDNA  GTCGAC
           CCTAGG                         CAGCTG
                      制限酵素認識部位
```

```
              G                      TCGAC
              CCTAG     発現ベクター      G
```

制限酵素で切断したcDNAとベクターを混ぜ合わせ，リガーゼでつなぐ

ヒトインターロイキン6 cDNA

プラスミドが翻訳されて
たんぱく質が産生される

大腸菌

図11-6　遺伝子組換え

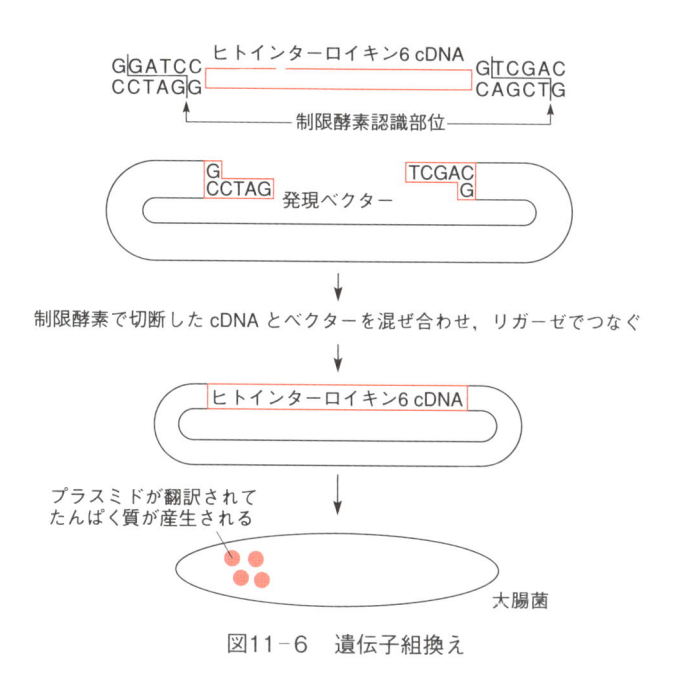

ろうか．たとえば，とうもろこしに害虫を殺す遺伝子を導入することで，害虫に抵抗性をつけて作物の収率を上げるという工夫である．食料としての重要性があるために，当然，このような遺伝子組換え作物は商品として有用性が高い．

現在では，遺伝子組換えは哺乳動物においても行えるようになっている．1990年代に入ってから，生命科学を研究する人たちの間で，「トランスジェニックマウス」とか「ノックアウトマウス」という言葉が頻繁に登場するようになった．これらは，人為的に特定の遺伝子をマウスのゲノム DNA のなかに導入し，高発現するように操作したものや，後述する ES 細胞（全能性をもち，個体まで発生できる胚性幹細胞）へ，特定の領域が欠損した遺伝子を相同組換えによって組み込み，遺伝子の機能を破壊したマウスのことを指している．

ゴードンらは，マウスの受精卵の核に DNA を注入することによって，個体として発生したマウス全体が形質転換した**トランスジェニックマウス**（transgenic mouse）を作製した．細胞に遺伝子を導入することはそれ以前から行われていたが，個体の細胞全部に特定の遺伝子を発現させるこの技術は非常にインパクトがあり，あっという間に，特定のたんぱく質を発現させたマウスをつくって生理学や病理学的な機能を解明するのに用いられるようになった．機能がよく知られていないたんぱく質をマウスに恒常的に，そして任意の場所に発現させることができるのだから，この手法を用いることで，マウス1匹の個体が小さな実験室のようになったともいえる．

このトランスジェニックという技術は，遺伝子を外側から導入することでマウスに機能をつけ加えるわけだが，これに対して内在性の遺伝子を破壊することで機能を失わせてしまうのが，**ジーンターゲッティング**（gene targeting）とよばれる技術である．この方法

11・3　遺伝子解析の現状

では，標的とする遺伝子の一部をネオマイシン耐性遺伝子などで置き換える．こうして作製したターゲッティングベクターをES細胞に導入し，抗生物質で選択すると，非常に低い確率であるが相同的組換えを起こした細胞が得られる．この細胞を胚盤胞のなかに注入すると，体細胞の一部の遺伝子が破壊されたマウスが誕生する．このマウス同士を交配すると**ノックアウトマウス**(knockout mouse)，つまり遺伝子が破壊されたマウスが得られ，遺伝子のさまざまな機能を調べることができる．研究者たちはこれらの方法を組み合わせて，自分たちが興味をもつ遺伝子の機能を解明しようと試み，産業の分野でも動植物の品種改良に応用されつつある．

このように遺伝子組換えは，今や最先端の生命科学者だけでなく，一般の人びとの生活にも密接にかかわり始めている．

11.3.2 遺伝子クローニング

細胞のなかには多くの遺伝子が存在しており，それぞれのゲノムDNA（設計図）がRNA（たんぱく質を生成する際の鋳型）に転写され，機能をもつたんぱく質へと翻訳される．特定のたんぱく質に興味をもち，そのゲノムDNAやRNAの構造を解析しようとすれば，**遺伝子クローニング**（gene cloning）を行わなければならない（図11-7）．

ヒトの細胞のなかには，何十万種類といわれるたんぱく質が存在し，これらのたんぱく質が互いに連係しながら生命を維持している．細胞をすりつぶすとDNAやRNAを抽出できるが，これでは，どこに目的の遺伝子が存在し，どのような構造をとっているのかわ

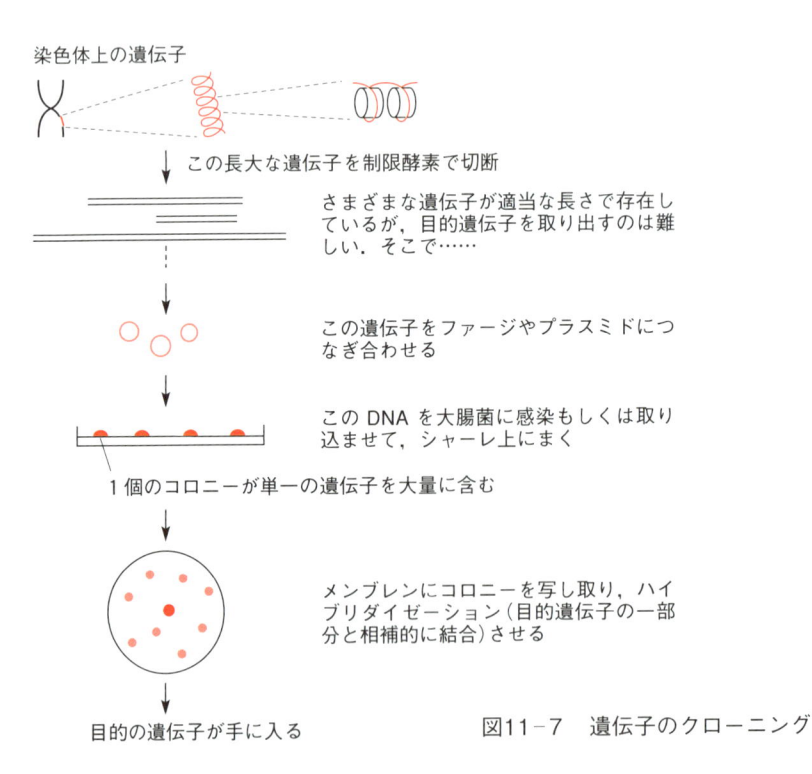

染色体上の遺伝子

↓ この長大な遺伝子を制限酵素で切断

さまざまな遺伝子が適当な長さで存在しているが，目的遺伝子を取り出すのは難しい．そこで……

↓

この遺伝子をファージやプラスミドにつなぎ合わせる

↓

このDNAを大腸菌に感染もしくは取り込ませて，シャーレ上にまく

1個のコロニーが単一の遺伝子を大量に含む

↓

メンブレンにコロニーを写し取り，ハイブリダイゼーション（目的遺伝子の一部分と相補的に結合）させる

↓

目的の遺伝子が手に入る

図11-7　遺伝子のクローニング

からない．そこで，ゲノムDNAをクローニングする場合，染色体の長大なDNA（数十億塩基対）を制限酵素で数千から数万塩基対にまで細かく断片化し，そのDNAをバクテリオファージやプラスミドに組み込む．これを**遺伝子ライブラリー**（gene library）とよぶ．つまり，とってきたばかりのDNAやRNAは混沌としてまったく整理されていないままのもので，いわば製本されていない山積みの雑誌である．これがライブラリー化されると，遺伝子は一つ一つのファージや大腸菌のなかに整理されて，分けられた状態になる．**プローブ**（probe）とよばれる目的遺伝子の一部をコードしたDNAなどを用いれば，目的のDNA断片を含むクローンを見つけ出すことができる．まさに，図書館から本を見つけ出すかのように検索できるわけである．このように単離してきたクローンを配列決定することで，DNAの構造を解明できる．

また，クローニングはゲノムDNAだけでなく，RNAを逆転写して作製したcDNAライブラリーを用いてもよく行われている．この場合は，たんぱく質の直接的な鋳型となるRNAが出発材料なので，たんぱく質に翻訳されない配列はほとんど含まない．すなわち，cDNAの配列がわかればたんぱく質の配列もわかるわけである．

たんぱく質の全アミノ酸を解読するのは今の技術でも決して楽なことではないので，cDNAの配列からアミノ酸の配列を決定するほうが確実である．DNA・RNA抽出 → ライブラリー作製 → スクリーニング → クローンの塩基配列決定という流れで，DNAやRNAの構造を解析できる．たとえば，cDNAを発現ベクターに組み込めばたんぱく質を容易に手にすることができるし，細胞や組織において，そのたんぱく質のmRNAの発現量を調べたりすることもできる．

11.3.3　シークエンス解読

DNAの塩基配列決定法は1970年代に開発された．現在でも方法論の基本的な考え方は変わっていないし，ゲノムプロジェクトはこの方法の進歩がなければあり得なかった．

原理を図11-8に示すが，**DNAポリメラーゼ**（DNA polymerase，DNAを合成する酵素）と鋳型となるDNAを反応させる．このときに，DNAを合成する材料としてはデオキシヌクレオチド（dATP，dCTP，dGTP，dTTP）が必要であるが，この反応の際にジデオキシヌクレオチド，たとえばddTTPを添加する．すると，ddTTPを取り込んだDNAはデオキシ体と結合できないので，反応は停止してしまう．これを繰り返すことで，ランダムにTの配列で伸長が停止したDNAを合成できる．また，ジデオキシヌクレオチドに異なった蛍光色素をくっつけるという工夫をすることで，それぞれの塩基が異なった色で検出できるようになった．この方法以前では放射能を用いて標識していたので，4種類の塩基は区別できず，電気泳動の際に混合して泳動するのは不可能であった．四つの色素を用いるこの方法の開発によって，一つのレーンに反応産物を泳動できるようになり，同じ大きさのゲル1枚で4倍の効率の配列決定を行えるようになった．

はじめにも述べたが，**シークエンス解読**（sequencing）というこの方法の開発こそが，「ヒトやマウスのDNA配列をすべて解読しよう」というゲノムプロジェクトの中核にな

```
5'  未知の配列          既知の配列   3'   一本鎖DNA
    ─────────────────────────────
                          ←
                    プライマーとよばれる
                    20〜30塩基のDNA
                 ↓  ポリメラーゼ（DNAを合成する酵素）
                    とdATP, dCTP, dGTP, dTTP
                 ↓  を加えると

    ─────────────────────────────
           ← ← ← ←
                    相補鎖が形成される
                 ↓  このとき，適量のジデオキシヌクレオチド
                    （ddATP, ddCTP, ddGTP, ddTTP）
                 ↓  を加えると

    ─────────────────────────────
                          ←
                    たまたま ddTTP を取り込むと反応がストップする
                    Ⓣ     ← 緑
                    ⒶT    ← 赤
                    ⒸAT   ← 青
                    ⒼCAT  ← 黄
                 ↓  1塩基の違いを見分ける．
                    電気泳動で分離すると
                    元の配列が読める
                 5' CG ── 黄
                    GC ── 青
                    TA ── 赤
                 3' AT ── 緑
```

図11-8　シークエンス解読

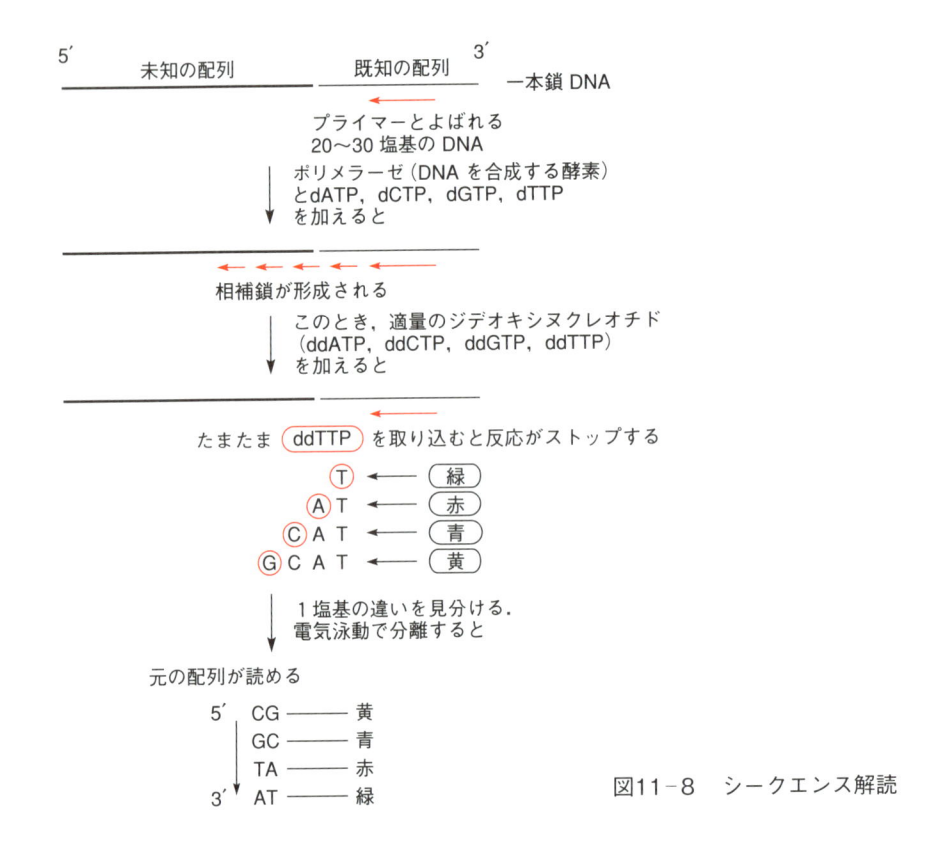

る技術であり，現代の生命科学はシークエンス解読なしでは語れない．

11.3.4　遺伝子診断

遺伝子診断（genetic diagnosis）とは何であろうか．手短にいってしまえば，遺伝子の配列の異常や欠失，重複を明らかにすることで，病気を診断する技術である．遺伝子診断の定義をどのように決めるかで概念は変わってくるが，遺伝子を検査して病因を調べることは，案外，古くから行われている．染色体レベルでの診断では，DNA配列の異常やごく小さな欠失などは観察できないものの，光学顕微鏡を用い，染色体の標本を採取することで，染色体の本数や形態の異常をとらえることができる．しかし，これらの方法では，遺伝子上でのごく小さな異常，ポイントミューテーション，フレームシフト（11.3.7項参照）などをとらえることはできず，どの染色体の，どのDNAが異常を起こしているのか，そして，どのたんぱく質が異常を起こすことで病態へとつながっているのかは明らかにできなかった．

しかし，最近の遺伝子解読技術の進歩，とくに **PCR**（polymerase chain reaction）の発明が遺伝子診断においても飛躍的な進歩をもたらした（図11-9）．たとえば，遺伝子の特定の塩基対が欠失していることで，たんぱく質が正常な形で産生されなくなる病気がある．この診断を行うときに，PCR法を用いることで迅速な診断が行える．**プライマー**（primer）とよばれる数十塩基のDNAを用いて原因遺伝子を増幅し，配列決定すること

図11-9　遺伝子診断

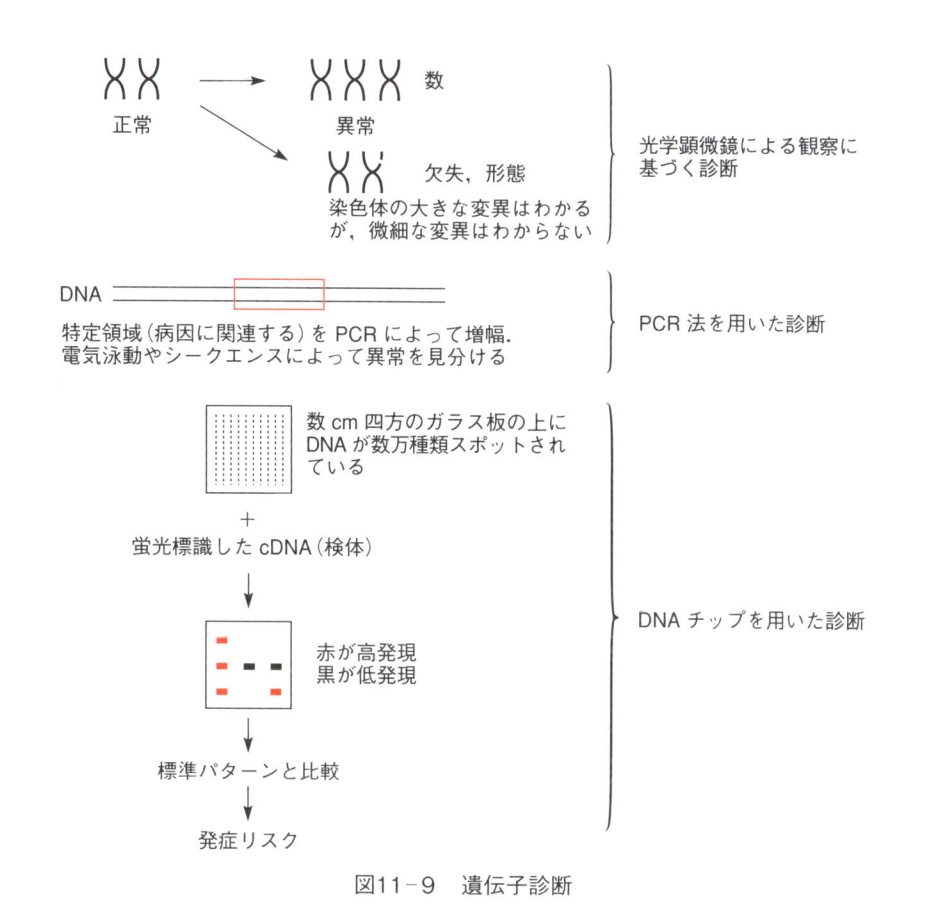

で原因を特定できる．最近では，また，感染症やがんも遺伝子診断の対象になっている．また，がんの悪性度や転移のしやすさの指標になる遺伝子の発現を調べる試みも始まっている．**DNAチップ**（DNA tip）は，数cm四方のチップの上で数万のRNA発現を網羅的に解析する手法である．この方法を用いて，単一の遺伝子から生じる疾患だけでなく，複数の遺伝子群が相互作用しながら進行するタイプの病気，高血圧や糖尿病の発症にかかわる遺伝子を調べることで，ハイリスクの人を早期診断しようという試みもなされている．

11.3.5　遺伝子操作と情報の取得

ここまで述べたように，**遺伝子操作**（gene manipulation）はさまざまな方法論を生み出し，その結果，遺伝子をかなりの自由度で操作できるようになった．その一方でヒトゲノムプロジェクトに代表されるように，大規模な遺伝子データを研究・解析する技術も飛躍的に進歩している．**バイオインフォマティクス**（bioinformatics）という言葉が最近になっていわれるようになっている．「インターネットを用いて遺伝子の検索をしたい」と考えたなら，まず，National Center for Biotechnology Information（http://www.ncbi.nlm.nih.gov/）というアメリカの国立図書館が運営するウェブサイトに入れば，多くの情報を手に入れることができる．たとえば，アルブミンの遺伝子の情報を知りたければ，Nucleotideという

項に知りたい配列のキーワードを"albumin"と入力するだけで，さまざまな遺伝子の配列を得ることができる．このサイトにはヒトアルブミンのcDNAの配列やアミノ酸配列が記述されているが，そのほかにもPubmedという論文のデータベースやゲノムデータベースに直接リンクしており，すぐにそれらの情報を手に入れることができる．

ヒトのゲノムデータベースは，ほぼ全体の遺伝子の配列が明らかにされており，染色体上での位置，類似の遺伝子の数など，さまざまな情報をインターネット上で知ることができる．これらの方法で得られる情報を用いて，PCRなどの方法でDNAを増幅し，発現ベクターに遺伝子を入れて，うまく発現させることができれば，たんぱく質を得たり，遺伝子の発現を定量することもできる．この方法の優れたところは，未知のcDNAやゲノムDNAのクローニングを従来の手作業で行うと，どんなに早くても1年程度は要したものを（もし，これぐらいの期間でcDNAとゲノムDNAの全構造を手作業で解明したら，かなりの腕といっていい），数十分で終わってしまうところである．またデータベースのなかには，BLAST，FASTAなどの取得した配列を元に相同性の高い遺伝子を検索したり，たんぱく質としての機能を予測したりできるものもある．とにかく一度，このウェブサイトに入ってその威力を試すことをおすすめする．

11.3.6　がん

がん発生のメカニズムの解明は，研究者のみならず一般の人たちにとっても，重要性の高い未解決の問題である．1970年代から，ウイルスのがん遺伝子とそれに対応する細胞の原がん遺伝子が明らかにされた．がん遺伝子の多くは細胞増殖のシグナル伝達系に関与しており，増殖をプロモートしていることがわかってきた．これらの遺伝子が異常に活性化することで，細胞は異常な増殖 → がん化へと向かうと考えられていた．

しかしそのうちに，単にがん遺伝子が活性化されるだけではがんは起こらないことが明らかになった．がん化には他の因子が必要であることがわかってきたのである．そして，がんが多発する家系の研究，網膜芽細胞腫，遺伝性大腸腺腫症の研究から，細胞増殖に関する重要な概念，**がん抑制遺伝子**（tumor suppressor gene）が発見された．染色体上では相同の染色体が1ペア，すなわち遺伝子は2コピー存在している．がん抑制遺伝子は，染色体の1コピーが異常を起こしても，もう一方が正常であれば正常細胞として振る舞えるが，両方が失活することで発がんへと向かう．

*Rb*と*p53*遺伝子は，代表的ながん抑制遺伝子である．網膜芽細胞腫の研究から見つかったRbたんぱく質は，非リン酸化状態ではE2Fなどの細胞増殖を促進する転写調節因子と結合することで，その下流の増殖に必要な遺伝子が転写活性化するのを抑えている．これがリン酸化されるとE2Fは活性化され，細胞は増殖へと向かう．また*p53*遺伝子産物は，"細胞周期の番人"のような役割を果たしていると考えられる．細胞のDNAが損傷すると，p53の発現が誘導されて，p53依存性のp21発現が起こり，Cdkキナーゼが抑制されることで，G_1期で細胞周期が停止する．この後DNAの修復が行われるが，それに失敗するとアポトーシスによって細胞は死滅する．

正常な細胞では，このスイッチのオン（がん遺伝子）・オフ（がん抑制遺伝子）が厳密に制御されており，細胞は必要なときにしか増殖へと向かわない．しかし，オン側のスイッチが入りっ放しになり，オフ側のスイッチが壊れてしまうと，まるでブレーキが壊れてアクセルがかかりっ放しの自動車のように，細胞の増殖が無秩序に進んでしまうと考えられる．もちろんがん細胞には，転移につながる接着性の異常や生体内における血管新生の誘導機構など，他の未解決の問題は多く，そのすべてのメカニズムはいまだに理解されていない．

11.3.7　遺伝病

ヒトは 60 兆個の細胞から成り立っており，一つ一つの細胞は 30 億個の核酸配列をもっている．そして DNA はたんぱく質の設計図であり，その設計図に従って細胞は構成される．もちろんヒトは，ほとんど共通の遺伝子をもっている．A さんと B さんという赤の他人の遺伝子を比較しても，配列はほとんど共通である．

しかし，その一方で，個体ごとでその遺伝子配列のわずかな違いが，個体の表現型の違いにつながっている．髪の毛や瞳の色，運動能力や性格の違いなど，わずかな遺伝子配列の違いが，観察できる違いに反映されているわけである．これら遺伝子のなかには，変異を起こすことで疾患につながるものがある．ダウン症は古くから知られる遺伝病の一つで，染色体が重複して生じることで起こる病気である．特定の染色体が重複し，3 本になること（トリソミー）で知的発達が遅れる．

ダウン症のように染色体の数的異常のほか，欠失，転座などの構造異常も遺伝病を引き起こしうる．また，もっと小さな異常，たとえば野生型の遺伝子に対してポイントミューテーション（1 塩基が置換することで，たんぱく質の翻訳に異常を生じる），フレームシフト（コドンがずれてしまうことで異常を生じる）など，さまざまな遺伝子異常のパターンが存在する．基本的には，遺伝子の構造や配列が異常を起こすことで発症する病気としてとらえられる．メンデル遺伝病は，疾患原因遺伝子が保因者である両親から伝達されることで起こり，伴性劣性遺伝性疾患は，原因遺伝子が X 染色体上に存在し，その異常遺伝子を受け継いだ男性（男性の性染色体は X Y）では対立遺伝子をもたないため発症する．また，女性（女性の性染色体は X X）においても X 染色体の両方に異常遺伝子がある場合は発症する．

11.3.8　アポトーシス

アポトーシス（apoptosis）は，"細胞の自殺"，"プログラムされた細胞の死"などとよく表現される．発生は，最も劇的に個体の細胞が入れ替わったり，変化する時期である．よく知られるアポトーシスの例として，手の指が形成される過程で，指の間に存在する水かきのような構造が死んで脱落することで指ができたり，胸腺において自己に反応性のある T 細胞を除去したりする現象がある．

アポトーシスは，リガンド（Fas, TNF など）が Fas 受容体や TNF 受容体に結合し，受容体の細胞内ドメインがシグナルを細胞内へと伝える．DNA に損傷が起こると p53 が誘導

され，p21 を介してアポトーシスを引き起こすと考えられている．これらの細胞内での情報伝達が起こると，この後 DNA が断片化され，クロマチンの凝縮，核の断片化などが引き起こされて，細胞死へと向かう．この段階で主役になるのが，DNA を断片化する Dn アーゼと，細胞内のたんぱく質を限定分解するカスパーゼとよばれる酵素である．このようにして実行されるアポトーシスであるが，結局その意味は，不必要になった細胞を生体から取り去ることにあると考えられる．自己を攻撃する細胞やウイルスに感染して，周辺の細胞にばらまくものを速やかに排除することで，個体を守る方法の一つなのであろう．

11.3.9 ES 細胞

私たちの体のなかにあるすべての細胞も，元は 1 個の細胞から始まる．卵子が受精し，分裂・増殖を繰り返し，さまざまな種類の細胞に分化することで，個体は形づくられていく．受精卵は 8 細胞まで分裂したら，その後，増殖しながら分化し，おのおのの細胞がどの細胞になるか決定されていく．8 細胞段階までの細胞は **幹細胞**（stem cell）とよばれ，すべての組織に分化する全能性をもっている．これら胚盤胞内部の細胞を取り出し，*in vitro* で培養できるようにした細胞が **ES 細胞**（embryonic stem cell）とよばれる細胞である．

1981 年にマウスにおいて樹立されたのが初めてであり，最近になってヒトの ES 細胞も樹立された．ES 細胞は *in vitro* で培養でき，さまざまな遺伝子操作を加えることが可能であり，胚盤胞に ES 細胞を入れると，正常な個体として発生させることもできる．すなわち，遺伝子操作を加えた細胞がそのまま個体にまで成長し，個体レベルで観察できるようになったという意味で，画期的な発見であった．また，ES 細胞は *in vitro* で分化させることもできるので，血球系や神経系の細胞を試験管内でつくり出す試みも行われている．これらの技術が可能になれば，移植にかかわる問題が解決される日も近いかもしれない．もし，試験管内で臓器をつくるなどということができれば（今の技術では，倫理的な問題を含めてまだ難しい），臓器提供を待つ必要すらなくなるだろう．

11.3.10 遺伝子治療

遺伝子治療（gene therapy）は，疾病を治療するために遺伝子や，遺伝子を導入した細胞をヒトの体内に導入することをいう．実際には，患者自身の細胞を培養して，目的とする遺伝子を導入してから，患者の体内に戻す方法，そして臓器内に直接遺伝子を導入する方法とに分かれる．

最も技術的に問題となるのは，どのような方法で細胞や体内に効率よく遺伝子を導入して，発現させるかということである．遺伝子を細胞へ導入するには，ウイルスを用いて細胞へ遺伝子導入する **ウイルスベクター法** と，細胞や組織に高圧電流を与えることで細胞内に遺伝子導入する方法がある．後者は，生体へ遺伝子導入するには効率が悪く，ほとんどがウイルスベクターを用いて遺伝子治療は行われる．そのなかでも，アデノウイルスベクターとレトロウイルスベクターが代表的なウイルスベクターである．

遺伝子治療はさまざまな局面での使用が考えられているが，① 酵素の欠損によって起こ

る病気では，酵素を発現するウイルスベクターを細胞や組織に感染させ，酵素を補給することで治療する（アデノシンデアミナーゼ），② がん細胞で起きている p53 の異常を，正常型の *p53* を導入することで治療しようとする，③ X連鎖重症複合免疫不全症（X-SCID；X-linked severe combined immunodeficiency）を治療するため，血液幹細胞に正常遺伝子をレトロウイルスによって導入し，患者の体内に戻して免疫不全症を治療する試みなどがある．

　遺伝子治療に共通しているのは，特定の遺伝子が欠損したり異常を起こしたりすることで生じる機能不全を，外から正常な遺伝子を導入することで機能を回復させようとする考え方である．遺伝子治療は，長期間，患者自身の細胞に発現させることができるために，今まで治療が困難であった疾患を治癒できる可能性をもっている．とくに X-SCID の遺伝子治療では，治療効果が確認され，日本でも同様の治療が試みられようとしている．しかしながらX-SCID の治療では，レトロウイルスベクターが増殖に関与する遺伝子の近傍に組み込まれて，白血病を引き起こした患者がでてきたので，現在，この治療法にストップがかかっている．多くの可能性を秘めている遺伝子治療であるが，リスクにも目を向けなくてはならない．

予想問題

1 DNA と RNA に関する記述である．正しいものの組合せはどれか．
　a．DNA から RNA，RNA からたんぱく質へという一方向の流れをセントラルドグマとよぶ．
　b．DNA から RNA へ情報が伝えられることを翻訳という．
　c．転写は，DNA ポリメラーゼが DNA 上のプロモーターとよばれる特定の塩基に結合することにより始まる．
　d．主な RNA には，mRNA，rRNA，tRNA の 3 種類がある．
　e．RNA のなかで量的に最も多いのは mRNA である．
　　(1) a と b　　(2) a と d　　(3) a と e　　(4) b と c　　(5) c と e

2 転写と翻訳に関する記述である．正しいものの組合せはどれか．
　a．イントロン部分を切り取り，エキソン部分をつなぎ合わせることをスプライシングとよぶ．
　b．mRNA の 5′ 末端には，複数のアデニル酸が付加される．これをポリ A 構造という．
　c．細胞外へ分泌されるたんぱく質の多くは，N 末端に〝シグナルペプチド″配列をもつ．
　d．転写調節機構を比べた場合，原核細胞と真核細胞では原核細胞のほうが複雑な機構を利用している．
　e．原核細胞の RNA ポリメラーゼは，単独では転写を開始することができず，転写には転写因子とよばれるたんぱく質の協力を借りる必要がある．
　　(1) a と b　　(2) a と c　　(3) b と c　　(4) c と e　　(5) d と e

3 たんぱく質の合成に関する記述である．正しいものの組合せはどれか．
　a．たんぱく質の合成は核で行われている．
　b．合成されたたんぱく質はすべて細胞外へ分泌される．

c．遺伝情報をもつのは二本鎖 DNA のうち片側だけで，相補的な反対側の DNA 鎖は遺伝情報をもたない．
　　d．RNA を鋳型とし DNA を合成することを逆転写反応とよび，逆転写酵素はこの反応を司る．
　　e．たんぱく質合成において使われるアミノ酸は必須アミノ酸だけである．
　　　(1) a と b　　(2) a と d　　(3) a と e　　(4) b と e　　(5) c と d

4　遺伝子操作に関する記述である．正しいものの組合せはどれか．
　　a．プラスミドとは，宿主染色体と物理的に独立して複製できる染色体外遺伝子のことである．
　　b．PCR 法を用いれば，特定領域の遺伝子を増幅できる．
　　c．cDNA（相補的 DNA）とは，ゲノム DNA を鋳型にして逆転写酵素によって合成された DNA のことである．
　　d．がん抑制遺伝子は正常な細胞には存在しない．
　　e．大腸菌にヒトのたんぱく質をつくらせることはできない．
　　　(1) a と b　　(2) a と c　　(3) b と c　　(4) c と d　　(5) d と e

12章 細胞内環境と生体機能

生体を構成するうえで最も基本的な構成単位は細胞（cell）である．本章では，細胞の構造と機能の維持にとって最も重要な働きをもつ水の生理作用，水に溶解することにより機能を発揮する電解質とその調節，さらに電解質濃度を微細に調節する腎臓における尿の生成について述べる．

12.1 水の生理機能

人体に含まれる元素は約60種類であるが，酸素（O），窒素（N），炭素（C），水素（H）で96%を占めている．そのうち酸素は65%で，最も割合が高い．酸素の割合が高いのは，重量に占める水の含量が高いことに起因している．体のなかの水分は，男性体重の約60%，女性体重の約50%である．水は生命の維持に必須の物質で，1%の不足であってもその症状が現れ，10%の不足で健康が障害され，20%失われると生命が脅かされる．このように水はヒトの生命維持にきわめて重要な物質であり，次のような重要な生理作用をもっている．

12.1.1 溶媒，浸透圧の維持，細胞の物理的形態の維持

水分子（H–O–H）の立体構造は，直線形ではなく折れ線形で，その酸素原子はいくぶん負の電荷を帯びており，水素原子は逆にいくぶん正の電荷を帯びた状態に分極している．そのため水は，水分子同士で，また水と他の分子との間で水素結合をつくりやすく，分子や電解質をよく溶かし，細胞内外の浸透圧の維持や，細胞の物理的形態の維持の面で重要な役割を果たしている．

12.1.2 分泌，輸送，排泄

生体内の体温レベルの水は流動性がよく，ホルモンや消化液などの分泌，栄養成分の輸送，代謝産物の排泄に重要な役割を果たしている．

12.1.3 体温調節

水は比熱（$1\,\mathrm{cal/g}$）が大きいという特性をもっている．すなわち，熱しにくいため，体温を一定に保つのに非常に都合がよいわけである．また水は20℃で$580\,\mathrm{cal/g}$と蒸発熱が高く，発汗による体熱の放散にも非常に都合がよく，体温調節が容易である．さらに水は熱容量が大きいため，中心部の高い体温を血液循環の働きで体温の低い体表部に運ぶ

ことにより，体温調節に重要な働きをしている．

12.2 水と細胞内環境

12.2.1 体内水分

人体内の水分は細胞内液と細胞外液に分けられ，細胞外液は細胞間液と血漿に分けられる．各臓器の水分割合は異なっており，腎臓や血液は83％と多いが，脂肪組織では10％と少ない．したがって脂肪組織の多い肥満者では体内水分が42％と少なく，やせて脂肪組織が少ない人では73％という多い値が報告されている．また体内水分割合は幼児で最も高く，成人から老人へ加齢するとともに減少することが知られている（表12-1）．

表12-1 体内水分の分布（体重％）

	幼 児	成人男子	成人女子	老 人
細胞内液	40	45	40	27
細胞外液	30	15	14	23
細胞間液		10.5	10	
血 漿		4.5	4	
	70	60	54	50

12.2.2 水の出納

すでに述べたように，水は生命活動に重要な働きをするため，その出納は次のようにバランスがとれている．

体内の水の摂取量と排泄量のバランスは図12-1に示すとおりである．成人の1日当たりの水の出納は2000〜2500 mLであるが，エネルギー消費量（kcal）当たりで表すと成人では1 mL/kcalであるが，幼児では1.5 mL/kcalで，体重当たりの水の出納が多いのが特徴である．代謝水（metabolic water）とは，摂取した食物中の栄養素，たんぱく質，脂質，糖質が体内で分解される過程で産生される水のことである．たんぱく質，脂質，糖質1 g当たり，それぞれ0.41，1.07，0.55 mLの水がつくられる．不感蒸泄（insensible

摂取量（mL）	排泄量（mL）
飲料水　800〜1300	尿　　　1000〜1500
食物中　　　1000	不感蒸泄　　　900
代謝水　　　　200	糞　　　　　　100
計　　　2000〜2500	計　　　2000〜2500

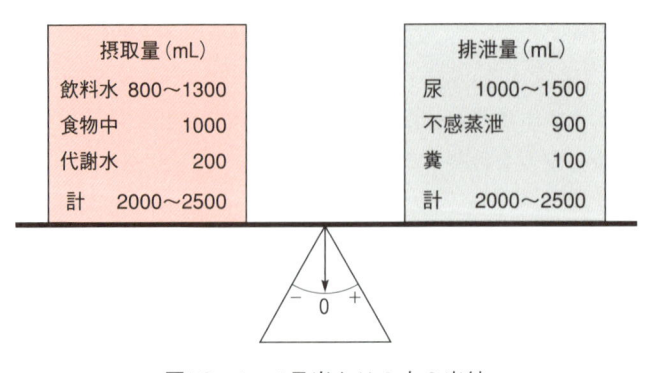

図12-1　1日当たりの水の出納

perspiration）は呼気や皮膚から無意識に放出される水である．成人では 1000 ～ 1500 mL の排尿であるが，老廃物を排泄するのに必要な排尿量（**不可避排泄量**）は 400 ～ 500 mL である．腎不全で排尿量が 500 mL 以下に減少すると，血液中の尿素量が増える．

体内水分が不足すれば細胞外液の浸透圧が上昇し，咽頭粘膜が乾燥し，視床下部にある口渇感を司る中枢が刺激を受けて興奮する．すると口渇感から飲水行動を起こす．また脳下垂体後葉から**抗利尿ホルモン**（**ADH**；antidiuretic hormone）の分泌が起こり，尿細管における水の再吸収が増大し，体内水分の不足を補う．逆に水分過剰では ADH 分泌が抑制され，尿細管における水の再吸収が減少する．そのため尿量が増大し，水分過剰が回復する．

12.3　細胞と電解質

表 12 - 2 に示すように，人体を構成する元素のうち，O，C，H，N 以外の元素を**無機質**（ミネラル）とよんでおり，これらが生体の**電解質**（electrolyte）を構成している．Ca ～ Mg は比較的含量が多い**多量元素**（major element）で，ミネラルの 70 ～ 80% を占めている．一方，Fe 以下のミネラルは存在量が少ない**微量元素**（trace element）である．これら人体を構成する元素は，栄養素として食物より摂取する必要がある．

表12-2　人体を構成する元素および元素組成

	多量元素	（％）	微量元素	（％）
96%	O	65	Fe	0.004
	C	18	I	0.00004
	H	10	Cu	微量
	N	3	Mn	〃
ミネラル	Ca	1.5	Zn	〃
	P	1.0	F	〃
	K	0.35	Mo	〃
	S	0.25	Se	〃
	Na	0.15	Co	〃
	Cl	0.15		
	Mg	0.05		

12.3.1　ナトリウム

ナトリウム（Na；sodium）は人体に約 0.15% 含まれる．細胞外液の主要な陽イオンで，浸透圧の調節と酸塩基平衡の維持に働いている．しかし細胞内液には，外液の 1/10 しか含まれていない．Na^+ の細胞内外の著しい濃度差は，**Na^+, K^+-ATP アーゼ**の働きにより，ATP のもつエネルギーを利用する能動輸送によるものである．体内のナトリウムの調節は主に，**アルドステロン**（aldosterone）の腎臓に対する作用によりなされている．細胞外液中のナトリウムイオン濃度は 135 ～ 145 mmol/L に保たれている．ナトリウムイオン濃度がそれ以上になると，浸透圧を維持するために水の再吸収を促進し，細胞外液量も増

加する．逆にナトリウムイオン濃度がそれ以下になると，レニン-アンギオテンシン系が賦活化されてアルドステロンが分泌される．アルドステロンは尿細管におけるナトリウムの再吸収を促進し，浸透圧を上昇させる．食物中のナトリウムは腸管で吸収され，ほとんどが尿あるいは一部は汗から排泄される．

12.3.2 カリウム

カリウム（K；potassium）は人体に 0.35% 存在する細胞内液の主要な陽イオンであり，浸透圧の調節と酸塩基平衡の維持に働いている．カリウムは神経の刺激伝達や筋肉の収縮にも関与している．K^+ の細胞内外の著しい濃度差は，Na^+, K^+-ATP アーゼの作用によるもので能動輸送による．食物中のカリウムは腸管で吸収され，摂取したカリウムの 85% 以上は尿中へ排泄される．体内のカリウムはアルドステロンの分泌が増えると腎臓での再吸収が減少し，尿中への排泄が増加する．

12.3.3 カルシウム

人体中にはカルシウム（Ca；calcium）が約 1.5% 含まれているが，その 99% は骨格中にリン酸塩，炭酸塩として存在している．残り 1% は，細胞内液，細胞外液，筋肉，神経などにイオンのかたちで含まれ，筋肉の収縮，血液凝固，分泌，酵素の活性化などにかかわっている．

摂取した食物中カルシウムは胃酸に溶け，小腸上部より吸収される．この吸収には小腸のカルシウム結合たんぱく質（calcium-binding protein）が関与しており，ビタミン D はこのたんぱく質の合成に必要である．シュウ酸やフィチン酸は不溶性のカルシウム塩を形成するため，吸収を妨害する．1 日に 700 mg のカルシウムを食事中から摂取すると，その約 500 mg は糞中に，約 200 mg は尿中に排泄され，カルシウムのバランスが保たれる．血漿中カルシウム濃度は 9 ～ 11 mg/dL に保たれており，濃度が低下するとパラトルモン（parathormone）が働いて骨のカルシウムを血中に放出し，濃度が高くなるとカルシトニン（calcitonin）が働いて血漿カルシウム濃度を下げ，一定に保つ．

12.3.4 マグネシウム

マグネシウム（Mg；magnesium）は人体に約 0.05% 含まれており，その約 60% がリン酸化合物として骨中に，39% は軟組織中に，1% は細胞外液中に存在している．マグネシウムは多くの酵素の補助因子として重要な役割を果たしている．食事中のマグネシウムの吸収率は 20 ～ 40% で，約 65% が糞尿中に排泄される．

12.3.5 塩 素

塩素（Cl；chlorine）は人体に約 0.15% 含まれ，細胞外液の主要な陰イオンとして最も多く含まれる電解質である．塩化ナトリウムのかたちで摂取され，小腸から容易に吸収される．摂取された塩素の 98% 以上が尿中へ排泄される．体内では水分平衡，浸透圧の調節，酸塩基平衡などの役割を果たしている．また胃液の塩酸の成分でもある．

12.3.6 リ ン

リン（P；phosphorus）は人体に約 1% 含まれており，その約 80% が，カルシウムや

マグネシウム塩を形成して，骨や歯の成分として存在している．そのほか約10％は筋肉中に，残りは脳神経系や肝臓などの臓器に含まれ，リン脂質，リン酸化たんぱく質，核酸，ヌクレオチド類，補酵素形ビタミンなどの成分として関与している．またATPなど高エネルギーリン酸化合物として，エネルギーの授受に重要な役割を果たしている．リンは細胞内液や外液の陰イオンとして，浸透圧の調節や酸塩基平衡の調節に役立っている．

12.3.7　硫　黄

硫黄（S：sulfur）はメチオニン，システイン，シスチンなどの含硫アミノ酸の構成成分としてたんぱく質中に存在している．ビタミン B_1 やビオチンの構成成分でもある．

12.3.8　微量元素

鉄（Fe），ヨウ素（I），銅（Cu），マンガン（Mn），亜鉛（Zn），フッ素（F），モリブデン（Mo），セレン（Se），コバルト（Co）のことを微量元素という．

鉄はヘモグロビン，ミオグロビン，シトクロム，カタラーゼなどの成分として役割を果たしている．

ヨウ素（iodine）は甲状腺ホルモンのチロキシンの構成成分である．

銅（copper）はヘモグロビンの合成，セルロプラスミン，SOD（スーパーオキシドジスムターゼ）の成分として重要である．

マンガン（manganese）はMn-SOD，キサンチンオキシダーゼなどの酵素活性の発現に必要な成分である．

亜鉛（zinc）は炭酸デヒドラターゼ，アルコールデヒドロゲナーゼ，インスリンに含まれている．欠乏により成長障害，皮膚炎，味覚障害などが起こる．

フッ素（fluorine）は虫歯の予防に働くが，過剰摂取により斑状歯が起こる．

モリブデン（molybdenum）はキサンチンオキシダーゼ，亜硫酸オキシダーゼなどの成分として働いている．

セレン（selenium）はグルタチオンペルオキシダーゼの成分として働いている．

コバルト（cobalt）はビタミン B_{12} の成分として働いている．

12.4　生体と電解質の調節

12.4.1　浸透圧の調節

水は細胞膜を自由に通過できるが，電解質は自由に通過できない．細胞内外で水の割合が違っているのは，それぞれの体液に異なった溶質が一定割合で溶け，浸透圧（osmotic pressure）を一定割合に維持しているためである．たとえば，細胞内液には K^+，Mg^{2+}，HPO_4^{2-}，たんぱく質が多く含まれているが，細胞外液には Na^+，Cl^-，HCO_3^- などが溶解し，細胞内外の浸透圧が一定（290 mOsm/L）に維持されている（図12-2）．Na^+ と K^+ の細胞内外の著しい濃度差は，Na^+，K^+-ATPアーゼの作用によるもので，ATPのもつエネルギーを利用する能動輸送（active transport）による．

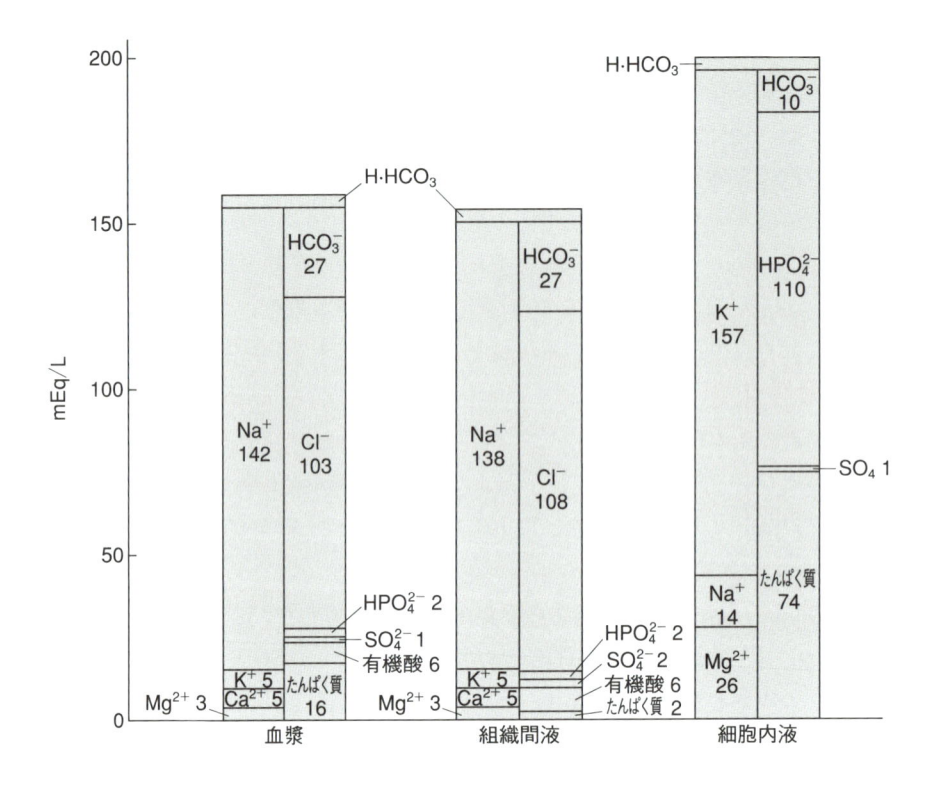

図12-2 細胞内液と細胞外液の電解質組成

藤田啓介 監修,「医学領域における生化学」, 廣川書店 (1993), p.286.

12.4.2 pHの調節

細胞外液の pH は, 主に血液の緩衝作用, 肺呼吸作用, 腎機能作用により常に7.4前後の一定値に保たれている.

(1) 血液の緩衝作用

血液は, 体内で生じたりあるいは体外から入ってきたりした酸(H^+)やアルカリ(OH^-)に対し, 主に重炭酸塩が次のように反応する.

$$HCO_3^- + H^+ \longrightarrow H_2CO_3 + OH^- \longrightarrow H_2O + HCO_3^-$$

しかし血中には H_2CO_3 に比べ, HCO_3^- 濃度が20倍も高く含まれているので, pH は変わらない.

(2) 肺呼吸作用

血液中の H_2CO_3 は, 呼吸により肺から CO_2 として排泄される.

$$H_2CO_3 \longrightarrow H_2O + CO_2$$

(3) 腎機能作用

腎臓はアルカリ性や酸性のリン酸塩, 重炭酸塩, 硫酸塩を排泄し, pH の調節を行っている.

12.5 尿の生成

　腎臓（kidney）は不要の代謝最終生成物や老廃物のうち，水溶性の物質を**尿**（urine）として排泄する．腎臓重量は約120gで左右1個ずつあり，ソラマメ形をしている．腎門部より腎動脈が入り，腎静脈と尿管が出ている．腎臓の皮質部には，腎の機能単位である**ネフロン**（nephron）が腎臓1個当たり約100万個存在する．ネフロンは腎小体とこれに連続する近位尿細管，ヘレン係蹄，遠位尿細管より構成されている．尿細管は腎皮質と腎髄質を往復している．糸球体は分子量数万以下の物質を沪過し，沪液にすることができるが，それ以上の高分子物質は沪過できない．糸球体で沪過された尿はボーマン嚢で集められ，近位尿細管に送られる．近位尿細管ではNa，K，ブドウ糖，アミノ酸，リン酸，Cl⁻，重炭酸が再吸収され，これにより糸球体沪液量の約60%が再吸収される．ヘレン係蹄では水が拡散により吸収される．遠位尿細管では水が吸収される．遠位尿細管がつながる集合管では，ADH（抗利尿ホルモン）の作用により水の吸収が行われる．

　このように，糸球体で沪過された原尿が尿細管を通過する間に再吸収と分泌を受けて，最終尿が形成される．原尿の水の99%は再吸収され，約100倍に濃縮された不要の代謝生成物が最終尿として排泄される．

　1日に摂取する水分の40～60%が尿として排泄され，成人男子の平均尿量は1500mL/日，女子で1200mL/日である．尿比重は1.006～1.022の間にある．グルコースが尿中に排泄されている糖尿病患者の尿では，高比重尿となる．尿量はADHにより調節され，尿崩症の患者ではADHの分泌低下により水の再吸収が著しく減少するため，多量の低比重尿が排泄される．

　腎臓の排泄能力を示す指標として，次の式に示す**クリアランス**（clearance）が用いられている．クリアランスとは，血漿に含まれているある物質が1分間に尿中に排泄された量を示す値である．

$$クリアランス(mL/min) = \frac{1分間に尿中排泄された量（mg/min）}{血漿濃度（mg/mL）} = UV/P$$

　　U：尿中濃度（mg/mL）　V：一定時間内の尿量（mL/min）
　　P：血漿中の濃度（mg/mL）

この値は測定に用いた物質の種類によって異なるが，糸球体で完全に沪過され，尿細管で分泌や再吸収されないイヌリンを用いて測定した値は**糸球体沪過量**（glomerular filtration rate）といい，約120～130mLである．イヌリン，マニトール，クレアチニン，チオ硫酸ナトリウムなどの物質は，体内で酸化分解されない．そして糸球体を自由に通過し，ある濃度以下では尿細管から排泄されることも再吸収されることもなく，正常腎では尿中に排泄される．

　尿中に排泄される主要な物質の排泄量を表12-3に示す．尿の有機成分では尿素が最も多く，総窒素量の90%を占める．尿酸排泄量はプリン体を多く含む食事の摂取により上

表12-3　成人の尿中窒素化合物排泄量（g/日）

有機成分		無機成分	
尿　素	15 〜 30	ナトリウム	1.5 〜 5.8
アンモニア	0.5 〜 1.0	カリウム	1 〜 3.9
尿　酸	0.4 〜 0.6	カルシウム	0 〜 0.3
クレアチニン	1.0 〜 1.5	マグネシウム	0.02 〜 0.13
アミノ酸	0.2 〜 0.7	塩　素	2.5 〜 8.9
馬尿酸	0.2 〜 0.6	リ　ン	0.5 〜 1.0

昇し，1g/日を上回ることもある．

予想問題

1 水に関する記述である．正しいものの組合せはどれか．
　a．体水分は，成人男子では体重の約60％，女子では約50％を占める．
　b．成人の水の出納は1日約1〜1.5Lである．
　c．体内で糖質，脂肪，たんぱく質各1gがエネルギー源として酸化分解されるときに生成する水分（代謝水）生成量は，糖質が最も多い．
　d．水は細胞膜を自由に通過できないが，電解質は自由に通過できる．
　e．血液の80％は水分で，栄養素などの運搬や老廃物の搬出にたずさわっている．
　　(1) aとb　(2) aとe　(3) bとc　(4) cとd　(5) dとe

2 無機質に関する記述である．正しいものの組合せはどれか．
　a．人体を構成する無機質のうち，ナトリウムは硫黄より含量が多い．
　b．細胞間液では，ナトリウム濃度のほうがカリウム濃度よりも低い．
　c．硫黄，リンは，酵素の補酵素構成成分として代謝に関与している．
　d．血漿中カルシウム濃度は，ホルモンの働きによりほぼ一定に保たれている．
　e．カルシウムは90％が骨や歯に含まれ，残りの10％程度がその他の組織に含まれている．
　　(1) aとb　(2) aとe　(3) bとc　(4) cとd　(5) dとe

3 生体の生理活性物質とその構成成分のミネラルに関する記述である．正しいものの組合せはどれか．
　a．セルロプラスミン……クロム
　b．インスリン……セレン
　c．ビタミンB_1……硫黄
　d．ヘモグロビン……鉄
　e．チロキシン……マンガン
　　(1) aとb　(2) aとe　(3) bとc　(4) cとd　(5) dとe

13章 生体内情報伝達系と生体機能

13.1 情報伝達の役割

　情報伝達(signal transduction)とは，細胞外の化学的信号が細胞に伝わることにより，生理的な応答が引き起こされる過程をいう（図13-1）．たとえば，血糖の低下は，視床下部の摂食中枢を活性化し，飽食中枢を抑えて空腹感を起こす．視床下部からは自律神経系と内分泌系に血糖を増加させる指令が出され，糖質の吸収，肝臓でのグリコーゲン分解と糖新生の促進など，血液中にグルコースを取り入れるよう細胞内の代謝経路が調節される．血糖が増加すると，視床下部では飽食中枢が活性化し，摂食中枢が抑えられ，血糖が減少するフィードバックの経路が働く．血糖量を一定に保つことは，細胞に常にエネルギー源を供給できるだけでなく，低血糖や高血糖による細胞への障害を防ぐことから，生体にとって非常に重要な生理機能である．血糖量の増減の信号は，自律神経系では**神経終末**(nerve ending)から**シナプス**(synapse)に出された神経伝達物質が，隣の神経細胞を

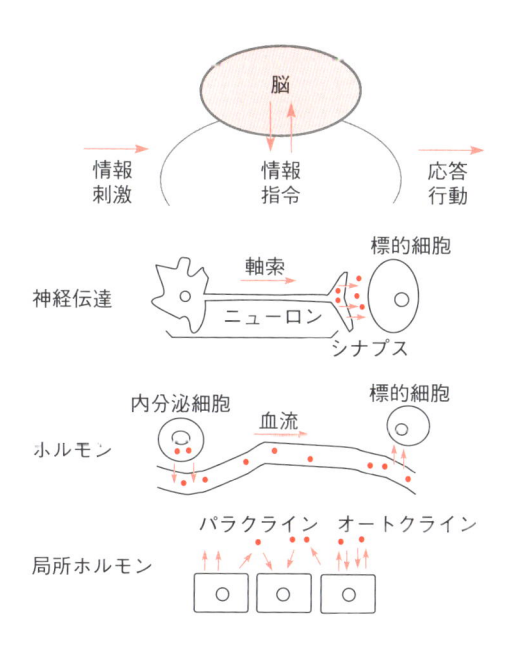

図13-1　情報伝達の経路
生体内の情報は，神経系や内分泌系，局所ホルモンによって伝達されている．

興奮させることにより伝えられる．内分泌系ではアドレナリンなど5種類のホルモンが血液中に分泌されることによって，離れた場所の別の細胞へと伝えられる．

ホルモンは内分泌腺細胞から分泌され，血流に乗って離れた標的細胞に達し代謝を調節する物質で，多くの種類がある．また，内分泌腺細胞以外に多くの細胞が，生理活性をもつ物質を細胞外に分泌し，特定のレセプター分子を介して情報伝達に関与する．これらの物質はサイトカイン，増殖因子，メディエーターなどとよばれるが，近傍の細胞やそれ自身の細胞など局所的に作用することから，局所ホルモンとよばれることもある．細胞の増殖や分化，免疫系の調節，炎症反応の惹起など，生体内における多彩な生理活性を担っている．

ホルモンや神経伝達物質のように，細胞から細胞へ情報を伝える物質を**情報伝達物質**（signal transducer）とよぶ．神経細胞や内分泌腺以外に，多くの細胞がさまざまな情報伝達物質を産生し，生体機能の調節に役立っている．細胞の分化，発育，エネルギー代謝などの調節においては，細胞や細胞間の働きを統合的に調整することが重要である．個体としては，恒常性の維持，外部刺激への応答，性の分化や妊娠などの周期的・発達的プログラムを維持することができる．

情報伝達物質は，分泌細胞や作用経路によって分類されることが多いが，神経伝達物質，ホルモン，局所ホルモンという明確な役割分担はない．たとえば，ノルアドレナリンは神経細胞と副腎髄質細胞で産生され，それぞれ神経伝達物質とホルモンとして機能し，ヒスタミンは神経伝達物質，局所ホルモンとして作用する．

神経伝達物質やホルモンに分類されない伝達物質を総称して，**オータコイド**（autacoid）とよぶことがある．

13.2　情報伝達物質の種類と伝達の経路

神経細胞の**活動電位**（action potential）＊（興奮）が軸索を伝導して神経終末に達すると，神経伝達物質がシナプスに放出される（図13-1参照）．隣接した神経細胞では膜のイオン輸送が変化し，活動電位が発生する．神経細胞—筋肉シナプスでは筋収縮が起こる．神経伝達物質には，運動神経，副交感神経におけるアセチルコリン，交感神経におけるノルアドレナリン，中枢神経系におけるドーパミン，グリシン，グルタミン酸，γ-アミノ酪酸（GABA），アドレナリンなどがある（表13-1）．神経細胞の活動電位を引き起こす物質を**興奮性**（excitatory），活動電位が発生しないようにする物質を**抑制性**（inhibitory）とよぶ．

＊ 活動電位とは，神経細胞が興奮するときに起こる膜電位変化である．神経伝達物質によってイオンチャネルが開き，細胞膜のイオン透過性が変化すると，膜の内外で電位差の変化が起こる．通常は細胞外が＋であるが，脱分極により内外の電位差が逆転し，一過性に細胞外が－となる．その後，ナトリウムイオンが積極的に細胞外に排出され，細胞外の電位が通常より強い＋電位をもつに至る．これが過分極である．やがてカリウムイオンが細胞内に取り込まれるようになり，細胞膜の電位差が平衡状態となる．

表13-1 神経伝達物質と機能

物質名	起源	機能, 病気との関係
アセチルコリン	コリン性ニューロン	神経筋接合部, 副交感神経系のシナプス
ドーパミン	ドーパミン性ニューロン	黒質線条体での欠乏はパーキンソン病の原因
アドレナリン	アドレナリン性ニューロン	心臓での心房圧の調節
γ-アミノ酪酸(GABA)	GABA性ニューロン	脳における主要な抑制性神経伝達物質
グリシン	グリシン性ニューロン	脊髄における主要な興奮性神経伝達物質
グルタミン酸	グルタミン酸性ニューロン	中枢神経系での主要な興奮性神経伝達物質
ヒスタミン	ヒスタミン性ニューロン	睡眠―覚醒のサイクルに関係がある
ノルアドレナリン	ノルアドレナリン性ニューロン	交感神経系のシナプス
セロトニン	セロトニン性ニューロン	睡眠と覚醒に関係がある

　神経系は感覚神経系, 運動神経系および自律神経系に分類される. 自律神経系は交感神経と副交感神経の相反する神経系で, 代謝を変化させる. 交感神経系は活動時に優位で, 栄養素の異化の促進, 血糖量, 血圧, 心拍の亢進, アドレナリン, チロキシンの分泌を促進する. 副交感神経は休息時に優位で, 栄養素の同化の促進, 消化の促進, 血糖の低下, アセチルコリン, インスリンの分泌を促進する (図13-2).

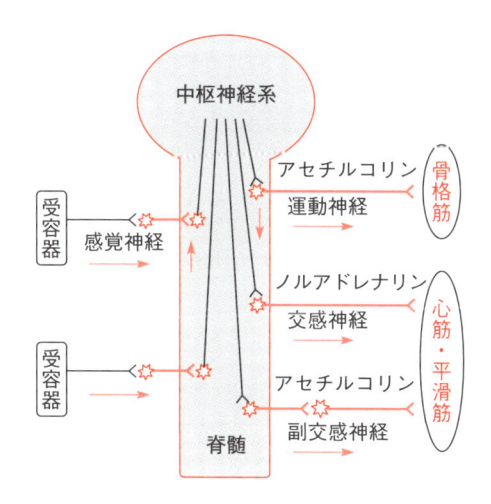

図13-2 神経系

ヒトの神経系は, 感覚神経系, 運動神経系, 自律神経系から成り立っている. 自律神経系は交感神経系と副交感神経系とから成り, 相反する調節を行う.

13.3 情報伝達物質による細胞の応答

　生体内の情報伝達物質は化学シグナルであり, 標的細胞にある特異的で親和性の高い受容体 (レセプター) と結合し, 標的細胞内のさまざまな酵素の活性を上昇させたり抑制し

たりして代謝を調節する．受容体が細胞内に存在するか細胞膜上に存在するかにより，情報伝達経路は二つに分かれる（表13-2）．

表13-2　情報伝達物質の一般的特性

	クラスⅠ	クラスⅡ
受容体	細胞内	細胞膜
分子種	ステロイド，レチノイド，カルシトリオール，ヨードチロニン	ポリペプチド，たんぱく質，カテコールアミン
情報伝達物質の性質	疎水性	親水性
輸送たんぱく質	有	無
細胞内メッセンジャー	受容体—ホルモン複合体	cAMP, cGMP, Ca, ホスホイノシトール，リン酸化カスケード

ロイコトリエンのようなイコサノイド類は疎水性であるが，例外的に細胞膜上の受容体に結合する．

　ステロイド，レチノイドおよび甲状腺ホルモン（ヨードチロニン，チロキシン）は疎水性分子なので，細胞膜を通過して細胞内に入ることができる．そして，細胞質または核で特異的な高親和性受容体と結合する．受容体は，**ホルモン感受性エレメント**（hormone responsive element）とよばれるDNA特定の塩基配列を認識して結合する領域をもっているため，核内でDNAと結合し転写を調節することによって，その下流にある遺伝子の発現量を制御することができる（図13-3）．

　親水性の情報伝達物質とイコサノイド類は，細胞膜上に存在する受容体分子と結合する．情報伝達物質が結合すると，受容体分子の立体構造が変化して活性型受容体となる（図13-4）．GTP調節たんぱく質複合体（三量体Gたんぱく質）によってグアノシン5′-三リン酸（GTP）が加水分解され，活性型αサブユニットがアデニル酸シクラーゼを活性化し，サイクリックAMP（cAMP）を生成する．

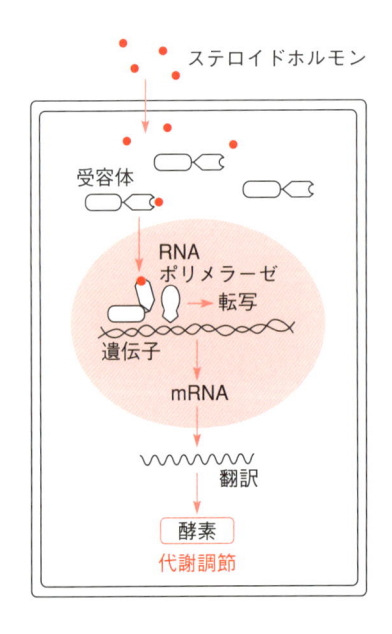

図13-3　細胞内受容体をもつホルモンの代謝調節

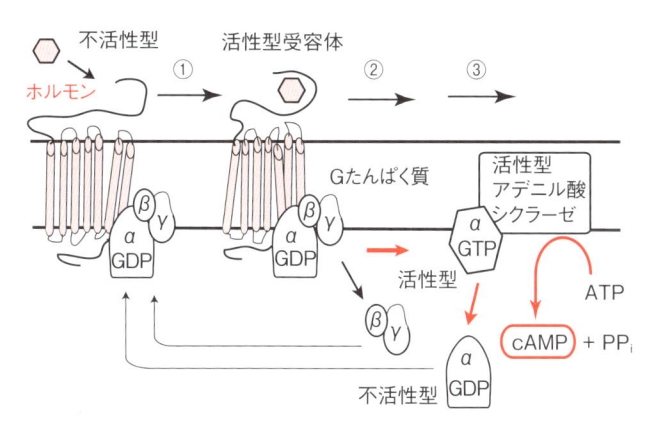

図13-4　細胞膜受容体とGたんぱく質によるアデニル酸シクラーゼの活性化

① ホルモンが受容体に結合し，活性型となる．
② 三量体Gたんぱく質が，GTPの加水分解によって活性型αサブユニットを生成する．
③ アデニル酸シクラーゼが活性化し，cAMPが生成する．活性型αサブユニットは加水分解して不活性型となり，三量体を形成する．

また，図13-5のBに示すように，別の三量体Gたんぱく質は，ホスホリパーゼC（PLC）を活性化し，ジグリセリド（DG）とホスファチジルイノシトール三リン酸を生成させ，カルシウムイオンの濃度を変化させる．cAMPやカルシウムイオン，DGは，Aキナーゼ，Cキナーゼの酵素活性を調節し，その下流のキナーゼやプロテインホスファターゼの活性を制御することによって，酵素のリン酸化─脱リン酸化の状態を変化させる．cAMPはホスホジエステラーゼにより速やかに分解されるので，細胞内のcAMP濃度は低いレベ

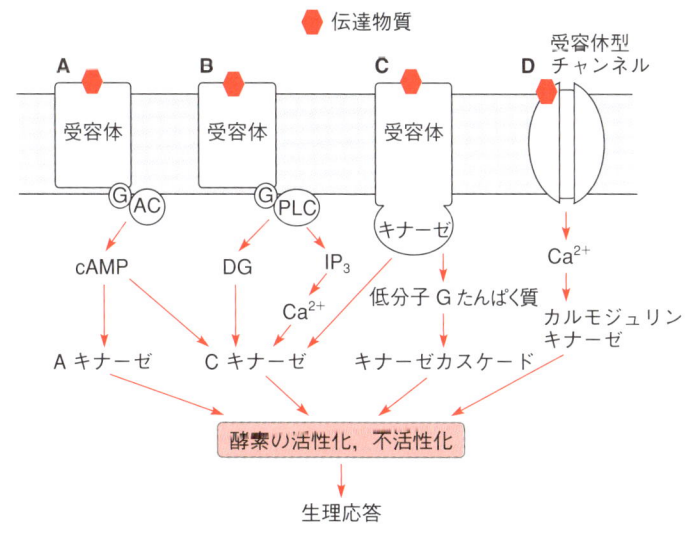

図13-5　膜受容体とシグナル伝達

AC：アデニル酸シクラーゼ，DG：ジグリセリド，G：三量体Gたんぱく質，
IP_3：ホスファチジルイノシトール三リン酸，PLC：ホスホリパーゼC．

13・3　情報伝達物質による細胞の応答

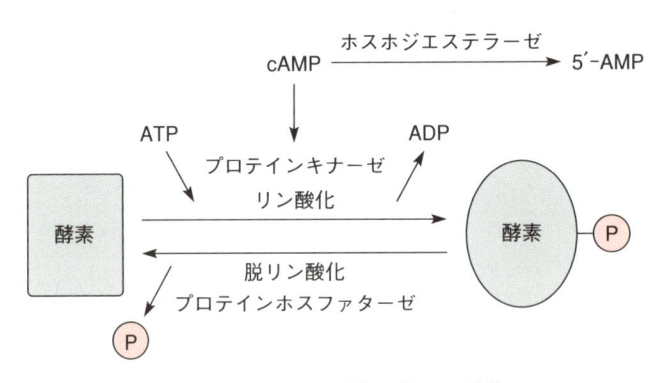

図13-6 リン酸化—脱リン酸化

たんぱく質は,ポリペプチド鎖のセリン,トレオニンあるいはチロシンがリン酸化される.
リン酸化にはキナーゼ,脱リン酸化にはホスファターゼが働く.

表13-3 リン酸化—脱リン酸化による酵素活性の変動

酵　素	反応経路	リン酸化	脱リン酸化
グリコーゲンホスホリラーゼb	グリコーゲン分解	活性の上昇	活性の低下
ホスホリラーゼbキナーゼ	グリコーゲン分解(筋肉)	〃	〃
HMG-CoA還元酵素キナーゼ	コレステロール合成	〃	〃
アセチルCoAカルボキシラーゼ	脂肪合成	活性の低下	活性の上昇
グリコーゲン合成酵素	グリコーゲン合成	〃	〃
ピルビン酸脱水素酵素	解糖(アセチルCoA生成)	〃	〃

ルに保たれている（図13-6）．その結果，酵素の活性が変化し，代謝が調節されることになる（表13-3）．

　グルカゴンはアデニル酸シクラーゼを活性化し，グリコーゲン分解，脂肪分解，糖新生を促進する．アセチルコリンはアデニル酸シクラーゼの活性を低下させ，心拍数を減少させる．cAMPやカルシウムイオンのような細胞内の情報伝達分子を**二次メッセンジャー**（secondary messenger）とよぶ．細胞内カルシウムは，通常，細胞質のカルシウムATPアーゼと細胞膜のナトリウム−カルシウム交換輸送たんぱく質の働きによって，0.1μM以下の低い状態で維持されている．情報伝達物質が受容体に結合すると，細胞外からカルシウムチャンネルによってカルシウムが取り込まれたり，小胞体内に貯蔵されていたカルシウムが放出されたりして，一過的に濃度が変化し，二次メッセンジャーとして機能する．心房性ナトリウム利尿因子ではグアニル酸シクラーゼが活性化し，二次メッセンジャーとしてcGMPが生成する．

　ホルモンやサイトカイン受容体では，受容体の細胞内領域にキナーゼの酵素活性をもつ場合がある（図13-5,C参照）．インスリン，成長ホルモン，上皮増殖因子，神経増殖因子などの細胞膜受容体は，受容体型チロシンキナーゼであり，情報伝達物質の結合によって受容体が活性化すると，細胞内の非受容体チロシンキナーゼやRas，Rafなどの低分子Gたんぱく質をリン酸化する．低分子Gたんぱく質もGTPを加水分解し，MEKキナーゼ，

MAPキナーゼの順にリン酸化させる．このようなリン酸化カスケードのシグナルはcAMPの場合と同様，二次メッセンジャーの量を変動させる．また，リン酸化カスケードは，JunとFosのような転写因子のリン酸化を仲介するので，核内での転写調節も起こる．

アセチルコリンのような神経伝達物質では，受容体そのものがイオンチャンネルであり，受容体に結合することによって細胞内にイオンが流入し，これが二次メッセンジャーとして機能する（図13-5, D）．

標的細胞で発現しているホルモン受容体の種類や数は，細胞の生理状態で変動する．細胞の応答は，ホルモンと受容体の結合によって起こる細胞内の二次メッセンジャーの変化の総和として現れる．

13.4 ホルモンと生体調節

生化学的解析技術の進歩によって多くのホルモンが見つかっている（表13-4）．内分泌器官ごとに産生されるホルモンの種類は決まっているが，一つの内分泌器官から，異なる機能をもつ複数のホルモンが分泌されることも多い．

13.4.1 甲状腺ホルモン（トリヨードチロニン，チロキシン）による代謝調節

甲状腺は，トリヨードチロニン（T_3）とチロキシン（T_4）という，チロシン由来のヨウ素を含むホルモンを合成する．**甲状腺ホルモン**（thyroid hormone）は，チロキシン結合グロブリンなどの血漿たんぱく質と複合体をつくって運ばれ，標的細胞の細胞核の特異的高親和性受容体に結合する．甲状腺ホルモンはステロイドホルモンと同様に，遺伝子の転写を増加または減少させることによってたんぱく質合成を誘導または抑制し，代謝を促進する．

13.4.2 ステロイドホルモン（副腎皮質ホルモン，性ホルモン）による生体調節

副腎皮質は組織学的に3層から成り，最外層の球状帯ではミネラルコルチコイド（アルドステロン），中間層と内層ではグルココルチコイド（コルチゾール，コルチコステロン）と男性ホルモン（アンドロゲン）が合成される．いずれもミトコンドリア内でコレステロールからプレグネノロンを経て合成される（図13-7）．**副腎皮質ホルモン**（adrenal cortical hormone）の分泌は脳下垂体の副腎皮質刺激ホルモン（ACTH）に依存的で，ACTHは視床下部の副腎皮質刺激ホルモン放出因子によって調節される．血中では，コルチコステロン結合グロブリンや他の血漿たんぱく質と結合し，標的細胞に運ばれる．ステロイドホルモンの分解は主として肝臓で行われる．コルチゾールの半減期は比較的短く，約4時間で分解され，大部分が尿中に排泄される．尿中のステロイドホルモンの代謝産物は診断に使われる．

グルココルチコイドには，ストレスに抵抗するための血糖の維持，糖新生作用など多面的な作用がある（表13-5）．グルココルチコイドが過剰になると**クッシング症候群**（Cushing's syndrome）が現れ，高血糖，高血圧などが起こる．

表13-4　内分泌器官とホルモン

〈ポリペプチドホルモン〉

名　称	産生器官	機　能
副腎皮質刺激ホルモン放出因子	視床下部	ACTHの分泌促進
甲状腺刺激ホルモン放出因子	視床下部	TSHの分泌促進
性腺刺激ホルモン放出因子	視床下部	FSH，LHの分泌促進
成長ホルモン放出因子	視床下部	成長ホルモンの分泌促進
副腎皮質刺激ホルモン（ACTH）	脳下垂体前葉	副腎皮質ホルモンの分泌促進
甲状腺刺激ホルモン（TSH）	脳下垂体前葉	甲状腺ホルモンの分泌
沪胞刺激ホルモン（FSH）	脳下垂体前葉	卵胞の発達促進，精子形成
黄体形成ホルモン（LH）	脳下垂体前葉	卵胞の黄体化促進
成長ホルモン（GH）	脳下垂体前葉	成長促進，ソマトメジン合成
バソプレッシン	脳下垂体後葉	抗利尿，血圧上昇
オキシトシン	脳下垂体後葉	子宮収縮
グルカゴン	膵臓ランゲルハンス島α細胞	グリコーゲン分解促進，血糖上昇
インスリン	膵臓ランゲルハンス島β細胞	血糖低下
ガストリン	胃	胃液分泌促進
セクレチン	十二指腸	膵液分泌促進
コレシストキニン	十二指腸	胆嚢収縮
副甲状腺ホルモン	副甲状腺	血清Caの上昇，骨吸収促進
カルシトニン	甲状腺	血清Caの低下
ソマトメジン	肝　臓	成長促進
心房性ナトリウム利尿因子	心　臓	腎臓でナトリウムと水の排出促進
レプチン	褐色脂肪組織	食欲の抑制，グリコーゲン分解促進

〈ステロイドホルモン〉

グルココルチコイド	副腎皮質	糖新生，たんぱく質分解促進
ミネラルコルチコイド	副腎皮質	Naイオン再吸収促進
エストロゲン，アンドロゲン	副腎皮質と生殖腺	生殖細胞の分化発育促進
プロゲスチン	卵巣と胎盤	着床，妊娠の維持
カルシトリオール	腎臓で活性化	腸管でのCa吸収促進

〈アミノ酸誘導ホルモン〉

アドレナリン，ノルアドレナリン	副腎髄質	グリコーゲン分解促進，血糖上昇
トリヨードチロニン，チロキシン	甲状腺	たんぱく質合成の促進

　ミネラルコルチコイド（アルドステロン）は，標的細胞である腎臓の遠位尿細管上皮細胞に作用して，ナトリウムイオンの再吸収とカリウムイオンの排出を促進する．アンギオテンシンIIとともに，体液の水分と電解質のバランスを維持する．原発性アルドステロン症〔コーン（Conn）症候群〕では血圧上昇，低カリウム血症，筋力低下，多尿を起こす．また，アジソン（Addison）病ではグルココルチコイド，ミネラルコルチコイドの両者が減少するので，腎臓からの低ナトリウム性の脱水症，低血圧，低血糖，筋力低下，貧血などを伴う．

　性ホルモン（sex hormone）もコレステロールからプレグネノロンを経て合成される．

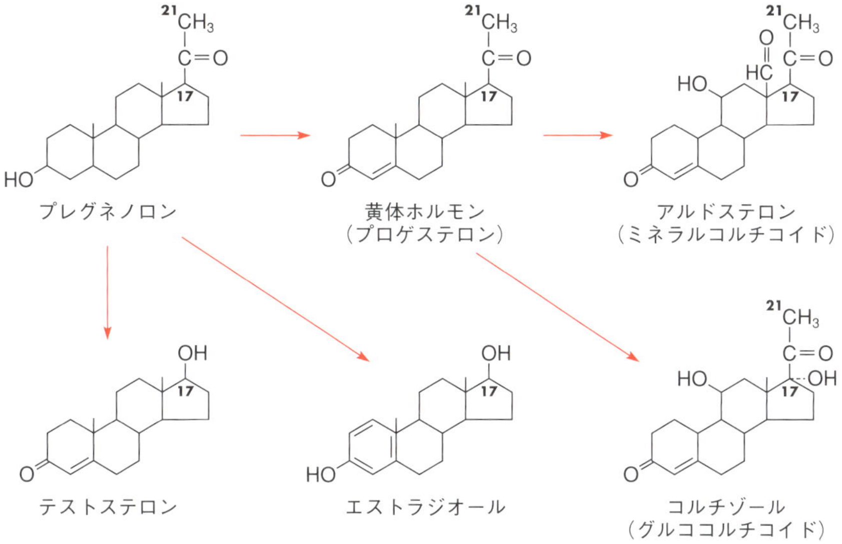

図13-7　ステロイドホルモンの合成

表13-5　グルココルチコイドの生理作用

器官	生理作用
肝臓	糖新生，たんぱく質分解，グリコーゲン貯蔵
筋肉	たんぱく質合成抑制，アミノ酸摂取抑制
リンパ腺	リンパ球の破壊，免疫抑制作用
腎臓	遠位尿細管で利尿作用
炎症組織	抗炎症作用（プロスタグランジンの産生抑制）
その他	血圧の維持

女性では，卵巣で黄体ホルモン（プロゲステロン）と卵胞ホルモン（エストラジオール，エストロゲン）が産生される．プロゲステロンは子宮内膜を発育させ，着床に備える．エストロゲンは卵胞の成熟と黄体化を行うとともに，子宮や乳腺など生殖に関与している組織の発達を刺激する．また，骨や軟骨の成長を促す．

13.4.3　副腎髄質ホルモンによる代謝調節

　副腎髄質では2種のカテコールアミンホルモン，つまりノルアドレナリンとそのメチル誘導体のアドレナリンを合成する．どちらもチロシンから合成され，交感神経の刺激により細胞外へ分泌される．カテコールアミンは，膜受容体であるアドレナリンα受容体とβ受容体に結合するが，これら受容体は別組織に存在し，カテコールアミンに対する応答が異なる．たとえば，β受容体はアデニル酸シクラーゼを活性化して肝臓や骨格筋のグリコーゲン分解と糖新生を促進し，脂肪組織の脂肪分解，気管支平滑筋の弛緩，心臓活動の増加をもたらす．これに対し，α受容体の細胞内効果は，アデニル酸シクラーゼの阻害かホスファチジルイノシトールを仲介とし，皮膚，腎臓など血管壁平滑筋の収縮，消

13・4　ホルモンと生体調節

化管壁平滑筋の弛緩，血小板の凝集を促進する．

13.4.4　カルシウム代謝

　カルシウムはヒトで最も豊富に存在する無機質であり，細胞内代謝の調節や骨格の構造成分として重要である．カルシウムイオンはホルモンや神経伝達物質の放出反応，筋細胞や神経細胞の興奮，血液凝固，酵素反応およびホルモンの細胞内作用など，各種生理機能の必須成分である．細胞外カルシウムは半分以上が有機酸やたんぱく質と結合しており，濃度は 1.1 ～ 1.3 mM に保たれている．血清カルシウム濃度の低下はテタニー性の痙攣を起こし，著しい増加は筋麻痺や昏睡のために死をもたらす．

　生体のカルシウム代謝は，副甲状腺ホルモン（パラトルモン，PTH），カルシトリオール，カルシトニンによって調節される．副甲状腺ホルモンは，破骨細胞を刺激して骨からのカルシウム再吸収（骨吸収）を促進する．腎臓では，カルシウムの再吸収を促進するとともに，1α-ヒドロキシラーゼを活性化し，カルシトリオール（活性型ビタミン D）の形成を増加させる．また，小腸から血液へのカルシウム輸送を促進して血清カルシウム濃度を上昇させる．カルシトリオールは腸管でのカルシウムとリン酸の吸収を促進し，骨からのカルシウム放出を促して血清カルシウム濃度を増加させる．カルシトリオールが不足すると，子供ではくる病，成人では骨軟化症が起こる．

　カルシトニンは副甲状腺ホルモンと逆の効果をもつペプチドホルモンで，骨と腎臓でのカルシウムの再吸収を阻害し，血清カルシウム濃度を下げる．カルシウム濃度が高いとカルシトニンの分泌が促進され，低下すると副甲状腺ホルモンの分泌が促進し，血清カルシウムの濃度が一定に保たれる．

13.4.5　膵臓および消化管ホルモンによる生体調節

　膵臓は消化酵素を十二指腸の管腔内に分泌するだけでなく，内分泌腺として**ランゲルハンス島**（Langerhans islet）を含んでいる．α 細胞では**グルカゴン**（glucagon），β 細胞

Column　骨粗鬆症

　骨粗鬆症とは，骨から主成分のカルシウムが溶け出してしまうために，そのなかにある骨組織（骨量，骨密度）が減ってしまった状態である．骨の大きさは変わらないのに，骨のなかが軽石やスポンジのようにスカスカになって，大変にもろくなる．血漿カルシウムの濃度を一定に保つために，骨や歯はカルシウムの貯蔵庫として機能する．血漿カルシウムが不足すると，破骨細胞が骨からカルシウムを溶かし出し，カルシウムが充足すると，骨芽細胞によってカルシウムの沈着が起こる．

　女性ホルモン（エストロゲン）は，骨量のバランスを保つ作用がある．女性では，閉経に伴うエストロゲンの欠乏のために，閉経直後の 10 年間に骨量が約 15% も減少する．男性では，老化に伴う活性型ビタミン D の産生低下や，骨形成に大切な腸や腎臓などの臓器の機能低下が原因で，老人性骨粗鬆症が起こる．いずれにせよ，高齢者は骨がもろくなる傾向が強く，カルシウムを補充する食事が重要である．

ではインスリン（insulin），δ細胞でソマトスタチン（somatostatin）が産生される．

グルカゴンは肝臓でのグリコーゲン分解と脂肪分解を促進し，血糖を上昇させる．インスリンは筋肉，肝臓，脂肪組織において同化作用を促進し，異化作用を抑制する．インスリンは血糖を下げる唯一のホルモンである（p.107 参照）．インスリン受容体は受容体型チロシンキナーゼである（図13-5参照）．インスリンは食事の後のように血糖が増加すると，標的細胞において細胞内リン酸化カスケードと二次メッセンジャーを動員して，速やかに代謝系を応答させる．筋肉細胞ではグルコース輸送体GLUT4を細胞表面に移動させ，細胞内にグルコースを透過させる．インスリンは解糖系を活性化し，エネルギーとする．同時にグリコーゲンや脂肪の合成も活性化するため，細胞内グルコースが消費され，さらに細胞内にグルコースが取り込まれるようになる．

インスリンはまた，たんぱく質合成を促進し分解を抑制する．インスリンの情報は，転写因子も活性化するので，遺伝子の発現が変化する．インスリンは広範囲に細胞の代謝を調節することができる．インスリンを産生するβ細胞の破壊や機能低下のためインスリンの不足が起こると，グルコースの細胞内への透過が減少し，エネルギー不足となる．インスリンが正常に産生されていても，インスリン受容体の発現低下や異常などによって細胞がインスリンに応答できなくなると，インスリンが欠乏した場合と同様の症状が起こる．代償作用として，脂肪組織では脂肪分解が促進され，肝細胞では糖新生，ケトン体産生が亢進し，糖尿と多尿によって脱水症状を起こしやすくなる．さらに代謝性アシドーシス（酸血症），脱水症，動脈硬化などが進み，糖尿病となる．

インスリンの欠乏によって起こるのがインスリン依存性（1型）糖尿病である．インスリン作用に抵抗性を示すインスリン非依存性（2型）糖尿病は糖尿病患者の約90％を占め，過食や肥満，運動不足といった生活習慣の乱れに，ストレスが加わって発症する生活習慣病である．糖尿病ではたんぱく質が高血糖によってグリコシル化されるため，糖尿病性網膜症，糖尿病性腎症，神経障害などの合併症が起こりやすくなる．

脂肪組織ではレプチンやアディポネクチンが産生される．レプチンは脳の視床下部に作用して食欲やエネルギー消費を抑制し，体脂肪の量を調節する．アディポネクチンは筋肉や肝臓でのインスリン感受性を向上させ，脂肪酸の取り込みと酸化を促進する．

消化管からはさまざまな消化管ホルモンが分泌される（表13-4参照）．セクレチンは作

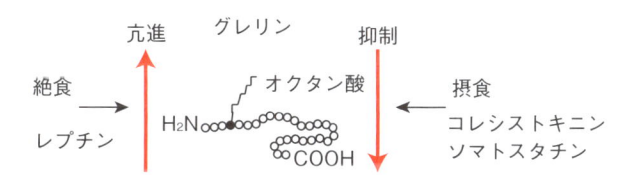

図13-8　グレリンの活性調節

グレリンは28個のアミノ酸からなるペプチドである．空腹時に食欲を亢進する．活性型グレリンでは3番目のアミノ酸にオクタン酸が結合している．

13・4　ホルモンと生体調節

用が明らかにされた最初のホルモンである．ガストリンは胃粘膜でつくられ，胃酸およびペプシノーゲンの分泌を促進する．コレシストキニンは脳に満腹シグナルとして作用する．グレリンは主に胃から分泌される生理活性ペプチドで，視床下部や脳下垂体に作用して食欲を促進させる（図13-8）．また，成長ホルモンの分泌促進作用ももつ．食欲とエネルギー消費は，脂肪組織や消化管からの生理活性物質によってさまざまに調節を受ける．

13.4.6 ホルモンと神経系

視床下部は間脳の一部であり，自律神経の中枢である．ホルモンの働きは，自律神経系との協調により調節される．

甲状腺の場合，間脳からの指令により視床下部から甲状腺刺激ホルモン放出因子が出され，脳下垂体前葉の受容体がこれに応答して甲状腺刺激ホルモンを出す．甲状腺の受容体が刺激ホルモンにより刺激されると，チロキシンが分泌される．過剰なチロキシンは視床下部や脳下垂体に働きかけて，負のフィードバックを起こす（図13-9）．同様の制御が，副腎皮質ホルモン，性ホルモンなどで行われる．

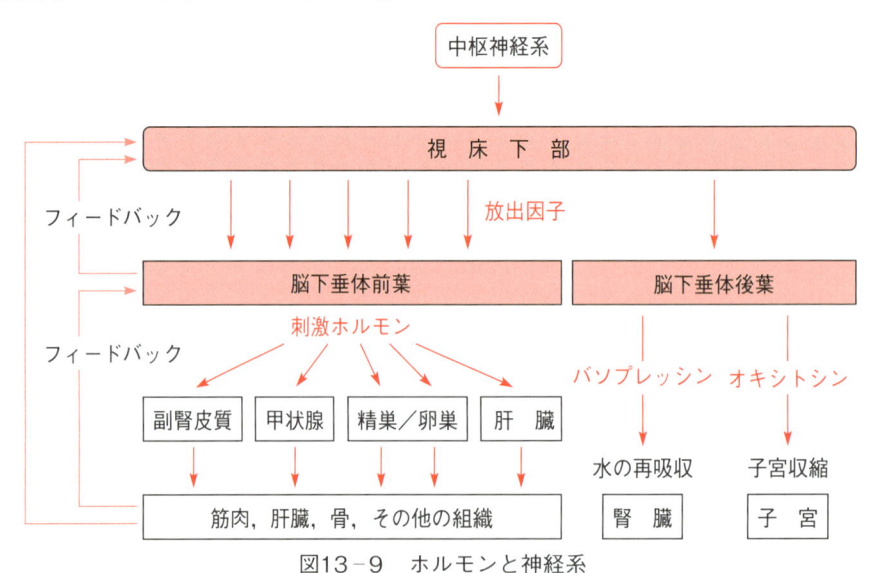

図13-9 ホルモンと神経系

副腎髄質には内臓神経からの交感神経が入り込み，クロム親和性細胞を支配し，カテコールアミンであるドーパミン，ノルエピネフリンおよびエピネフリンの産生や分泌を制御する．クロム親和性細胞が分泌するこのような物質は，血流により遠隔部位まで運ばれ，ホルモンとして作用する．副腎髄質のホルモンは，ストレスに適応するために必要で，交感神経とともに，多くの器官におけるさまざまな代謝の過程を調節する．

13.5 局所ホルモンと生体機能

神経や内分泌腺以外にも，多くの細胞から生理活性物質が分泌され，生体内の情報伝達

に関与することがわかってきた．これらは炎症部位，血栓形成，創傷治癒など，局所的に起こる生体機能に作用する．

13.5.1 サイトカイン

サイトカイン（cytokine）とは，細胞という意味の「サイト」と，作動因子という意味の「カイン」の造語である．サイトカインは，細胞外に分泌されるペプチド性の生理活性物質を指す．細胞増殖の研究から，さまざまな増殖因子（growth factor）が同定されている．また，免疫系の研究からインターフェロン，腫瘍壊死因子，インターロイキン群，ケモカイン群などが見つかっている（表13-6）．サイトカインは，免疫系の調節，炎症反応の惹起，抗腫瘍作用，細胞増殖，分化といった生体の恒常性維持に重要な生理機能をもった物質である．

表13-6 代表的なサイトカインの役割

名　称	機　能
エリスロポエチン	赤血球前駆細胞の増殖を促進
インターフェロン	ウイルスの複製を防ぐたんぱく質の発現を誘導
腫瘍壊死因子（TNF-α）	T細胞を活性化，腫瘍細胞の増殖を阻止
骨形成因子（BMP）	骨や軟骨の形成
塩基性線維芽細胞増殖因子（bFGF）	細胞の分化や増殖を促進
上皮増殖因子（EGF）	細胞の増殖を促進
肝細胞増殖因子（HGF）	肝細胞の増殖を促進
インスリン様成長因子（IGF）	たんぱく質合成と脂肪分解を促進，糖新生を亢進
神経増殖因子（NGF）	神経細胞の生存を促進
血小板由来増殖因子（PDGF）	細胞の増殖を促進
トランスフォーミング成長因子β（TGF-β）	細胞の増殖を促進，細胞外マトリックスたんぱく質の合成を促進
血管内皮細胞増殖因子（VEGF）	血管内皮細胞の増殖を促進，血管新生を促進
インターロイキン2（IL-2）	T，Bリンパ球の増殖を促進
インターロイキン6（IL-6）	B細胞の分化
MCP-1	ケモカイン，白血球の走化性を促進
RANTES	ケモカイン，白血球の走化性を促進

（1）増殖因子

細胞の増殖を促進する活性を指標に見出された物質であるが，細胞の生存を助ける，細胞分化を制御するなど，多彩な生理活性が明らかにされている．

エリスロポエチン（erythropoietin）は赤血球前駆細胞に作用し，赤血球への分化を促進するが，末期の腎疾患患者は，エリスロポエチンが欠乏するために貧血症状を起こす．遺伝子組換え技術を用いて，培養細胞で発現させて精製したエリスロポエチンは，患者の貧血治療に役立っている．インターフェロン（interferon）は白血病の治療薬として，骨形成因子（BMP）は骨折の治癒や歯周疾患における骨再生促進のために用いられ，塩基性線維芽細胞増殖因子（bFGF）と血小板由来増殖因子（PDGF）は，創傷治癒を促進するために用いられている．このように，サイトカインは治療や再生医学を支える重要な物

質となっている．

（2）インターロイキン，ケモカイン

インターロイキン（interleukin）は免疫系サイトカインの一群で，リンパ球自身が産生し，免疫系のリンパ球間の情報伝達を担う分子群をいう．現在，インターロイキンとしてIL-1からIL-18までが知られている．IL-1やIL-6などはリンパ球系以外の細胞からも産生され，IL-8はケモカインとしても分類されるなど，インターロイキンという呼称は，その本来の意味を失いつつある．

ケモカイン（chemokine，走化性誘導因子）は，白血球の走化作用（ケモタキシス）を活性化させるサイトカインの総称で，構造的な類似性をもつ分子群である．白血球の走化性は免疫生体防御反応に重要な役割をもつことから，ケモカインはアレルギー性炎症，自己免疫性炎症などに深くかかわっていると考えられている．走化作用以外にも，接着分子の発現，血管新生の抑制，抗腫瘍活性増強，増血や器官形成への関与なども明らかになりつつある．

（3）生理活性ペプチド

さまざまな生理活性をもつペプチドが知られている（表13-7）．アンギオテンシンⅡとブラジキニンは血圧の調節をする．エンドセリンは，21アミノ酸から成る血管収縮促進活性をもつペプチドである．肺では気道および血管の状態を調節し，腎臓では水分，ナトリウム排出，酸−塩基バランスを調節している．

13.5.2　メディエーター

アラキドン酸に由来する，プロスタグランジンやロイコトリエンなどのイコサノイド類

表13-7　生理活性ペプチド

名　称	アミノ酸配列	機　能
Met-エンケファリン	YGGFM	脳の鎮痛作用
アンギオテンシンⅡ	DRVYIHPF	血圧上昇
ブラジキニン	RPPGFSPFR	血圧降下

Column　増殖因子とがん

がんとは，細胞増殖を制御する複数の遺伝子が変異を起こしたために，増殖の制御ができなくなった疾患である．細胞の増殖には，増殖因子，受容体型チロシンキナーゼ，細胞内チロシンキナーゼ，アダプターたんぱく質や核内転写因子などが関与する．がん細胞では増殖因子の過剰発現，受容体チロシンキナーゼやアダプターたんぱく質の突然変異によって，増殖因子が受容体に結合しなくても細胞増殖のシグナルが出され続けるなどして，細胞が速い速度で増殖し続ける．がん遺伝子として診断にも使われる*sis*, *erbB*, *met*, *src*は，それぞれ正常細胞ではPDGFのβ鎖，EGF受容体，HGF受容体，細胞内チロシンキナーゼとして機能している．がん遺伝子を不活性化するための遺伝子治療が試みられている．

とヒスタミンが分類される．アラキドン酸と同様，細胞膜のリン脂質から生成する血小板活性化因子（PAF）は，血栓形成において血小板凝集を促進し，同時に血小板のトロンボキサンA_2の生成を亢進させる．その他のイコサノイド類の代謝や生理活性に関しては，6章を参照されたい．

ヒスタミン（histamine）は，ヒスチジンが脱炭酸されて生成する強力な血管拡張物質である．ヒスタミンが大量に血液中に放出されると，アレルギー反応を起こし，胃酸の分泌を促進する．ヒスタミンの合成や作用を妨げる薬剤が抗アレルギー薬，あるいは十二指腸潰瘍の治療薬として使われる．

13.5.3 その他

一酸化窒素（NO）は内皮細胞由来弛緩因子として見出された．血管内皮細胞から産生され，血管拡張作用（降圧作用），血小板凝集抑制作用をもつ．NOはアルギニンを基質としてNO合成酵素により生成する．NOは非常に不安定な気体のため，合成部位から容易に自由拡散し，数秒以内に分解する．

予想問題

1 ホルモンの受容体に関する記述である．正しいものの組合せはどれか．
 a．アルドステロンの受容体は細胞膜に結合して存在する．
 b．コルチゾールの受容体は細胞膜に結合して存在する．
 c．甲状腺ホルモン（チロキシン）の受容体は細胞内に存在する．
 d．エピネフリン（アドレナリン）の受容体は細胞内に存在する．
 e．カルシトリオールの受容体は細胞内に存在する．
　(1) aとb　(2) aとc　(3) bとd　(4) bとe　(5) cとe

2 ホルモンに関する記述である．正しいものの組合せはどれか．
 a．インスリンは脂肪細胞へのグルコースの取込みを抑制する．
 b．グルカゴンはグリコーゲンの合成を促進する．
 c．バソプレッシンは腎臓での水分吸収を促進する．
 d．アルドステロンの産生過剰は高血圧発症を招く．
 e．上皮小体ホルモン（副甲状腺ホルモン，PTH）は，血液中のカルシウムの骨への移動を促進する．
　(1) aとb　(2) aとc　(3) bとd　(4) cとd　(5) dとe

3 ホルモンに関する記述である．正しいものの組合せはどれか．
 a．セクレチンは胃酸，ペプシンの分泌を促進する．
 b．テストステロンは精子形成を促進する．
 c．チロキシンはグリコーゲンの合成を促進する．
 d．ノルエピネフリン（ノルアドレナリン）は心臓の拍動を増し，皮膚や粘膜の血管を収縮さ

せる．
e．ブラジキニンは平滑筋に作用して血圧を上昇させる．
　(1) a と b　　(2) a と c　　(3) b と d　　(4) c と e　　(5) d と e

4 ホルモン作用に関する記述である．正しいものの組合せはどれか．
a．サイクリック AMP は二次メッセンジャーとして細胞核内で働く．
b．サイクリック GMP が二次メッセンジャーとして働くシステムは存在しない．
c．ホルモンのなかには，細胞質内のカルシウムの濃度変化を介して作用を発揮するものがある．
d．ステロイドホルモンの受容体（レセプター）はステロイドである．
e．ホルモン受容体には，キナーゼ活性をもち，細胞内たんぱく質をリン酸化するものがある．
　(1) a と b　　(2) a と d　　(3) b と c　　(4) c と e　　(5) d と e

5 ホルモンに関する記述である．正しいものの組合せはどれか．
a．アドレナリンはチロシンから合成される．
b．チロキシン（T_4）の生合成にはヨウ素とアルブミンが必要である．
c．NO（一酸化窒素）はアルギニンから合成される．
d．カルシトニンはステロイド骨格をもつ．
e．グルタミンは神経伝達物質として働く．
　(1) a と b　　(2) a と c　　(3) b と d　　(4) c と e　　(5) d と e

14章
血液と生体

14.1 血液の組成と性質

14.1.1 血液の組成

血液は，血球成分として血液細胞である赤血球（red blood cell, erythrocyte）と白血球（white blood cell, leucocyte），および巨核球の細胞断片である血小板（platelet, thrombocyte）と，それらを浮遊させている液体成分の血漿（plasma）から成る（図14-1）．ヒトの血液は体重の約13分の1（約8％）を占める．血液の容積の約45％は血球成分で，55％は血漿である．血液は体細胞の活動に不可欠な媒質であり，その組成はほぼ恒常に

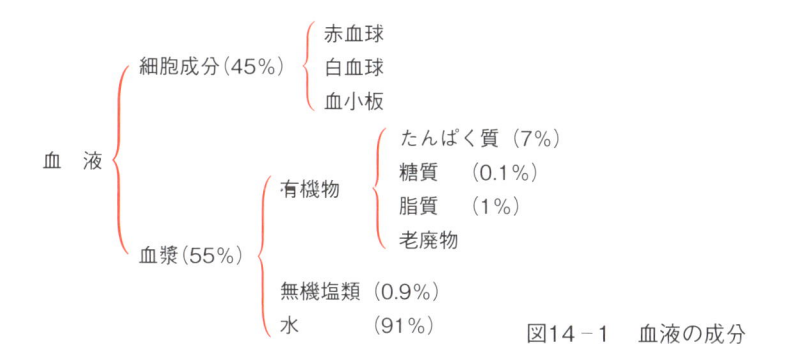

```
         ┌ 細胞成分（45％）┬ 赤血球
         │                 ├ 白血球
         │                 └ 血小板
血 液 ──┤                 ┌ たんぱく質（7％）
         │         ┌ 有機物┤ 糖質  （0.1％）
         │         │       │ 脂質  （1％）
         └ 血漿（55％）     └ 老廃物
                   │
                   ├ 無機塩類（0.9％）
                   └ 水     （91％）
```

図14-1 血液の成分

表14-1 血液一般検査における基準値

検査項目	基準値（男）	基準値（女）
赤血球数（RBC）	$(4.8 \pm 0.8) \times 10^6/\mu L$	$(4.2 \pm 0.5) \times 10^6/\mu L$
ヘモグロビン量（Hb）	(15.0 ± 1.5) g/dL	$(13.0 + 1.5)$ g/dL
ヘマトクリット値（Ht）	45 ± 5 %	38 ± 4 %
平均赤血球容積（MCV）	82.7〜101.6 fL	79〜100 fL
平均赤血球血色素量（MCH）	28〜34.6 pg	26.3〜34.3 pg
平均赤血球色素濃度（MCHC）	31.6〜36.6 g/dL	30.7〜36.6 g/dL
白血球数（WBC）	$6500 \pm 2000/\mu L$	$6500 \pm 2000/\mu L$
血小板数（PLT）	$(25 \pm 10) \times 10^4/\mu L$	$(25 \pm 10) \times 10^4/\mu L$

保たれており，組成の変動は病的状態を示唆することが多い．血液一般検査における基準値を表14-1に示す．

14.1.2 血液細胞

(1) 血液細胞の分化

すべての血液細胞は共通の**多能性幹細胞**(multipotent stem cell)から生じる．すなわち，多能性幹細胞から分化した骨髄系幹細胞およびリンパ系幹細胞が，それぞれ骨髄やリンパ組織において何段階かの分化を経て，赤血球，白血球，リンパ球，血小板など各系統の成熟細胞となり末梢血液中に出ていく（図14-2）．この造血幹細胞から成熟血球が産生されるシステムには，多数のサイトカインが関与している．血液細胞の種類，機能，濃度を表14-2に示す．

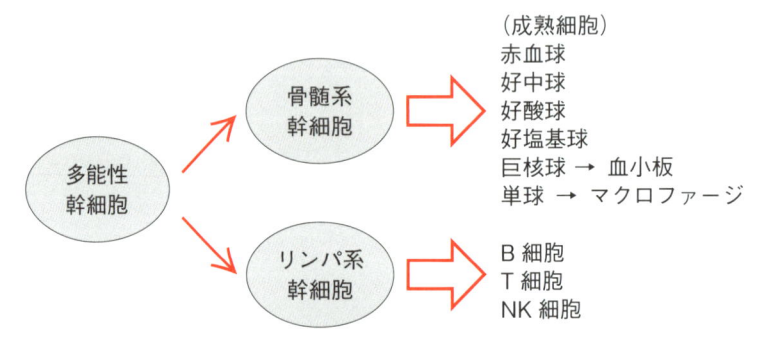

```
                              （成熟細胞）
                              赤血球
                              好中球
                   骨髄系      好酸球
                   幹細胞  →  好塩基球
                              巨核球 → 血小板
      多能性                  単球  → マクロファージ
      幹細胞
                   リンパ系    B 細胞
                   幹細胞  →  T 細胞
                              NK 細胞
```

図14-2　血液細胞の分化・成熟過程の概要

表14-2　血液細胞の種類，機能，濃度

血液細胞の種類	機　能	ヒト血液 1 mL 中のおよその細胞数
赤血球	酸素の運搬	5×10^9
白血球		
顆粒球		
好中球	細菌感染からの防御	5×10^6
好酸球	寄生虫感染からの防御	2×10^5
好塩基球	アレルギー反応	4×10^4
単球，マクロファージ	異物の貪食	4×10^5
リンパ球		
B 細胞	抗体の産生	2×10^6
T 細胞	免疫反応の制御	1×10^6
NK 細胞	ウイルス感染細胞の排除	1×10^5
血小板	血栓・止血反応	3×10^8

(2) 赤血球

赤血球は酸素を運搬することを主な機能としているが，二酸化炭素も運搬する．赤血球の形は両凹円板状で，直径7.5〜8.5 μm，厚さ2 μmである．

赤血球は骨髄で生成され，血流に入る前に核を失い，ミトコンドリアももたない．血流

に入ってからの寿命は約120日である．老化した赤血球や異常な赤血球は脾臓で壊され，各成分は再利用される．ヘモグロビンが血球外へ出ることを**溶血**（hemolysis）といい，ある種の病態や薬剤の影響で起こる．遊離のヘモグロビンは細胞毒性があるので，血液中に流出した場合（血管内溶血）には，速やかに肝臓や腎臓の細胞に取り込まれる．

赤血球の生成はフィードバック調節を受け，血液中の赤血球が多くなると生成は抑制される．低酸素状態では生成が促進されるが，この調節には腎臓でつくられる分子量約35,000の糖たんぱく質である**エリスロポエチン**（erythropoietin）が関与している．

赤血球は，細胞質中に**ヘモグロビン**（hemoglobin）とよばれる赤い血色素をもつ．ヘモグロビンは鉄を含むヘムとグロビンとよばれるたんぱく質から成り，赤血球の細胞質中の約30%を占めている．ヘモグロビンは酸素と結合し，酸素を運搬する．ヘモグロビンの酸素と結合する能力は血液中の酸素分圧に依存し，酸素分圧が低いときにより多くの酸素を離すことで，末梢の組織に酸素を送る．また，赤血球の細胞質中には解糖系酵素や補酵素が含まれ，エネルギー産生を行っている．

（3）**白血球**（14.3節参照）

（4）**血小板**（14.4節参照）

14.1.3 血 漿

血液中の血球を取り除いた部分であり，通常は血液凝固阻止剤を加えて遠心分離することにより血球が沈殿するので，上に透明な淡黄色の液体として得られる．血漿は正常ではビリルビンによって淡黄色をしているが，黄疸では黄褐色調が増し，溶血では赤色調が強くなる．

血漿成分としては，水分とそれに溶解しているたんぱく質，脂質，糖質，さらにはアミノ酸，電解質，尿素，クレアチニンなどから成る．血漿たんぱく質は血漿で最も多量に含まれる成分で，約7%（6〜8.5 g/dL）を占め，性状と機能の異なる60種以上のたんぱく質から成る．主なものは，それぞれ約60%と40%を占める**アルブミン**（albumin）と**グロブリン**（globulin）である．これら血漿成分の変動は，生理的状態や病的状態を示すことが多くある．

14.2　血液の機能

血液はさまざまな機能をもつ．すなわち，①肺から各組織への酸素の運搬と二酸化炭素の搬出（主に赤血球が担当），②栄養素の輸送，③代謝産物，老廃物の運搬，④体内酸—塩基平衡の維持（赤血球，血漿中の塩類などが関与する），⑤水分代謝の調節（血圧，組織圧，血漿および組織浸透圧が関係する），⑥体温の調節，⑦ホルモンや生理活性物質の運搬とこれによる代謝の調節，および⑧外来の傷害作用に対する防御などである．このとき外傷に対しては，血小板凝集，血液凝固因子の活性化によるフィブリン凝塊の形成による止血の機構が働き（14.4節参照），細菌に対する貪食作用や異種物質に対する液性お

よび細胞性免疫機能発現には，主に白血球が関与している（次節参照）．

14.3 白血球と生体防御

　白血球は，大きく顆粒球と単球とリンパ球に分けられる（表14-2参照）．正常の場合はその比率はほぼ一定しており，さまざまな疾患で白血球の数やその比率が変動する．たとえば，細菌の感染などで白血球の増加が認められる．これらの白血球は協同して細菌，ウイルス，寄生虫感染，および腫瘍に対する防衛（生体防御）の役割を果たす．

14.3.1　顆粒球

　成熟**顆粒球**（granulocyte）には細胞核は存在するが，核小体もリボゾームも存在しない．ミトコンドリアの数も減少している．アメーバ様の運動性をもち，寿命は9～13日で，血中滞在時間は7～9時間である．解糖やペントースリン酸回路に必要な酵素系を含んでいる．顆粒球の重要な機能は**食作用**（phagocytosis）である．顆粒球は，多数のリソゾームと炎症やアレルギー反応に関与する生理活性物質を含む細胞質顆粒，または分泌小胞をもち，これらの小器官の形態や染まり方で，さらに3種類に分類される．

　好中球（neutrophil）は多形核白血球ともよばれ，染色により顆粒は橙褐色に染まる．最も普通の種類で，小さい生物，とくに細菌を捕食し殺す．

　好塩基球（basophil）は，染色により顆粒が青く染まる．ヒスタミン（種類によってはセロトニン）を分泌し，炎症反応を起こす．

　好酸球（eosinophil）は染色により顆粒が赤く染まる．食作用によって貪食するには大きすぎる寄生虫を攻撃する．また，アレルギー性の炎症反応に関与する．

14.3.2　単　球

　単球（monocyte）は血流を離れると成熟して，各組織に特徴的な**マクロファージ**

Column　血液と病気

貧血（anemia）
　貧血とは，赤血球およびヘモグロビン濃度が減少した状態で，原因により鉄欠乏性貧血，悪性貧血，再生不良性貧血などに分類される．

白血病（leukemia）
　骨髄の白血球系細胞（リンパ球，巨核球を含む）がさまざまな疫学的要因，すなわちウイルス，薬剤，放射線などに曝露されて細胞が自律増殖する疾患．白血球増多症，血小板減少症などを起こし，免疫不全，貧血，出血傾向，臓器障害などをもたらす．

血友病（hemophilia）
　代表的な先天性出血性疾患である．血液凝固第Ⅷ因子または第Ⅸ因子の活性が欠乏しており，それぞれ血友病A，血友病Bという．

DIC
　disseminated intravascular coagulation（播種性血管内凝固）という．全身の微小血管内に血栓が多発し，線溶の亢進と凝固因子の消費により出血傾向をきたす．その原因には悪性腫瘍，白血病，外傷，火傷，その他がある．

(macrophage）になる．マクロファージと好中球は，体内の専門化した貪食細胞である．食作用によって形成される貪食胞（ファゴソーム）はリソソームと融合し，内部の細菌など捕食された外来物質は，そこで活性酸素や次亜塩素酸などの非常に反応性の高い分子，加水分解酵素などに攻撃される．マクロファージは好中球に比べ大きくて寿命も長く，原生動物などの大型微生物を捕食できる点に特徴がある．また，マクロファージは好中球に比べ，ごみ処理の機能が強い．

14.3.3 リンパ球

全白血球の約 30% を占め，細胞性ならびに液性の免疫応答に関与している．リンパ球（lymphocyte）は，T 細胞，B 細胞，その他の細胞に区別される．その他の細胞としては，ある種の腫瘍細胞やウイルス感染細胞を殺すリンパ球様細胞である NK 細胞（natural killer cell）などが含まれる．

B 細胞（B cell）は，骨髄および小腸のリンパ結節群であるパイエル板由来であり，その役割は抗体（免疫グロブリン）の産生である．液性免疫は B 細胞によって仲介される．

T 細胞（T cell）は胸腺由来であり，ウイルス感染細胞を殺し，他の血液細胞の活性を調節する．細胞性免疫は T 細胞によって仲介される．

14.4 血小板と血液凝固

出血に対して，血が止まる機構を止血（arrest of hemorrhage）という．止血には一次止血と二次止血がある．一次止血とは，血管の傷のついたところに血小板が集まり，傷口に蓋をして出血を止めることをいう．二次止血は，血液凝固因子とフィブリンが働き，止血を完全にすることをいう（図 14-3）．

```
          ┌ 一次止血 ⟹ 血小板血栓
  止 血  ┤                ↓ 成長
          └ 二次止血 ⟹ フィブリン血栓（凝固）
```
図 14-3　止血と凝固の概要

14.4.1 血小板

血小板は直径 2〜3 μm の無核の円板状の細胞で，骨髄中の巨核球の細胞質が断片化して生成される．寿命は約 11 日である．組織損傷により出血が起こったときに，血栓を形成して止血作用を発揮する．

血小板は数種の細胞内顆粒，ATP，ADP，セロトニンなどの活性アミン，さらに血液凝固に関する血小板フィブリノーゲン，血小板第四因子および血小板 FX3 Ⅲ などを含む．

14.4.2 血小板の凝集（一次止血）

血管内皮細胞が損傷を受けた際に露呈するコラーゲンと粘着することにより，血小板は

活性化される．それにより血小板からADP，カルシウム，セロトニン，血小板因子など多種類の物質が放出される．そのうちADPが，次のステップである血小板の凝集に重要な役割を果たす．ADPとCa^{2+}の存在で起こる血小板の凝集は，最初のうちは可逆性であるが，後に不可逆期に移行する．

14.4.3 血液の凝固（二次止血）

血小板は組織損傷を受けた部位の血管壁コラーゲンに粘着し，それらが互いにくっつき合い（凝集），血栓を形成しようとする（一次止血）．凝集した血小板からはセロトニンやトロンボキサンA_2などの生理活性物質が放出され，それらは血管を収縮させ，局所での血流を抑制する．ついで，凝集血小板の存在する部位や損傷された血管壁のところで，血液凝固機構が作動する（二次止血）．血液凝固は段階的，連鎖的に反応（カスケード反応）が進み，最後に**フィブリン**（fibrin）が形成される．このカスケード反応には凝固因子Ⅰ〜ⅩⅢ（Ⅵは欠番），ビタミンK，血小板由来リン脂質など多くの因子が関与する．血液凝固因子の名称と性質を表14-3に示す（図2-40も参照）．

凝固反応は，外因系または内因系とよばれる経路で開始される（図14-4）．血管が破れると内皮下組織が露呈する．この内皮下組織に血液凝固第ⅩⅡ因子が接触することによって内因系凝固反応が起こり，最終的にフィブリンが形成される．一方，血管が破れた場合

表14-3 血液凝固因子の名称と性質

因子番号	慣用名	血漿含有量	活性体
Ⅰ	フィブリノーゲン	2〜4 mg/mL	フィブリン
Ⅱ	プロトロンビン	100〜150 μg/mL	トロンビン
Ⅲ	組織因子		
Ⅳ	Ca^{2+}		
Ⅴ	不安定因子	50〜100 μg/mL	V_a
Ⅶ	プロコンベルチン	400 ng/mL	$Ⅶ_a$
Ⅷ	抗血友病因子	100〜200 ng/mL	$Ⅷ_a$
Ⅸ	クリスマス因子	3〜5 μg/mL	$Ⅸ_a$
Ⅹ	スチュアート因子	5〜10 μg/mL	$Ⅹ_a$
ⅩⅠ	トロンボプラスチン	5 μg/mL	$ⅩⅠ_a$
ⅩⅡ	ハーゲマン因子	20〜30 μg/mL	$ⅩⅡ_a$
ⅩⅢ	フィブリン安定化因子	10〜20 μg/mL	$ⅩⅢ_a$

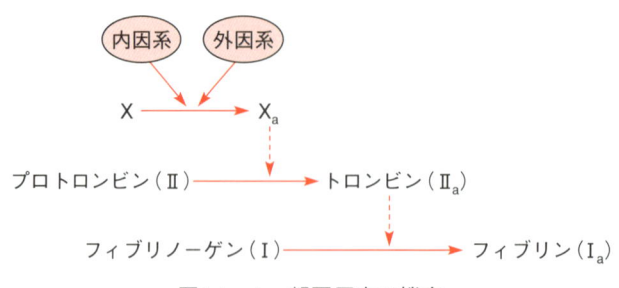

図14-4 凝固反応の機序

```
プラスミノーゲン活性化因子
                  ↓
プラスミノーゲン ──────→ プラスミン
                           ↓
              フィブリン ────→ 溶解
```

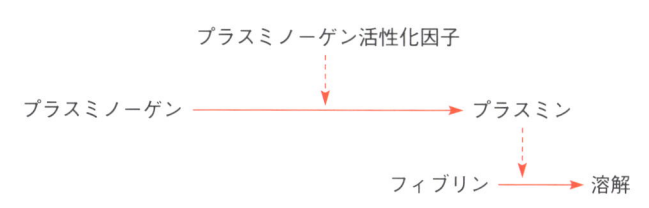

図14-5　線溶系反応の機序

には，血液が流出するばかりでなく，血管外から血管内に凝固を促進する物質（組織因子）が流入する．組織因子は第Ⅶ因子と複合体を形成し，第Ⅹ因子を活性化してフィブリンを形成する．組織因子によって最終的にフィブリンが形成される系を，外因系凝固という．いったん血液凝固が開始されると凝固因子の連続的活性化が起こり，両経路のカスケード反応が進行する．両経路とも最終的には，プロトロンビン（Ⅱ）がトロンビン（Ⅱ$_a$）に活性化され，トロンビンがフィブリノーゲン（Ⅰ）を分解してフィブリン（Ⅰ$_a$）を生成する．さらにフィブリンが多数重合して，凝血塊（血餅）をつくる．内因系凝固は比較的緩徐であり，約5～15分かかる．一方，外因系凝固は急速に起こり，約10～20秒で完了する．

このような過程を経て出血は止まるが，止血によって生じた凝血塊もやがては溶解して正常に戻る．この凝血塊を溶解する過程を**線溶系**（fibrinolysis）といい，その主役をなすたんぱく質は，プラスミノーゲンがプラスミノーゲン活性化因子により活性化されて生成された**プラスミン**（plasmin）である（図14-5）．

予想問題

1 血液の組成と機能に関する記述である．正しいものの組合せはどれか．
　a．血液は，液体成分である血漿と血球および血小板から成る．
　b．血液中の白血球数は赤血球数より多い．
　c．好中球の役割は，主として細菌感染からの防御である．
　d．好塩基球の役割は，主として寄生虫感染からの防御である．
　e．赤血球や好中球，好酸球などはリンパ系幹細胞から分化する．
　　(1) aとb　　(2) aとc　　(3) cとd　　(4) cとe　　(5) dとe

2 白血球と生体防御に関する記述である．正しいものの組合せはどれか．
　a．顆粒球には好中球，好酸球，血小板がある．
　b．単球が血流を離れると，成熟してマクロファージになる．
　c．リンパ球は全白血球の30%を占め，免疫応答に関与している．
　d．B細胞は細胞性免疫に関与する．
　e．T細胞は免疫グロブリンを生産する．
　　(1) aとb　　(2) aとc　　(3) bとc　　(4) cとd　　(5) dとe

3 血液疾患に関する記述である．正しいものの組合せはどれか．

a．貧血とはアルブミン濃度が減少した状態で，原因により悪性貧血，鉄欠乏性貧血などがある．
b．白血病は，骨髄の白血球系細胞が減少する疾患である．
c．血友病は，血液凝固第Ⅷ因子または第IX因子活性の欠乏が原因として起こる．
d．DIC（播種性血管内凝固）では全身の微小血管内に血栓が多発し，線溶の亢進と凝固因子の消費から出血傾向となる．
e．血友病は，性染色体伴性優性遺伝形態をとる．

(1) a と b　　(2) a と c　　(3) b と d　　(4) b と e　　(5) c と d

4 血液の凝固に関する記述である．正しいものの組合せはどれか．

a．血液凝固は，血管内皮細胞の損傷部位に血小板が凝集，粘着することによって始まる．
b．血液には凝固を除去する線溶というしくみがあり，これを起こすのはトロンビンという酵素である．
c．凝固第Ⅷ因子の先天的欠乏症を血友病Aという．
d．凝集した血小板からはセロトニンなどの生理活性物質が放出され，これらが血管を拡張させる．
e．外因性の血液凝固には組織中の組織因子の関与はない．

(1) a と b　　(2) a と c　　(3) b と c　　(4) b と d　　(5) d と e

15章 生体防御機構

ヒトの周りにはたくさんの病原体がある．毎年のように流行を繰り返すインフルエンザや最近増えつつある結核などの病原細菌は，ヒトの健康に悪影響を及ぼすものである．これらの病原体は日常の身の周りに普通に存在しているが，ヒトは**生体防御機構**（defense mechanism）という仕組みをもっているので，簡単に病気にかからない．生体防御機構には，病原体を体内に侵入させない**非特異的防御機構**（nonspecific defense mechanism），体内に侵入した病原体を迅速に排除する**自然免疫**（natural immunity），さらに一度体内に入った病原体を記憶し，再度の侵入に対して強力に撃退する**獲得免疫**（acquired immunity）がある．

15.1　非特異的防御機構

非特異的防御機構は生体防御の第一義的な役割をもつもので，生体に害となる病原体などに対して物理的バリアにより体内への侵入を阻止している．ヒトの体のうち，外界と接している皮膚，目，口，消化管などが物理的バリアとなっている．とくに皮膚は体のなかで面積が大きく，物理的バリアとしての役割が高い．健康な皮膚は扁平上皮細胞が層状になっているため，病原体は容易に体内に侵入できない．さらに，皮膚の表面では汗腺からの汗や皮脂腺からの分泌物により，皮膚の付着物を洗浄している．また，涙，鼻汁，唾液，痰，消化管の消化液も同様の役割を果たしている．しかし，これらの物理的バリアのみでは，感染力の強い病原体の体内への侵入を完全に阻止することはできない．

15.2　免疫機構

免疫機構には，体内に侵入したすべての病原体に対して幅広く排除する自然免疫と，自然免疫では十分に排除できない病原体に対して，その病原体の形状や特徴を記憶し，再び侵入してきた際に強力に撃退することが可能な獲得免疫（**特異的防御機構**；specific defense mechanism）がある．

15.2.1 自然免疫

自然免疫には，化学的に生体を守る化学的バリア，腸内細菌叢によるもの，白血球による貪食作用，補体によるものなどがある．自然免疫はすべての生物にとって重要な生体防御機構で，とくにチョウやミミズのような無脊椎動物では中心的な役割を果たしている．自然免疫は，体内に侵入した病原体に対して，迅速にしかも幅広く柔軟に対応する生体防御機構であるが，強力な感染力をもつ病原体に対しては必ずしも十分な防御機構ではない（図 15 - 1 ）．

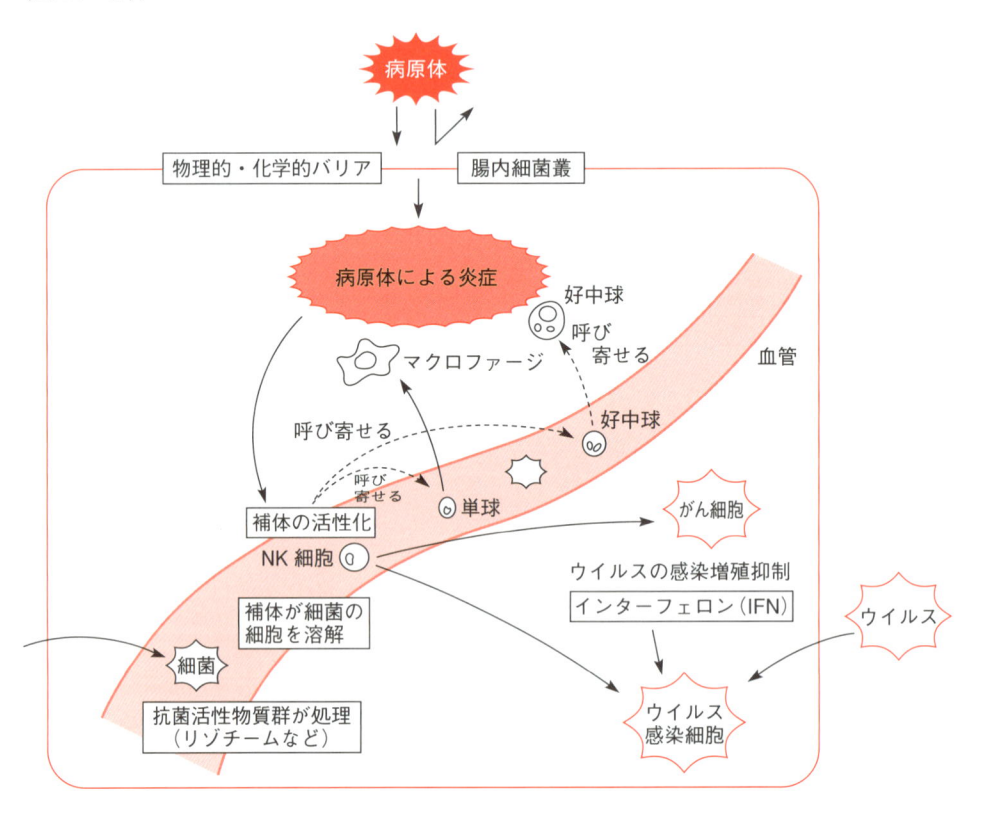

図15-1　自然免疫の仕組み

(1) 化学的バリア

物理的バリアとなっている各器官からの分泌液は，抗菌や殺菌作用などの化学的バリアの役割ももっている．殺菌作用を示す化学的バリアには，涙に含まれる酵素，唾液や胃液に含まれる消化酵素，胃液の塩酸などがある．また，血液中に含まれる酵素として，リゾチームは細菌の細胞壁を溶解し，核酸分解酵素はウイルスの遺伝物質であるDNAやRNAを破壊する．

(2) 腸内細菌叢

ヒトの腸内には大腸菌，ビフィズス菌，乳酸菌などさまざまな細菌が共存し，細菌叢を形成している．正常な**腸内細菌叢**(intestinal microflora)は病原細菌の定着と感染を防ぎ，生体の免疫機構を適切に刺激している．

(3) 貪食

病原体が体内に侵入すると感染部位に炎症が生じ，血液を介して全身を循環している好中球と単球が集まってくる．**好中球**（neutrophil）は炎症部位に最初に遊走してくる白血球で，活発な食作用で細菌を捕食する．また，**単球**（monocyte）は血管壁や組織に浸出するとアメーバ状の**マクロファージ**（macrophage）に分化し，強力な**貪食作用**（phagocytosis）により細菌を取り込み，細胞内のリソゾーム顆粒の消化酵素により分解する．

(4) その他

補体は体内に発生した炎症反応により活性化し，細菌を溶解させ，炎症部位への好中球やマクロファージの遊走を促進する．また，補体は**ナチュラルキラー細胞**（NK細胞；natural killer cell）を活性化して，ウイルス感染細胞も排除する．NK細胞は体外から侵入してくるウイルスだけでなく，体内で発生するがん細胞も排除する作用がある．ヒトにウイルスが感染すると，さまざまな細胞から**インターフェロン**（IFN；interferon）が放出され，ウイルスの感染と増殖が抑制される．

15.2.2 獲得免疫

獲得免疫は，一度感染した病原体などの特徴を記憶し，体内への再度の侵入に対して特異的に排除するものである．獲得免疫は，記憶・特異的・強力という要素で構成されている．通常，おたふくかぜに一度罹患すると再び罹患しないのは，おたふくかぜに対して，記憶（おたふくかぜを覚える），特異的（おたふくかぜに限定する），強力（再度の侵入には強力に撃退する）の3要素がうまく働くためである．

獲得免疫には，生体の液性成分が働く**体液性免疫**（humoral immunity）と細胞成分が働く**細胞性免疫**（cellular immunity）がある．

(1) 体液性免疫

体液性免疫は，**免疫グロブリン**（Ig；immunoglobulin）による病原体の排除機構が中心となっている．免疫グロブリンは，通常，**抗体**（antibody）とよばれ，相同な2本のL鎖（light chain）と相同な2本のH鎖（heavy chain）の合計4本のポリペプチドから成

15・2 免疫機構

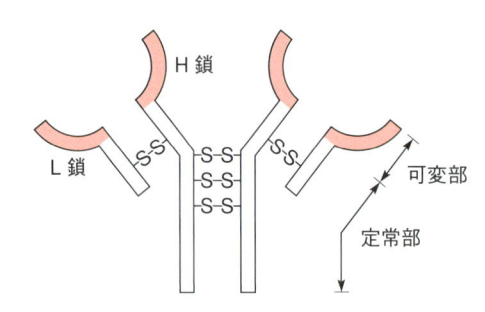

図15-2　抗体(IgG)の構造

る糖たんぱく質である（図15-2）．抗体は，その先端に2カ所ある**可変部**（variable region）のアミノ酸配列が変わることによって，さまざまな種類の病原体と結合できる．病原体が体内に侵入し，刺激を受けた**B細胞**（B cell）は**抗体産生細胞**〔AFC；antigen forming cell，**形質細胞**（plasma cell）〕に分化して抗体を産生する．抗体は，病原体と結合して病原体の機能と動きを抑止する．また，抗体が病原体の産生する毒素と結合する場合，毒素は無害化される．このような抗体による病原体の機能抑制や毒素の無毒化を**抗体の中和反応**（neutralization reaction）とよぶ．

抗体は構造の違いにより，IgG，IgM，IgA，IgD，IgEの五つのクラスに分類される（表15-1）．抗体産生細胞が最初に産生する抗体のクラスはIgMで，その後IgMの産生から他のクラスの抗体を産生するようになる．これを**クラススイッチ**（immunoglobulin class switching）とよぶ．IgGは主に血液中に存在して，血液中に入ってきた病原体と結合して中和する．また，単球やマクロファージはIgGに対する受容体を細胞の表面に多数も

表15-1　抗体の五つのクラス

	IgG	IgM	IgA	IgD	IgE
構造	Y	⊛	>∞<	Y	Y
体内の存在場所	主に血液中	主に血液中	主に粘膜	主に血液中	主に血液中
血中濃度(mg/mL)	12.5（変動あり）	1.0	2.0	0.03	0.0003
補体活性化	◎	○	—	—	—
結合性の高い細胞	単球 マクロファージ	—	—	不明	肥満細胞 好塩基球
胎盤通過性	○	—	—	—	—
特徴	血液中に多く存在	抗体として最初に産生され，他の抗体にスイッチされていく	腸管や粘膜の生体防御に重要	不明	アレルギー反応にかかわる抗体

15章　生体防御機構

っていて，病原体と結合したIgGはこれらの細胞に効率よく貪食される．IgAは粘膜組織に多く存在し，病原体の体内への侵入を防いでいる．IgDの生物学的機能はよくわかっていない．IgEはアレルギー反応を引き起こす中心的な抗体で，血液中にごく微量含まれている．IgEの受容体をもつ**肥満細胞**（mast cell）や**好塩基球**（basophil）の細胞表面でIgEが抗原と反応すると，これらの細胞から**ヒスタミン**（histamine）などの化学物質が放出され，アレルギーの症状が誘発される．

（2）細胞性免疫

細胞性免疫はリンパ球とよばれる細胞のなかで主に**T細胞**（T cell）により，ウイルスに感染した細胞やがん細胞を排除するものである．細胞性免疫にかかわるT細胞には，**細胞傷害性T細胞**〔cytotoxic T cell，**キラーT細胞**（killer T cell）〕とNK細胞がある．細胞傷害性T細胞とNK細胞は，細胞に穴を開けるパーフォリン（perforin）というたんぱく質やグランザイム（granzyme）というたんぱく質分解酵素を放出することによって，ウイルス感染細胞を排除している．

15.3　生体防御機構における免疫系の特徴

生体防御は，自然免疫と獲得免疫がともに協力した複雑なシステムから成り立っている．とくに獲得免疫では，体内に入った病原体などの異物の認識から始まり，侵入した異物の情報を関連する免疫細胞に提供し，異物への攻撃や排除の指示と実行という連続した過程により成り立っている．

15.3.1　抗原とは

生体が免疫応答を起こす物質を**抗原**（antigen）とよぶ．生体にとって抗原となるのは，自己を構成している物質以外のものである．また，生体は自己を構成している物質を厳密に認識して，非自己の物質を抗原として識別している．つまり，免疫は生体の構成成分でない非自己の物質を排除する生体反応ということになる．

物質が自己か非自己かを決めるのは，主にリンパ球のT細胞とB細胞である．T細胞は細胞表面に**T細胞抗原受容体**（TCR；T cell receptor）をもち，あらゆる抗原を認識できる種類があらかじめ準備されている．一方，B細胞の細胞表面には抗体が結合されていて，TCRと同様にあらゆる抗原に結合できる種類があらかじめ準備されている（図15-3）．したがって，抗原となるものはTCRと抗体に結合することが可能な**エピトープ**（epitope；抗原決定基）とよばれる部分を，それぞれ最低一つもつことになる（図15-4）．

15.3.2　免疫応答の流れ

病原体などの抗原は，体内に侵入すると好中球やマクロファージの食作用により細胞内に取り込まれる．マクロファージの場合，細胞内に取り込んだ抗原はリソゾーム顆粒の消化酵素で処理されるが，抗原を完全に分解してしまうのではない．マクロファージは取り込んだ抗原を部分分解して，抗原としての特徴を残したエピトープを細胞表面に提示して，

図15-3　抗体とTCR

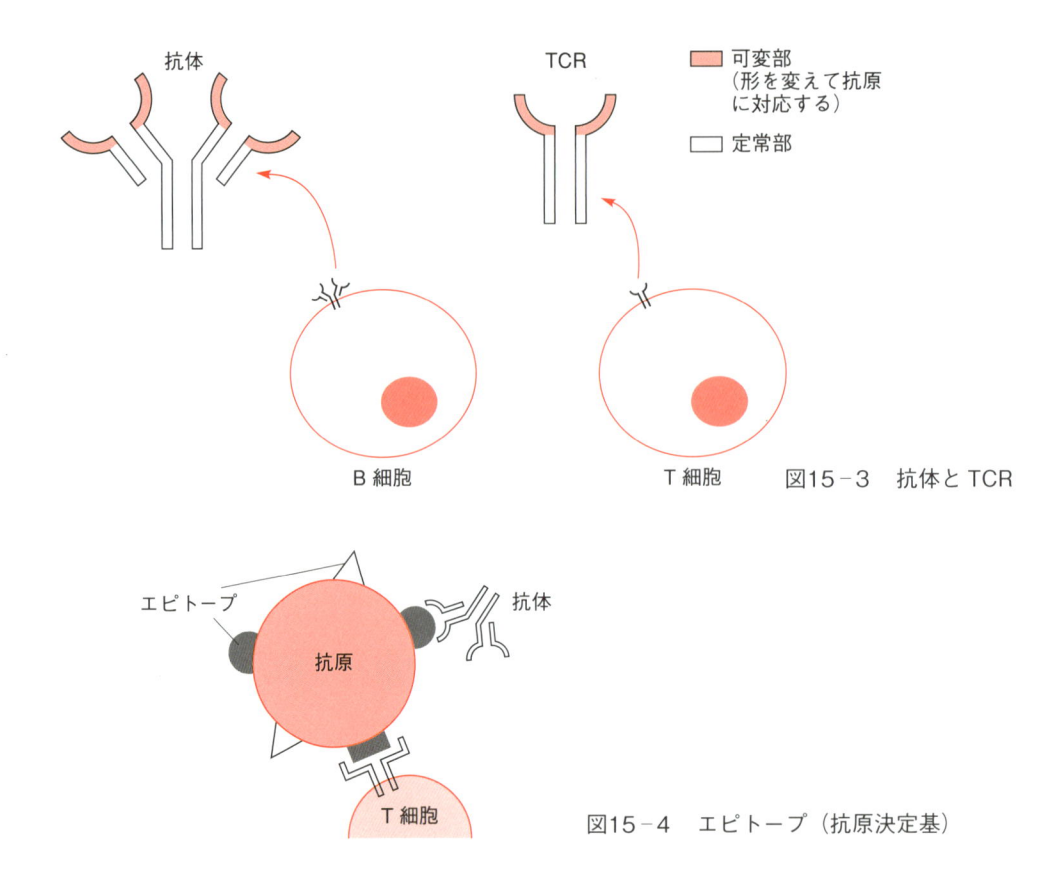

図15-4　エピトープ（抗原決定基）

T細胞に情報を提供する．これを**抗原提示**（antigen presentation）という．

　T細胞のなかでヘルパーT細胞は，マクロファージの細胞表面に提示されたエピトープと接合可能なTCRを表現している．抗原が体内に侵入すると，この抗原を認識するTCRをもつヘルパーT細胞は分裂を開始し，続いてこの抗原に結合する抗体をもつB細胞に抗体産生細胞への分化を促す．また，ヘルパーT細胞は，マクロファージ，細胞傷害性T細胞，NK細胞，補体の活性化など免疫応答の司令塔にもなっている（図15-5）．

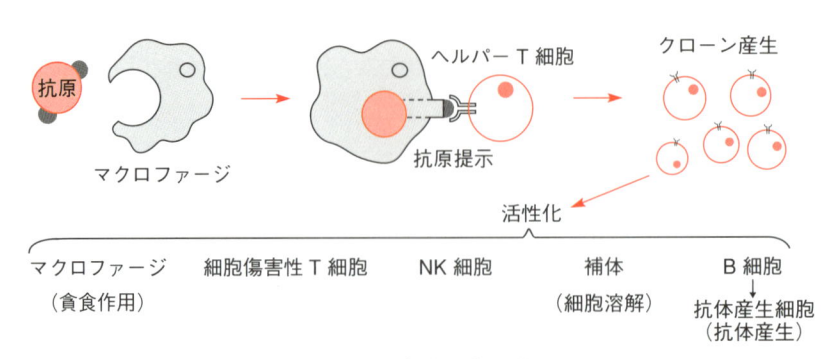

図15-5　免疫反応の流れ

15.3.3　免疫応答の情報伝達

マクロファージがヘルパーT細胞に抗原を提示する際には，これらの細胞同士の接合が必要であるが，離れた場所の細胞に情報を伝達する場合は，サイトカイン（cytokine）とよばれる液性のたんぱく質を放出している．たとえば，マクロファージはヘルパーT細胞に抗原を提示すると同時にサイトカインを放出して，ヘルパーT細胞には増殖を指示し，B細胞には抗体産生を促し，マクロファージ自身には抗原に向かって遊走することを指示する．このようにリンパ球同士の情報伝達に用いるサイトカインは，とくにインターロイキン（interleukin）とよばれる．

15.3.4　免疫応答による抗原排除

生体にとって異物となるものは多種多様である．獲得免疫では体液性免疫と細胞性免疫が協調して対応しているが，体液性免疫は主に細菌やたんぱく質抗原など小さな抗原に対応し，比較的大きな抗原，移植片，寄生生物などに対しては細胞性免疫により排除している．

15.3.5　免疫応答による学習能力

獲得免疫には学習能力があり，抗原の二度目以降の体内への侵入には，素早く，そして強力に対応する二次免疫応答（secondary immune response）が備わっている．これは抗原が最初に体内に入ってきた際に，抗原を特異的に記憶した記憶細胞が残されているためである．記憶細胞（memory cell）とは，抗原を認識するTCRをもつT細胞や抗原に対応した抗体を産生するB細胞のクローンのことで，抗原の再度の侵入にあらかじめ準備が整った状態となっている．

免疫機構の特徴である二次免疫応答をうまく利用したものにワクチン（vaccine）がある．ワクチンとは，予防しようとする病原体を生体の免疫機構にあらかじめ提示しておいて，人為的に一次免疫応答を誘導しておくものである．次に本当の病原体が体内に侵入してきたときは二次免疫応答となるので，病原体を素早く撃退できるという仕組みである．ワクチンには病原体そのものを使用することができないので，表15-2に示すように生ワクチン，不活化ワクチン，トキソイド，成分ワクチンが，予防しようとする病原体の種類によ

表15-2　ワクチンの種類

種類	生ワクチン	不活化ワクチン	トキソイド	成分ワクチン
内容	病原体そのものを弱毒化したものを使用	死滅した病原体を使用	病原体の毒素を無毒化して使用	病原体の一部分を使用
使用例	ポリオワクチン BCG	コレラワクチン 日本脳炎ワクチン	ジフテリアワクチン 破傷風ワクチン	B型肝炎ワクチン インフルエンザワクチン
長所	病原体そのものに近いので高い効果がある	病原体は完全に死滅しているので安全	病原体が産出する毒素によって発症する病気に有効	病原性がないので安全
短所	免疫力が低下している場合，実際に発症してしまうことがある	効果が弱く，何度か接種が必要	毒素を産生しない病原体には応用できない	効果が弱く，何度か接種が必要

り用いられている．ワクチンの普及により多くの病気を予防することが可能になった．とくに天然痘は種痘ワクチンにより，1980年に根絶が宣言されている．しかし，数年に一度大流行を繰り返すインフルエンザは，ウイルスの構造が頻繁に変化するので完全に予防することは難しい．また，ワクチンは二次免疫応答を利用しているので，新種の病原体を想定して予防することはできない．

15.4　免疫学的自己の確立と破綻

15.4.1　自己の確立

　免疫は非自己の物質に対して応答をする生体防御反応である．免疫応答を示さない生体内の物質には，自己の細胞や体液成分，眼球内や精巣内の免疫細胞と遭遇することがない隔絶抗原，消化管内を通過する食物抗原などがある．このなかで免疫細胞と接触がある自己の細胞や体液成分に対しては，これらを強く認識する未熟T細胞が胸腺内を通過する過程で排除されている．その結果，血液中を循環している成熟T細胞は，自己には寛容で非自己に対しては強く反応するようになる．

15.4.2　免疫不全

　免疫機構がうまく働かないことを**免疫不全**（immunological deficiency）とよび，生まれながらに免疫がうまく働かない**先天性免疫不全**と，生後，何らかの原因により免疫がうまく働かない**後天性免疫不全**がある（表15-3）．免疫不全の場合，通常なら感染しないような病原体に感染してしまうことがある．これを**日和見感染**（opportunistic infection）という．

表15-3　免疫不全

先天性免疫不全	後天性免疫不全
T細胞不全	後天性免疫不全症候群（エイズ）
B細胞不全	放射線による障害
補体成分欠損症	免疫抑制剤などによる障害
食細胞機能不全	

15.4.3　移植免疫

　移植（transplantation）の場合のように，免疫機構が抑えられているほうが都合のよい場合もある．移植のための移植片は移植される側にとって非自己であるので，通常の場合，拒絶反応を起こす．そのため，自己にできるだけ近い移植片として，自分自身の皮膚や一卵性双生児の臓器などを使用する．また，移植片が拒絶されないように免疫抑制剤を用いて免疫力を弱めておく方法もある．

15.5 免疫力に影響する栄養素

第二次世界大戦後，結核をはじめとする感染症による死亡が低下した理由の一つに，動物性たんぱく質の摂取増加による免疫力の強化がある．このように生体の免疫力は食生活と深いかかわりをもっている．

（1）たんぱく質

たんぱく質とエネルギーが不足した場合，T細胞やNK細胞の機能低下がみられる．また，アルギニンのような特定のアミノ酸が細胞性免疫の機能を高めることが知られている．

（2）脂　質

$n-3$ 系の多価不飽和脂肪酸はアレルギー性の免疫応答の働きを抑えるので，アレルギーの予防と治療に有効ではないかと考えられている．

（3）糖　質

海藻に含まれるアルギン酸などの多糖類には，免疫力を亢進させる作用があると考えられている．

（4）ビタミン

ビタミンAが欠乏すると，IgAの産生低下，マクロファージやT細胞の機能低下など免疫力が低下することが知られている．また，ビタミンEは抗酸化作用により免疫系全体の働きを高めると考えられている．

（5）ミネラル

セレンの欠乏は免疫力の低下を招く．また，亜鉛も細胞の増殖に必要な酵素の成分であるため，欠乏すると免疫力の低下を起こす．

15.6　が　ん

体内で発生した異物の代表的な例にがん（cancer）がある．生体の免疫機構はがんにも応答しているので，日々，体内に発生したがん細胞は排除されている．体内に発生したがん細胞に対しては，NK細胞や細胞傷害性T細胞が中心となって排除している．しかし，腫瘍抗原がみられないがん細胞の場合や免疫力が低下している状態では，発生したがん細胞を排除できない場合がある．また，一度発生して増殖したがん細胞からは，生体の免疫力を低下させるサイトカインや液性の腫瘍抗原が放出され，生体の免疫機構では対抗できないことがある

15.7　アレルギー

アレルギー（allergy）とは，ある特定の物質に対して免疫機構が異常に反応することである．また，アレルギー反応を引き起こす原因抗原を，とくにアレルゲン（allergen）

表15-4 アレルゲン

アレルゲン	侵入経路
花粉(スギ, ヒノキなど)	吸入
ハウスダスト ダニ ペットの毛	吸入, 接触
食物（卵, 牛乳など）	経口
金属(アクセサリーなど)	接触
抗生物質	経口, 注射

という．アレルゲンには，表15-4に示すように，ダニ，ほこり，花粉，食物など，日常の生活ではとくに害とならないものが多い．

15.7.1 アレルギーの種類

　アレルギーは，免疫反応の機序により即時型（Ⅰ型，Ⅱ型，Ⅲ型）と遅延型（Ⅳ型）に分類される（表15-5）．このなかでⅠ型のアレルギー反応は，免疫グロブリンのIgEが免疫細胞の肥満細胞や好塩基球と連携して引き起こされる代表的なもので，**アナフィラキシー**（anaphylaxis）とよばれるショック症状を引き起こすことがある（図15-6）．

表15-5 アレルギーの型

分類		型	関与する細胞や生体成分	疾患
即時型アレルギー	体液性免疫	Ⅰ型 (アナフィラキシー型)	IgE 肥満細胞, 好塩基球	気管支喘息, アトピー性皮膚炎 花粉症, 食物アレルギー
		Ⅱ型 (細胞傷害型)	IgM, IgG 補体	不適合輸血反応 薬物アレルギー
		Ⅲ型 (免疫複合型)	IgG 補体, マクロファージ	糸球体腎炎 虫の唾液成分による皮膚炎
遅延型アレルギー	細胞性免疫	Ⅳ型 (遅延型)	感作T細胞	ツベルクリン反応 金属アレルギー ウルシによるかぶれ

肥満細胞（電子顕微鏡写真）

肥満細胞

分泌される物質
- ヒスタミン
- セロトニン
- プロスタグランジン
- ロイコトリエン
- 血小板活性化因子

アレルギーの症状
- 皮膚炎
- 鼻炎
- じんま疹
- 喘息

IgE抗体
アレルゲン

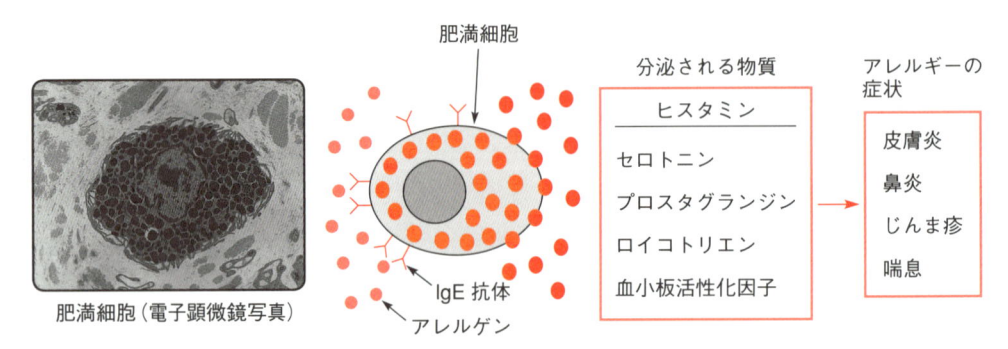

図15-6 Ⅰ型アレルギー

15.7.2 食物アレルギー

アレルギーのなかで，特定の食物が原因で引き起こされるものを**食物アレルギー**（food allergy）という．食物アレルギーには，原因となっている食物を摂取して，ただちに症状が出現する即時型（Ⅰ型）の反応が多い．一方，**仮性アレルゲン**とよばれるヒスタミンなどの化学物質を多く含む食品を摂取することによって，アレルギーと似た症状が引き起こされることがあるが，この場合の反応は免疫機構を介さないので，アレルギーとは区別される．

15.8 ストレス応答

生体は，さまざまな内外環境の変化に反応して，非特異的変化を表す．この生体の反応状態を一般にストレスという．**ストレス**は，**身体的ストレス**と**心理的ストレス**とに大きく分けることができ，身体的ストレスには，温度や圧，外傷などの物理的ストレス，化学物質などによる化学的ストレス，細菌やウイルス感染症，飢餓などによる生物的ストレスがある（表15-6）．生体はこれらのストレスに対して適応または排除しようと働く自己防御機構をもっている．たとえば，感染症やそれに伴う炎症などは好中球，マクロファージ，NK細胞がかかわり，排除するように働く．また，9章に記載されている**活性酸素**も酸化ストレスとして知られており，**酸化ストレス**は，炎症や自己免疫疾患の誘発にかかわっていることが示唆されている．なお，自己免疫疾患とは，外来抗原ではなく，自己抗原に対して生体内に備わっている免疫機構が反応し，症状を呈するもので，自己免疫性リウマチや全身性エリテマトーデス（SLE）などの疾患がある．

表15-6　ストレスの種類

身体的ストレス	物理的ストレス	温度，圧，外傷など
	化学的ストレス	化学物質など
	生物的ストレス	細菌，ウイルス，飢餓など
精神的ストレス	精神的刺激（緊張，人間関係，不安など）	

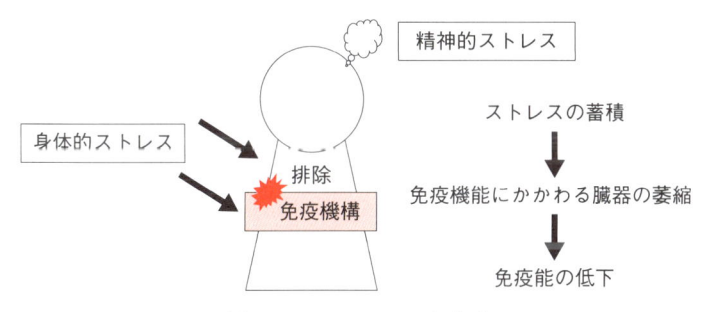

図15-7　ストレスと免疫

さらにストレスは，全身の諸臓器に影響を及ぼし，胸腺やリンパ腺，脾臓のような免疫機能にかかわる臓器の萎縮を引き起こすと，免疫力が低下する（図15-7）．

予想問題

1 生体防御機構に関する記述である．正しいものの組合せはどれか．
 a．特異的防御機構は，皮膚，目，口，消化管などの物理的バリアによって，生体に害となる病原体の体内への侵入を阻止している．
 b．非特異的防御機構では，感染力の強い病原体の体内への侵入を完全に阻止することはできない．
 c．自然免疫は，体内に侵入した病原体に対して迅速に，しかも幅広く排除する働きをする．
 d．自然免疫は，とくに強力な感染力をもつ病原体に対して有効である．
 e．自然免疫と獲得免疫は，それぞれ独立した免疫機構として働く．
  (1) aとb　(2) aとe　(3) bとc　(4) cとd　(5) dとe

2 免疫に関する記述である．正しいものの組合せはどれか．
 a．体液性免疫は，主に抗原を抗体によって排除する機構である．
 b．T細胞は，抗原刺激により抗体産生細胞に分化して，抗体を産生する．
 c．単球やマクロファージの細胞表面には，抗体のIgGと結合できる多数の受容体が存在する．
 d．細胞性免疫は，主にヘルパーT細胞が抗原を排除する機構である．
 e．B細胞は，体内に侵入した異物を強力な貪食作用により排除する．
  (1) aとb　(2) aとc　(3) bとd　(4) cとe　(5) dとe

3 抗体に関する記述である．正しいものの組合せはどれか．
 a．抗体は，血清のアルブミン分画に属するたんぱく質である．
 b．抗体は，ある特定の抗原と結合する．
 c．血清中に最も多く存在する抗体の種類はIgAである．
 d．抗体産生細胞が最初に産生する抗体の種類はIgMである．
 e．I型アレルギー反応に関与する抗体の種類はIgGである．
  (1) aとb　(2) aとc　(3) bとd　(4) cとe　(5) dとe

4 免疫に関する記述である．正しいものの組合せはどれか．
 a．二次免疫応答をうまく利用したものにワクチンがある．
 b．ワクチンには，病原体をそのまま使用するものがある．
 c．生まれながらに免疫機構がうまく働かないことを後天性免疫不全という．
 d．好酸球やNK細胞は，ある種のがん細胞を排除する作用がある
 e．生体の免疫力には，食生活の状態や食品中に含まれるある種の成分が影響している．
  (1) aとb　(2) aとe　(3) bとc　(4) cとd　(5) dとe

5 アレルギーに関する記述である．正しいものの組合せはどれか．
 a．アレルギーは生体に起きた異常な炎症反応の一つで，感染力の強い病原体が原因であるこ

とが多い．
b．ヒスチジンを多く含む食品を摂取することにより，アレルギーと似た症状が引き起こされる場合がある．
c．Ⅰ型アレルギーに関与する主な免疫細胞に肥満細胞と好中球がある．
d．アレルギー症状を引き起こしている原因抗原をアレルゲンという．
e．食物アレルギーは，原因食品を摂取して直ちに症状が出現するⅠ型アレルギーが多い．
　(1) aとb　　(2) aとe　　(3) bとc　　(4) cとd　　(5) dとe

参 考 書

1章
B. Alberts ほか,「細胞の分子生物学(第5版)」, 中村桂子ほか 監訳, ニュートンプレス(2010).
H. Lodish ほか,「分子細胞生物学(第6版)」, 石浦章一ほか 訳, 東京化学同人(2010).

2章
「ホートン生化学(第4版)」, 鈴木紘一ほか 監訳, 東京化学同人(2008).
相馬英孝ほか,「イラスト生化学入門：栄養素の旅」, 東京教学社(1993).
遠藤克己,「栄養の生化学1-2-3(改訂第3版)」, 南江堂(2003).
B. Alberts ほか,「Essential 細胞生物学」, 中村桂子ほか 監訳, 南江堂(2005).
新家 龍ほか 編,「糖質の科学」, 朝倉書店(1996).
日本生化学会 編,「新生化学実験講座 第4巻 脂質 I, II, III」, 東京化学同人(1993, 1991, 1990).
日本化学会 編,「脂質の化学と生化学(季刊化学総説16)」, 学会出版センター(1992).
原 健次,「生理活性脂質の生化学と応用」, 幸書房(1993).
J. D. Watson ほか,「遺伝子の分子生物学(第6版)」, 中村桂子 監訳, 東京電機大学出版局(2010).
B. Alberts ほか,「細胞の分子生物学(第5版)」, 中村桂子ほか 監訳, ニュートンプレス(2010).
日本ビタミン学会 編,「ビタミンハンドブック1 脂溶性ビタミン」, 化学同人(1989).
日本ビタミン学会 編,「ビタミンハンドブック2 水溶性ビタミン」, 化学同人(1989).
日本ビタミン学会 編,「ビタミンの事典」, 朝倉書店(1996).

3章
「レーニンジャーの新生化学(第5版)」, 山科郁男ほか 監修, 廣川書店(2010).

4章
「レーニンジャーの新生化学(第5版)」, 山科郁男ほか 監修, 廣川書店(2010).
「ヴォート基礎生化学(第3版)」, 田宮信雄ほか 訳, 東京化学同人(2010).

5章
「ホートン生化学(第4版)」, 鈴木紘一ほか 監訳, 東京化学同人(2008).
相馬英孝ほか,「イラスト生化学入門：栄養素の旅」, 東京教学社(1993).
遠藤克己,「栄養の生化学1-2-3(改訂第3版)」, 南江堂(2003).
B. Alberts ほか,「Essential 細胞生物学」, 中村桂子ほか 監訳, 南江堂(2005).
「ハーパー・生化学」, 上代淑人 監訳, 丸善(2001).
「レーニンジャーの新生化学(第6版)」, 川崎敏祐 監修, 廣川書店(2015).

6章
福田 満 編,「生化学(第2版)」,〈新 食品・栄養化学シリーズ〉, 化学同人(2012).
長坂祐二ほか 編,「生化学」,〈標準栄養学講座〉, 金原出版(2002).
「マクマリー・生物有機化学2(生化学編)(第3版)」, 菅原二三男 監訳, 丸善(2010).
猪飼 篤,「生化学」,〈化学入門コース8〉, 岩波書店(1996).
「ハーパー・生化学」, 上代淑人 監訳, 丸善(2001).
「レーニンジャーの新生化学(第5版)」, 山科郁男ほか 監修, 廣川書店(2010).
「ローン生化学」, 長野 敬, 吉田賢右 監訳, 医学書院(1991).
阿南功一ほか,「生化学」,〈臨床検査学講座〉, 医歯薬出版(2001).

7章
沖中 靖,「栄養学1(改訂版)」,〈食物・栄養科学シリーズ3〉, 培風館(1995).
栄養機能化学研究会 編,「栄養機能化学(第2版)」, 朝倉書店(2005).
「レーニンジャーの新生化学(第5版)」, 山科郁男 ほか監修, 廣川書店(2010).

8章
「レーニンジャーの新生化学(第5版)」, 山科郁男ほか 監修, 廣川書店(2010).
9章
奥山治美, 菊川清見 編, 「脂質栄養と脂質過酸化：生体内脂質過酸化は傷害か防御か」, 学会センター関西(1998).
二木鋭雄ほか編著, 「抗酸化物質：フリーラジカルと生体防御」, 学会出版センター(1994).
中野 稔ほか 編, 「活性酸素：生物での生成・消去・作用の分子機構」, 共立出版(1989).
10章
B. Albertsほか, 「細胞の分子生物学(第5版)」, 中村桂子ほか 監訳, ニュートンプレス(2010).
トム・ストラッチャンほか, 「ヒトの分子遺伝学(第4版)」, 村松正實ほか 監訳, メディカル・サイエンス・インターナショナル(2011).
11章
B. Albertsほか, 「細胞の分子生物学(第5版)」, 中村桂子ほか 監訳, ニュートンプレス(2010).
井村利憲, 「分子生物学講義中継 Part 1」, 羊土社(2002).
田村隆明, 山本 雅 編, 「分子生物学イラストレイテッド(改訂第3版)」, 羊土社(2009).
12章
「レーニンジャーの新生化学(第5版)」, 山科郁男 ほか監修, 廣川書店(2010).
香川靖雄, 野沢義則, 「図説医化学(改訂4版)」, 南山堂(2001).
沖中 靖, 「栄養学1(改訂版)」, 〈食物・栄養科学シリーズ3〉, 培風館(1995).
13章
「ハーパー・生化学」, 上代淑人 監訳, 丸善(2001).
「レーニンジャーの新生化学(第5版)」, 山科郁男 ほか監修, 廣川書店(2010).
香川靖雄, 野沢義則, 「図説医化学(改訂4版)」, 南山堂(2001).
Richard A. Harvey, Denise R. Ferrier著, 石崎泰樹, 丸山敬 監訳, 『イラストレイテッド生化学(原書第6版)』〈リッピンコットンシリーズ〉, 丸善出版(2011).
14章
池田康夫, 押味和夫 編, 「標準血液病学」, 医学書院(2000).
五幸 恵, 「病態生理できった内科学 Part 3(改訂第2版)」, 医学教育出版社(2001).
15章
谷口 克, 宮坂昌之 編, 「標準免疫学(第2版)」, 医学書院(2002).
I. Roittほか, 「免疫学イラストレイテッド(原書第7版)」, 高津聖志ほか 監訳, 南江堂(2009).
上田伸男, 坂井堅太郎, 「食物アレルギーと食育」, 少年写真新聞社(2001).
吉川春寿, 芦田 淳 編, 「総合栄養学事典(第4版新装版)」, 同文書院(2004).
内藤裕二, 豊國伸哉 編, 「酸化ストレスの医学」, 診断と治療社(2008).

参考書

索 引

あ

iNOS	142
アイソザイム	76
亜鉛	197
アクチン	19,91
アクチベーター	181
アクチンフィラメント	19
アシルグリセロール	29
アシル CoA：コレステロールアシルトランスフェラーゼ	127
アスパラギン酸アミノトランスフェラーゼ	135
アデニル酸	36
アデニン（A）	34,37
アデノシン5′-三リン酸	36
アデノシン5′-二リン酸	36
アドレナリン	139
アナフィラキシー	234
アポ酵素	59,75
アポトーシス	173,189
アミノ基	9
アミノ基転移酵素	58,135
アミノ酸	9
アミノ酸配列	12
アミラーゼ	58
アミロース	26
アミロペクチン	26
アラニンアミノトランスフェラーゼ	135
rRNA	37,165,177
RNA	34
RNAポリメラーゼ	177
アルコキシラジカル	155
アルドース	21
アルドステロン	195
アルドラーゼ	58
α-アミノ酸	9
α-トコフェロール	33
αヘリックス構造	12
アルブミン	219
アレルギー	233
アレルゲン	233
アロステリック活性化因子	68
アロステリック酵素	68
アロステリック阻害因子	69
アンチコドン	38
アンチセンス鎖	165
アンチポート	3
ES細胞	190
硫黄	197
異化作用	80
イコサノイド	33
eNOS	142
EC番号	57
移植	232
異性体	58
イソプレノイド	33
一塩基多型	171
一次構造	12
一重項酸素	155
一価不飽和脂肪酸	28
EDRF	141
遺伝	165
遺伝子	165
遺伝子組換え	182
遺伝子クローニング	184
遺伝子診断	186
遺伝子操作	187
遺伝子治療	190
遺伝子発現	176
遺伝子ファミリー	168
遺伝子ライブラリー	185
インスリン	211
インターフェロン	213,227
インターロイキン	213,231
イントロン	165,178
ウイルスベクター法	190
ウラシル	35
H鎖	17
AMP	36
エキソ型	58
エキソサイトーシス	6
エキソン	165,177
壊死	172
S期	169
エステル	24
ADH	195
ATP	36,82,95
ATP駆動型ポンプ	3
ADP	36
Na^+, K^+-ATPアーゼ	195
NO合成酵素	142
nNOS	142
NK細胞	221
n-3系脂肪酸	117
n-6系脂肪酸	117
エネルギー	80
エネルギー保存の原理	82
エピトープ	229
エピメラーゼ	58
エフェクター	68
mRNA	37,166,177
M期	169
mtDNA	172
エリスロポエチン	213,219
L-グリセルアルデヒド	21
エルゴカルシフェロール	33
L鎖	17
塩基対	37
塩素	196
エンタルピー	83
エンド型	58

エントロピー増大の原理 82	幹細胞 190	ケモカイン 214
エンハンサー 166	環状構造 22	原核細胞 1
岡崎フラグメント 170	γ-トコフェロール 33	高エネルギー化合物 86
オキシトシン 16	がん抑制遺伝子 188	高エネルギーリン酸結合 86
オータコイド 202	記憶細胞 231	好塩基球 220,229
オーダーメイド医療 172	基質 16,59	光学異性体 21
オプソニン効果 17	基質レベル（基質準位）のリン酸化 87	抗原 17,229
オリゴ糖 25		抗原提示 230
オリゴペプチド 11	基質特異性 60	高コレステロール血症 126
オルガネラ 73	拮抗阻害 64,65	好酸球 220
	キナーゼ 58	高次構造 12
か	キノンサイクル 89	恒常性 67
解糖系 95,101	ギャップ結合 4	甲状腺ホルモン 207
解離定数 63	吸エルゴン反応 83	酵素 16
化学浸透圧仮説 90	球状たんぱく質 14	構造たんぱく質 17
化学ポテンシャル 80	共役二重結合 156	酵素−基質複合体 61
可逆的変性 15	共役輸送体 3	酵素誘導 73
核 4	競争阻害 65	抗体 227
核酸 1	協同性 68	抗体産生細胞 228
核たんぱく質 38	キラーT細胞 229	抗体の中和反応 228
獲得免疫 225	キロミクロン 112,126	好中球 220,227
過酸化脂質 159	グアニン（G） 34,37	後天性免疫不全 232
過酸化水素 155	クッシング症候群 207	高度不飽和脂質 155
仮性アレルゲン 235	クラススイッチ 228	高度不飽和脂肪酸 28
カタラーゼ 60	クリアランス 199	興奮性 202
活性化エネルギー 60,83	グリコーゲン 26,106	抗利尿ホルモン 195
活性型ビタミンD 42	グリコシド 24	呼吸鎖 87
活性酸素 155,235	グリセリン 111	5′キャップ構造 177
活性中心 60	グリセロ糖脂質 31	コドン 38
活性部位 60	グリセロリン脂質 30,123	コバルト 197
活動電位 202	グルカゴン 210	コール酸 185
滑面小胞体 5	グルコース 94	コリ回路 105
可変部 17,228	クレアチニン 141	ゴルジ装置 6
ガラクトース 109	グロブリン 219	コレカルシフェロール 33
カリウム 196	クロマチン 38	コレステロール 32
顆粒球 220	形質細胞 228	コレステロール転送たんぱく質 127
カルシウム 196	血管内皮型NOS 142	混合型阻害 64,67
カルシウム結合たんぱく質 196	欠失 171	
カルシトニン 196	血漿 217	**さ**
カルボキシ基 9	血小板 119,217	最適温度 61
カロテノイド 34	血糖 103	最適pH 61
がん 233	ケト原性アミノ酸 139	サイトカイン 213,231
間期 169	ケトース 21	細胞 193
ガングリオシド 31,125	ケトン体 121	細胞質 7
還元糖 24	ケノデオキシコール酸 128	細胞質ゾル 7
還元反応 152	ゲノム 167	細胞周期 169

索引

細胞傷害性 T 細胞	229	神経型 NOS	142	阻害	64
細胞性免疫	17,227	神経終末	201	促進核酸	2
細胞接着	14	腎臓	199	ソマトスタチン	211
細胞内 cAMP	123	ジーンターゲッティング	183	粗面小胞体	4
細胞内小器官	1	シンターゼ	58		
細胞膜	2	身体的ストレス	235	**た**	
サイレンサー	166	浸透圧	197	体液性免疫	17,227
鎖状構造	22	シンポート	3	代謝	80
サブユニット	12	心理的ストレス	235	代謝水	194
サルベージ（再利用）経路		水溶性ビタミン	40	代謝適応	73
	144,149	スクロース	26	多価不飽和脂肪酸	28
酸化還元酵素	153	ステロイド	32,125	脱共役たんぱく質	91
酸化還元反応	153	ステロイドホルモン	129	脱水酵素	58
酸化ストレス	235	ステロイドホルモン受容体ス		脱水縮合	11
酸化的リン酸化	87	ーパーファミリー	73	脱炭酸酵素	58
酸化反応	152	ステロール	32	脱リン酸化	71
三次構造	12	ストレス	235	多能性幹細胞	218
三重項酸素	154	スーパーオキシド	155	多量元素	195
糸球体沪過量	199	スフィンゴ糖脂質	31	単球	220,227
シークエンス解読	185	スフィンゴミエリン	31	炭酸脱水酵素	57
止血	221	スフィンゴリン脂質	30,123	胆汁酸	32,128
視紅	40	スプライシング	178	胆汁色素	141
仕事	80	スプライソソーム	39	単純核酸	2
脂質	111,113	スルファチド	31	単純脂質	28
脂質二重層	123	生成物	59	単純性多糖	26
自然免疫	225	性染色体	166	単純たんぱく質	14
G_2 期	169	生体防御機構	225	炭水化物	21
シトシン（C）	35,37	性ホルモン	208	単糖類	21
シナプス	201	生理活性ペプチド	11	たんぱく質	9
脂肪細胞	111	赤血球	217	たんぱく質の変性	15
脂肪酸	111	接着結合	4	置換	171
自由エネルギー G	82	セレブロシド	31	チミン（T）	35,37
従属栄養生物	81	セレン	197	中間代謝	82
受動輸送	2	繊維状たんぱく質	14	中性脂肪	29
受容体	203	染色質	38	腸肝循環	128
受容体たんぱく質	18	染色体	166	調節酵素	68
脂溶性ビタミン	40	センス鎖	165	腸内細菌叢	227
常染色体	166	先天性免疫不全	232	tRNA	37,165,177
小胞体	4	セントラルドグマ	176	DNA	34,165
情報伝達	201	セントロメア	166	DNA 多型	171
情報伝達物質	201	線溶系	223	DNA チップ	187
食作用	220	増殖因子	213	DNA の二重らせんモデル	
食物アレルギー	235	相同染色体	169		165
ショ糖	26,60	相同的組換え	182	DNA ポリメラーゼ	185
G_1 期	169	挿入	171	D-グリセルアルデヒド	21
真核細胞	1	相補性	37	T 細胞	221,229

T 細胞抗原受容体	229	尿素回路	137	不感蒸泄	195
TCA 回路	97,99,101	ヌクレアーゼ	58	不拮抗阻害	64,67
定常部	17	ヌクレオシド	35	複合脂質	28,30
デオキシリボ核酸	34	ヌクレオソーム	39	複合性多糖	26
デオキシリボース	35	ヌクレオチド	35	複合たんぱく質	14
デオキシリボヌクレオチド	149	ネクローシス	173	副腎皮質ホルモン	207
デスモゾーム	4	熱力学	82	複製フォーク	170
de novo の合成	144	ネフロン	199	不斉炭素原子	9
δ-トコフェロール	33	能動輸送	2,197	フッ素	197
テロメア	167	濃度勾配	2	不飽和脂肪酸	28,114,155
電解質	195	ノックアウトマウス	187	プライマー	169,186
電気化学勾配	2	**は**		プラスミド	182
電子伝達系	88			プラスミン	223
転写	177	バイオインフォマティクス	187	フリーラジカル	155
転写因子	180			プリン塩基	34
転写調節因子	180	配糖体	24	プリンヌクレオチド	145
銅	197	麦芽糖	26	プリンヌクレオチド回路	145
同化作用	80	バソプレッシン	16	フルクトース	109
糖原性アミノ酸	139	発エルゴン反応	83	フレームシフト変異	171
糖脂質	31,125	白血球	217	プロスタグランジン	33,119
糖質	21,94	パラトルモン	196	プロテアーゼ	58
糖新生	103	反復配列	167	プロテアソーム	72
等電点	15	pH	198	プローブ	185
特異的防御機構	225	非拮抗阻害	64,67	プロモーター	166,177
独立栄養生物	81	B 細胞	221,228	分岐鎖アミノ酸	136
突然変異	171	PCR	186	分枝アミノ酸	136
トランスジェニックマウス	183	ヒスタミン	215,229	分泌顆粒	6
		ビタミン	38	分裂期	169
トランスファー RNA	37	必須アミノ酸	136	β 酸化経路	114
トリアシルグリセロール	111	必須脂肪酸	117	β シート構造	12
トロンボキサン	33	非特異的防御機構	225	β-トコフェロール	33
トロンボキサン A_2	119	ヒトゲノムプロジェクト	182	ペプチダーゼ	58
貪食作用	227	ヒドロキシルラジカル	155	ペプチド	11
な		ヒドロペルオキシド	155	ペプチド結合	11
		肥満細胞	229	ヘモグロビン	219
ナチュラルキラー細胞	227	標準酸化還元電位	153	ヘモデスモゾーム	4
内皮細胞由来弛緩因子	141	日和見感染	232	ペルオキシソーム	6
ナトリウム	195	ピリミジン塩基	35	ペルオキシラジカル	155
ナンセンス変異	171	ピリミジンヌクレオチド	146	ペントースリン酸回路	108
二次構造	12	微量元素	195	飽和脂肪酸	28
二次メッセンジャー	206	フィードバック制御	70	補欠分子族	59,75
二次免疫応答	231	フィブリン	222	補助因子	57,59
二重逆数プロット	63	フィロキノン	33	ポストゲノム	182
二重らせん構造	37	不可逆的変性	15	ホスホリパーゼ	124
2 倍体	166	不活化	64	補体	17
乳糖	26	不可避排泄量	195	ホメオスタシス	67

索引

ポリA構造 177	免疫グロブリン 17,227	律速酵素 68
ポリヌクレオチド鎖 36	免疫不全 232	律速段階 62,68
ポリペプチド 11	モリブデン 197	リーディング鎖 170
ポルフィリン 140		リプレッサー 181
ホルモン感受性エレメント 204	**や**	リボ核酸 4,34
ホルモン感受性リパーゼ 122	有糸分裂 169	リボザイム 57
ホロ酵素 59,75	誘導型 NOS 142	リボース 35
	誘導脂質 28	リボソーム 7
ま	誘導適合 60	リボソーム RNA 37
マグネシウム 196	油脂 114	リポたんぱく質 34
膜輸送たんぱく質 2	輸送たんぱく質 20	硫脂質 32
マクロファージ 220,227	ユニポート 3	硫糖脂質 32
マルターゼ 60	ユビキチン 72	両性電解質 15
マルトース 26	溶血 219	リン 196
マンガン 197	ヨウ素 197	リン酸化 71
マンノース 109	抑制性 202	リン脂質 30,123
ミオシン 19,91	四次構造 12	リン脂質の二重層 2
ミオシンフィラメント 19	40S サブユニット 38	リンパ球 221
ミカエリス・メンテンの式 63		レシチン-コレステロールアシルトランスフェラーゼ 125
ミスセンス変異 171	**ら**	レチナール 33
ミセル 112	ラインウィーバー・バークの式 63	レチノイン酸 33
密着結合 4	ラギング鎖 170	レチノール 33
チミン（T） 37	ラクトース 26	ロイコトリエン 33,120
ミトコンドリア 5,98	ラジカルスカベンジャー 43	60S サブユニット 38
無機質 195	ラジカル反応 155	ロドプシン 40
ムターゼ 58	ラセマーゼ 58	
メッセンジャー RNA 37	ランゲルハンス島 210	**わ**
メナキノン 33	リガンド 4	ワクチン 231
メナジオン 33	リソソーム 6	ワックス 29

編者略歴

村松　陽治
　徳島大学大学院医学研究科修了
　現在　関西福祉科学大学健康福祉学部福祉栄養学科教授
　博士（医学）

第1版　第1刷	2004年2月15日	
第2版　第1刷	2012年3月31日	
第11刷	2024年9月10日	

検印廃止

JCOPY〈出版者著作権管理機構委託出版物〉
本書の無断複写は著作権法上での例外を除き禁じられています．複写される場合は，そのつど事前に，出版者著作権管理機構（電話 03-5244-5088，FAX 03-5244-5089，e-mail: info@jcopy.or.jp）の許諾を得てください．

本書のコピー，スキャン，デジタル化などの無断複製は著作権法上での例外を除き禁じられています．本書を代行業者などの第三者に依頼してスキャンやデジタル化することは，たとえ個人や家庭内の利用でも著作権法違反です．

Printed in Japan　ⒸYouji Muramatsu 2012　無断転載・複製を禁ず
乱丁・落丁本は送料小社負担にてお取りかえいたします．

エキスパート管理栄養士養成シリーズ4

生化学［第2版］

編　者　村松　陽治
発 行 者　曽根　良介
発 行 所　㈱化学同人
〒600-8074　京都市下京区仏光寺通柳馬場西入ル
編 集 部　TEL 075-352-3711　FAX 075-352-0371
企画販売部　TEL 075-352-3373　FAX 075-351-8301
　　　　　　　　　　　　振　替　01010-7-5702
E-mail webmaster@kagakudojin.co.jp
URL https://www.kagakudojin.co.jp
印　刷　㈱NPCコーポレーション
製　本　藤原製本

ISBN978-4-7598-1236-7

ガイドライン準拠 エキスパート 管理栄養士養成シリーズ

●シリーズ編集委員●

小川　正（京都大学名誉教授）・下田妙子（東京医療保健大学名誉教授）・上田隆史（元 神戸学院大学名誉教授）・大中政治（関西福祉科学大学名誉教授）・辻　悦子（前 神奈川工科大学）・坂井堅太郎（徳島文理大学）

- □「高度な専門的知識および技術をもった資質の高い管理栄養士の養成と育成」に必須の内容をそろえた教科書シリーズ．
- □ ガイドラインに記載されている，すべての項目を網羅．国家試験対策としても役立つ．
- □ 各巻B5，2色刷．

公衆衛生学[第3版]	木村美恵子 編 徳留信寛・圓藤吟史	食品衛生学[第4版]	甲斐達男・小林秀光 編
健康・栄養管理学	辻　悦子 編	基礎栄養学[第5版]	坂井堅太郎 編
生化学[第2版]	村松陽治 編	分子栄養学	金本龍平 編
解剖生理学[第2版]	高野康夫 編	応用栄養学[第3版]	大中政治 編
微生物学[第3版]	小林秀光・白石　淳 編	運動生理学[第4版]	山本順一郎 編
臨床病態学	伊藤節子 編	臨床栄養学[第3版]（疾病編）	嶋津　孝・下田妙子 編
食べ物と健康1[第3版]（食品学総論的な内容）	池田清和・柴田克己 編	臨床栄養学[第3版]（栄養ケアとアセスメント編）	下田妙子 編
食べ物と健康2（食品学各論的な内容）	田主澄三・小川　正 編	公衆栄養学	赤羽正之 編
食べ物と健康3（食品加工学的な内容）	森　友彦・河村幸雄 編	公衆栄養学実習[第4版]	上田伸男 編
調理学[第3版]	青木三惠子 編	栄養教育論[第2版]	川田智恵子・村上　淳 編

詳細情報は，化学同人ホームページをご覧ください．https://www.kagakudojin.co.jp

～好評既刊本～

栄養士・管理栄養士をめざす人の 基礎トレーニングドリル

小野廣紀・日比野久美子・吉澤みな子 著
B5・2色刷・168頁・本体1900円

専門科目を学ぶ前に必要な化学，生物，数学（計算）の基礎を丁寧に記述．入学前の課題学習や初年次の導入教育に役立つ．

大学で学ぶ 食生活と健康のきほん

吉澤みな子・武智多与理・百木　和 著
B5・2色刷・160頁・本体2200円

さまざまな栄養素と食品，健康の維持・増進のために必要な食生活の基礎知識について，わかりやすく解説した半期用のテキスト．

栄養士・管理栄養士をめざす人の 調理・献立作成の基礎

坂本裕子・森美奈子 編
B5・2色刷・112頁・本体1500円

実習系科目（調理実習，給食経営管理実習，栄養教育論実習，臨床栄養学実習など）を受ける前の基礎づくりと，各専門科目への橋渡しとなる．

図解 栄養士・管理栄養士をめざす人の 文章術ハンドブック
—ノート、レポート、手紙・メールから、履歴書・エントリーシート、卒論まで

西川真理子 著／A5・2色刷・192頁・本体2000円

見開き1テーマとし，図とイラストをふんだんに使いながらポイントをわかりやすく示す．文章の書き方をひととおり知っておくための必携書．